国家出版基金项目
NATIONAL PUBLICATION FOUNDATION

香江哲学丛书
丛书主编 黄　勇　王庆节

解证儒家伦理

黄慧英　著

Understanding Confucian Ethics

中国出版集团
东方出版中心

图书在版编目（CIP）数据

解证儒家伦理 / 黄慧英著. －上海：东方出版中
心, 2020.12
　（香江哲学丛书）
　ISBN 978-7-5473-1706-8

　Ⅰ.①解… Ⅱ.①黄… Ⅲ.①儒家－伦理学－研究
Ⅳ.①B82-092②B222.05

　中国版本图书馆CIP数据核字（2020）第247542号

解证儒家伦理

著　　者　黄慧英
责任编辑　张芝佳　肖春茂
装帧设计　周伟伟

出版发行　东方出版中心
地　　址　上海市仙霞路345号
邮政编码　200336
电　　话　021-62417400
印 刷 者　山东韵杰文化科技有限公司

开　　本　890mm×1240mm　1/32
印　　张　10.5
字　　数　211千字
版　　次　2020年12月第1版
印　　次　2020年12月第1次印刷
定　　价　63.00元

总　序

　　《香江哲学丛书》主要集录中国香港学者的作品,兼及部分在香港接受博士阶段哲学教育而目前不在香港从事哲学教学和研究的学者的作品,同时也集录与香港近邻并在文化上与香港接近的澳门若干大学哲学学者的著作。

　　相对于内地的城市来说,香港及澳门哲学群体较小。在由香港政府直接资助的八所大学中,实际上只有香港中文大学、香港大学、香港浸会大学和岭南大学有独立的哲学系;香港科技大学的哲学学科是其人文社会科学学院中人文学部的一个部分,而香港城市大学的哲学学科则在政治学和行政管理系;另外两所大学——香港理工大学和香港教育大学,虽然也有一些从事哲学教学和研究的学者,但大多在通识教育中心等。而且即使是这几个独立的哲学系,跟国内一些著名大学的哲学院系动辄六七十、七八十个教员相比,规模也普遍较小。香港中文大学的哲学系在全港规模最大,教授职称(包括正教授、副教授和助理教授)的职员也只有十四人,即使加上几位全职的高级讲师,也不到二十人。岭南大学是另一个有十位以上哲学教授的大学,其他几所大学的哲学教授的数量都是个位数。相应地,研究生的规模也不大。还是以规模最大的香港中文大学为例,硕士和博士项目每年招生加起来就是十个人左右,其他学校则要少很多。

当然这并不表示哲学在香港不发达。即使就规模来说,虽然跟内地的大学无法比,但香港各高校的哲学系在国际上看则并不小。即使是在(至少是某种意义上)当今哲学最繁荣的美国,除了少数几个天主教大学外(因其要求全校的每个学生修两门哲学课,因此需要较多的教师教哲学),几乎没有一个大学的哲学系,包括哈佛、耶鲁、普林斯顿、哥伦比亚等常青藤联盟名校成员,也包括各种哲学排名榜上几乎每年都位列全世界前三名的匹兹堡大学、纽约大学和罗格斯大学,有超过二十位教授、每年招收研究生超过十位的,这说明一个地区哲学的繁荣与否和从事哲学研究与教学的人数多寡没有直接的关系。事实上,在上述的一些大学及其系科的世界排名中,香港各大学哲学系的排名也都不低。在最近三年的 QS 世界大学学科排名中,香港中文大学哲学系都名列亚洲第一(世界范围内,2017 年排 30 名,2018 年排 34 名,2019 年排 28 名)。当然这样的排名具有很大程度的主观性、随意性和多变性,不应过于重视,但至少从一个侧面也反映出某些实际状况,因而也不应完全忽略。

香港哲学的一个显著特点,同其所在的城市一样,即国际化程度比较高。在香港各大学任教的哲学教授大多具有美国和欧洲各大学的博士学位;在哲学教授中有相当大一部分是非华人,其中香港大学和岭南大学哲学系的非华人教授人数甚至超过了华人教授,而在华人教授中既有香港本地的,也有来自内地的;另外,世界各地著名的哲学教授也经常来访,特别是担任一些历史悠久且享誉甚高的讲席,如香港中文大学哲学系每个学期或至少每年为期一个月的唐君毅系列讲座,新亚书院一年一度的钱穆讲座、余英时讲座和新亚儒学讲座;在教学语言上,除香港中文大学的教授可以自由选择英文、普通话和粤语外,其他大学除特殊情况外一律用英文授课,这为来自世界各地的学生在香港就读,包括就读哲学提供了方便。但更能体现这种国际化的是香港哲学教授的研究课题与世界哲学界直接接轨。

香港哲学研究的哲学传统主要包括中国哲学、分析哲学和欧陆哲学,其中香港中文大学在这三个领域的研究较为均衡,香港大学和岭南大学以分析哲学为强,香港浸会大学侧重宗教哲学和应用伦理学,而香港科技大学和香港城市大学虽然哲学项目较小,但突出中国哲学,即使很多学者的研究是跨传统的。以中国哲学为例,钱穆、唐君毅和牟宗三等缔造的新亚儒学传统将中国哲学与世界哲学,特别是西方哲学传统连接了起来,并得到劳思光和刘述先先生的继承和发展。今日的香港应该是世界上(能)用英语从事中国哲学研究的学者最多的一个地区,这些学者中包含那些主要从事分析哲学和欧陆哲学研究的,但也兼带研究中国哲学的学者。这就决定了香港的中国哲学研究大多具有比较哲学的特质:一方面从西方哲学的角度对中国哲学提出挑战,从而促进中国哲学的发展;而另一方面,则从中国哲学的角度对西方哲学提出问题,从而为西方哲学的发展作出贡献。相应地,香港学者对于分析哲学和欧陆哲学的研究,较之西方学者在这些领域的研究也有其特点和长处,因为他们在讨论西方哲学问题时有西方学者所没有的中国哲学传统可资利用。当然也有相当大一部分学者完全是在西方哲学传统中研究西方哲学,但即使在这样的研究方式上,香港哲学界的学者,通过他们在顶级哲学刊物发表的论文和在著名出版社出版的著作,可以与西方世界研究同样问题的学者直接对话、平等讨论。

香港哲学发达的另一个方面体现在其学院化与普及化的结合。很多大学的一些著名的系列哲学讲座,如香港中文大学新亚书院每年举办的钱穆讲座、余英时讲座、新亚儒学讲座都各自安排其中的一次讲座为公众讲座,在香港中央图书馆举行。香港一些大学的哲学教授每年还举办有一定主题的系列公众哲学讲座。在这些场合,往往都是座无虚席,到问答阶段,大家都争相提问或者发表意见。另外,还有一些大学开办自费的哲学硕士课程班,每年都有大量学生报名,这些都说明:香港浓厚的哲学氛围有很强的社会基础。

由于香港哲学家的大多数著作都以英文和一些欧洲语言出版,少量以中文出版的著作大多是在台湾和香港出版的,内地学者对香港哲学家的了解较少,本丛书就是要弥补这个缺陷。我们希望每年出版三到五本香港学者的哲学著作,细水长流,经过一定的时间,形成相当大的规模,为促进香港和内地哲学界的对话和交流作出贡献。

王庆节　黄勇

2019 年 2 月

序 一

（一）

从 21 世纪初期的今天，回顾 19 世纪末以来的哲学思潮，我们会发现一种"盛衰平行"的奇异现象。一方面，我们看见继 18、19 世纪中"知识论的转向"后，哲学思维又转向语言哲学、意义论的层层发展；落到文化问题及价值问题上，百家新说也层出不穷。似乎真有鱼龙曼衍、风起云涌之势。另一方面，我们却又看见哲学思维本身一步步被哲学工作者自身质疑。20世纪 60 年代以后，"哲学之终结""向哲学挥别"等口号，形成另一种呼声，表现出哲学研究自身似乎陷入一种严重的"自我迷失"的情态。20 世纪哲学研究，成果甚丰，但也是在 20 世纪中，我们看见哲学工作者在努力否定哲学或根本否定理性。哲学之兴旺与衰微竟成为平行发展的潮流。

如果要解释这个奇异的现象，便要涉及许多不同层面的问题，自然不是这篇短短的小序所能容纳的。但就寻觅迷失中的出路来说，我们也可以尝试作一种基本性的建议。

（二）

"基础主义"（Foundationism）也是 20 世纪的解构理论及各种后现

代理论所排拒的观念。但我现在的建议，正是要求哲学工作者回到几个大的问题领域的"基础问题"上找寻出路，踏实地离开哲学之迷失与衰微。

然则，什么是"基础问题"？严格地说，在不同领域中的"基础问题"又会有某些不同的含义；不过总括地讲，所谓"基础问题"，所涉及的就是人的某种活动中所必有的认定。举例说，我们从事认知活动的时候，不论所陈述或展示的内容如何，不论所依循的方式如何，我们必定是在说明一种过程，叙述一种事实，甚或揭明一种真相；换言之，我们总是在建立一个论点。这样便显出我们的基本认定，那就是：我们必认定自己有建立论点的能力。于是，了解这种能力便是一个基础问题，因为这是认知活动的原始基础；离它，便不能有认知活动了。

当然，这并不表示我们对这种能力的反省知识有绝对性。一个论点原则上总是可修改的；在这一点上，哈贝马斯（J. Habermas）有所谓"可批判性"的观念，蒯因（W. V. Quine）有所谓"可修改性"的观念，用意都在排除绝对主义的想法。事实上，大部分解构理论及后现代理论对于已有的哲学思想的批评或抨击，都只是先将对方的论说加上绝对主义的要求，然后再设法展示这种要求不能达成，于是就觉得打倒了某种理论；倘若将绝对主义的成分抽掉，那些理论未必真能被彻底否定。这虽也是一个含义深长的论题，现在却不能详谈。我提及它，只因为它值得注意而已。

面对基础问题，方能穿过 20 世纪以来哲学迷失的浓雾，而重定哲学研究的路向，消除哲学终结的疑虑。这是涉及哲学工作者的基本识度的大问题。大问题固不能不认真地指出来，但一个从事哲学研究的人，自必另有其具体的工作范围。现在我便转到本书及其作者身上，另说几句。

（三）

本书是黄慧英教授的道德哲学论集之一。慧英自早年在中大新亚书院攻读哲学时起，便用心于儒家道德理论之探究。她所从事的工作，即以儒家道德哲学之重建为核心。慧英留英的时候，曾研习黑尔（R. M. Hare）教授的学说，因此，对于当代道德理论了解甚详。在这本论集中，她处理某些重大理论问题，也常采用黑尔之说。但她的真实旨趣仍在于通过共同的道德哲学语言，阐释儒家的"成德之学"。这个取向，多年前我指导她的学位论文的时候，便已有大致的了解。近年，慧英治学功力渐深，我预期她的工作会有更进一步的成果。就哲学的视域而言，慧英应能见到我所说的"大问题"；就学力而论，道德哲学及儒学是她的所长，她正可以从这一面着手，对克服哲学危机这个沉重的工作献出力量。现在这本论集就是她在重建道德哲学路程中的一个里程碑。

思　光

2005 年 8 月于香港

*劳思光（1927—2012），湖南长沙人，北京大学哲学系肄业，台湾大学哲学系毕业，曾为香港中文大学哲学系荣休教授，台湾华梵大学讲座教授、"中央研究院"院士。著作包括《中国哲学史》（三卷四册）、《康德知识论要义》、《历史之惩罚》、《中国文化要义》、《中国之路向》、《思光少作集》（七卷）、《解咒与立法》、《中国文化路向问题的新检讨》、《思辩录》等约三十种。

序　二

　　在这本关于儒家伦理的论文集中,黄慧英博士巧妙地将儒家伦理和当代英美道德哲学结合在一起,使二者得以相互发明。她以令人信服的方式论证,儒家传统中有着与德性伦理概念相关联的特征,而反理论者针对伦理学理论的批判,对儒家传统并不容易奏效。同时,她富有启发性地运用当代道德心理学的概念来阐明儒家文本的意义,比如"第二序之意志"(second order volition)和"坚定的评价者"(strong evaluator)的概念,以及关于"提供理由的欲望"(reason-providing desires)与"服从理由的欲望"(reason-following desires)的区分。在论文之各方面的讨论中,她一直显示出对儒家传统富有洞察力的理解,涵盖的范围包括古典儒家比如孔子、孟子,下至晚近思想家如陈白沙,以及当代哲人如牟宗三和劳思光两位教授。在她的论文中,她还寻绎出儒家伦理与当代的相关性,无论是关于道德教育,还是关于我们对文化的理解。这是一部出色而富启发性的论文集,适合对儒家思想和当代道德哲学,尤其是对这两种思想传统的相互影响有兴趣的读者。

信广来

2005 年 7 月于多伦多大学

* 信广来先生,生于香港,美国斯坦福大学哲学博士,有《孟子与早期中国思想》(*Mencius and Early Chinese Thought*)等论著,多年任教于加州大学伯克利分校,曾为加拿大多伦多大学哲学及东亚研究教授、副校长兼士嘉堡分校校长,香港中文大学新亚书院院长。

彳亍独行的儒者（自序）

　　牟宗三老师常常说，儒家的学问是阳刚之学。为什么说是"阳刚之学"呢？因为儒家追求实现的道德人格，是坦荡荡、是顶天立地、是虽千万人吾往矣的君子。富贵不能淫、贫贱不能移、威武不能屈固然是阳刚的表现，违众而坚守独立之判断当然亦是展现一士谔谔的刚强不屈，但这些都不是匹夫之勇，而是来自道德的抉择及承担。因此成为君子不是靠一股英雄气概，也不是靠耳聪目明的天赋异禀，实现君子这理想的第一步是：挺立道德主体。道德主体之挺立，是四无依傍的，没有天主、上帝、耶稣的承诺与安慰，也没有流行的价值观以及群众的支持，更没有教会或信徒同道的庇荫。面对昭昭明明的善，我们当做的是直道而行；在此亦一是非彼亦一是非的三岔口上，我们寻找的出路唯在于复其本心；在指鹿为马、习非为是的黑暗世途上，我们要翻出的还是内心的一点灵明；在尔虞我诈、目盲口爽心发狂的迷失中，儒者希冀做到的是满足于一箪食一瓢饮的简朴生活而不怨天尤人。

　　儒者不畏强权，但不刚愎自用；择善固执却又警惕着不坠入"意、必、固、我"之执迷；好善恶恶一如好好色如恶恶臭，却又必须如临深渊、如履薄冰；向往所欲所乐却独安于性分之所在；接受先天的命与后天的位之安排而兢兢于修其天爵；甘受礼义的监督与鞭策却又恐陷于非礼之礼非义之义。往往用意差之毫厘，结果遂有天壤之别。因此，儒者担忧的不单是道之不行于天下，更恐惧成为夺朱的乡愿，或者为了"所识穷乏者得我"而忘却一直固守的信念。

儒者不求闻达，只求俯仰不怍，然而在釜鸣塘沸的时代里，他能独善其身吗？儒者以天下为己任，"为天地立心，为生民立命，为往圣继绝学，为万世开太平"，他担负着家、国、天下、道统的重责，知其不可而为之，死而后已。虽受错乱的群众的排拒与嘲讽，仍深受"斯人之徒"之感召，彷徨于群众身边期求能予以守护，援之以道。在群众眼中，他只是一头栖栖惶惶的丧家之犬。然而儒者并不介意，他的使命来自自己，他是自我鞭策、自我监察、自我审判、自我惩罚，因此是无所逃于天地之间。自我的要求更是无穷无尽，造次必于是，颠沛必于是。他视人溺一如己溺；"天下有罪，罪在己身"。更甚者，"我不杀伯仁，伯仁因我而死"，他也会负疚一生，把罪恶之"缘"也看成自己造成的"因"。他独力背起天下人的十字架，却没有美好的天堂等待他。儒者建构理想以及改造现实的动力亦来自自己，他向往人间天国，并认为始于修己。但是在修行路上，却仍是独个儿摸索前进：如何做到不狂不狷？哪里有清晰的指引？在忠孝两难全的处境中，谁能给予指导？忍辱负重还是以身殉道，谁能为我们抉择？在知我者谓我心忧、不知我者谓我何求的困局里，谁能予以慰解？

悠悠天地，儒者从来都是寂寞的。

他常常碰得焦头烂额，举步维艰：舍己为人原来却是陷人不义；宽恕变得纵容；关怀忽成干预；期望导致压力……我们如何才能拿捏准确？如何才能进退得宜？如何才能对人不失去信心？道德唯我独尊，似乎又不是简单的唯我独尊。

儒者深信，理性是最后的力量，使我们明了道理，实现理想；本心是最终的依据，让我们能够感受到他人的苦厄与无奈，因而生起不安之恻隐之情。但终究面对人间的苦难，众生之无明，我们希望能予以安顿的时候，是否先要自身清明，自身有个安顿？我们要有清明之心，不是为了反照众生之混浊，而是以清明之心照见自己内心之混浊与虚妄，以清明之心经历一遍自我心中的混浊与虚妄。而此混浊与虚妄，就是众生之混浊与虚妄，我们品尝此混浊与虚妄带来各式各样之苦，而此就是众生之苦。如此经历一遍，我的苦就是众生之苦，我与众生无别，不是在混浊之外别有一个清明，而是清明方见混浊，见混浊即现清明。我们不再以清明来拯救混浊之众生，洗涤人间的污秽，而是愈见混浊愈现清明，二者同体而在；因此，我们必须接受混浊，接受众生，在这接受中，混浊得以安立，众生不被排拒，不被排拒于清明之外，于是融入清明之中。这就是一清明一切清明。善恶不再是概念应用与逻辑推演，而只是无有作好无有作恶；世事的挫败与心灵的困惑不再形成焦虑：儒者赞天地之化育，万物皆在化育之中，而非我们操控之下，人间的遗憾与不圆满，便可泰然还诸天地。

挺立道德主体是第一步，这固然须截断众流、壁立千仞。于是儒者得忍受高处不胜寒的孤寂，因此他亦不能长久停留于此，否则理想主义会流入虚无，他要慢慢熔解他的刚毅，谦逊地迈向随波逐浪、和光同尘的境地，人己不二，物我两忘，与众生相游于江湖之中，这是人生的大学问所在。世上的功业都只是不得已的功课。

观念上的思考、论辩都只是成心所取的一管之见，辩以相示固然无益于学问人心，为了满足知性追求亦只是人生功课之一页。本书所载是我近十年的功课，其中所论之课题都是儒家伦理的核心义理，包括义利之辨、道德冲突、经权关系、道德践履、道德创造，概括言之，都是凸显儒家觉润无方之本心，此本心既是体也是用，即体即用。至于在历史文化社会上的主张，乃根据儒家的义理系统所作的因事制宜的设计，其中涉及经验的知识与判断，且随时代问题的不同而有所更易。往昔先贤与当今哲人的体悟与分疏，对我们的人生及儒学的了解的确有启迪作用。本书若干篇章，则将儒学视为一个伦理系统，看作知识研究的对象，其间不免追随现代学术的规格与标准，以及参考西方相关的理论及分析，期收互相发明之效，同时将儒家的伦理学说，置于世界之哲学论域中探讨，希望借此揭示出儒学与人类及当今世界的相关性。

本书的论辩与说明，粗糙者有之，偏蔽者有之，其不完善处恰如人生的不完满，但功课总是要交的。然而我更关切的是人生的功课——那不必等待最后的一天——就在当下，我们是否过得真诚恻怛、无所畏惧（伊川说，然有惧心，亦是敬不足）？我们是否妄自菲薄、自暴自弃？我们是否接受生命之悲苦与无奈本就是人生的一部分？这一切看来是在刚健之外，毕竟仍在刚健之中。

黄慧英

目 录

导言

**默而成之,不言而信,
存乎德行**

本书题为《解证儒家伦理》，实包含几方面的含义。

一般人都认为道德是儒家哲学的核心关怀，例如儒家以"君子"（或"圣人""大人"）代表理想的人格，而无可置疑地，"君子"必定拥有高尚的道德情操，他宅心仁厚、明辨是非、不畏强权、正直不阿，做事光明磊落，见义勇为；然而一般人却忽略了文质彬彬、乐天知命、聪敏好学、多才多艺，甚至对草木鸟兽之名有广博知识等特质，也是君子的优秀品格。我在多篇文章中论证，儒家推崇向往的理想人格，乃至理想人生，不能单靠道德；正如康德说的，还要陶冶个人的自然能力，使生命更丰饶，"比纯然的自然所创造的你更为圆满"①，这同样是君子所致力追求的。因此，除了道德价值，非道德价值也为儒家所重视。假若同意这点，随之而来的问题是，非道德价值是否只作为实现道德的工具？也就是说，非道德价值是否需要被道德肯定？甚至被看成道德义务去实现？

---

① 康德（2015），《道德底形上学》，台北，联经出版公司，第 298 页。

我在新近一篇比对康德与儒家的德行思想的文章中提出："为何我们不能就非道德价值本身作出价值上的肯定？在这问题中后一项'价值'是否有别于道德价值（否则是窃题的无意义）？"[1]

假若儒家对上述问题的答案也是肯定的，即在道德价值之外，有独立于道德的非道德价值，那么我们可以进一步询问二者是如何关联着的，刚才所说的"独立于"似乎蕴含着一种非隶属关系，从非隶属关系似乎又可推断一种平行关系，二者似乎不可能既是隶属关系又是平行关系。然而，隶属关系预设了分析地理解非道德价值（非道德价值之为一种价值是分析地、以道德作标准来判断的），这可称为道德的观点；平行关系则预设了一个道德之外的观点来评价价值问题。就此而论，这两种关系（在不同层面）可以共存，因为在前一个预设下，非道德价值与道德价值之间是一种隶属关系，但在后一个预设下，二者之间是一种平行关系。[2] 当前的问题是，儒家是否有一种非道德的观点——非道德的目的？

一如前述，儒家的理想人格是君子，君子追求实现的人生是圆满的生命，生命的圆满性便是道德之上的目的，其中须包括道德的圆满与非道德的圆满，这更广阔的一层也可称为伦理的向度，以别于狭义的道德向度。[3] 如果不仔细区分这两层（道德的与伦理的），便可能产生很多混淆或误解，例如若忽略了伦理一层，便会以道德为唯一的价值，其他的价值都要从属其下（这在道德层上是对的，即以康德说的究极至上的

---

[1] 黄慧英（2019 年 7 月），《康德与儒家的德行思想》，发表于山东大学儒学高等研究院举办的"百年儒学走向"国际学术研讨会。

[2] 牟宗三论之甚精要，见牟宗三（1985），《圆善论》，台北：学生书局，第 170—173 页。

[3] Bernard Williams 也有相类的观点，见 Bernard Williams（1995），Ethics and the Limits of Philosophy, Cambridge, Mass.：Harvard University Press。

善为唯一目的），又或以为为了非道德价值可以牺牲道德价值（将平行关系放在道德层），前者会招致泛道德主义之攻击，后者则会令人质疑让道德沦为他律。鉴于这些误解，我在本书多篇文章中都试图刻画儒家伦理观的特质，并探讨道德的与非道德的德性之关系，以及如何订定二者的界线等问题。

　　厘清了道德与伦理这两层后，跟着要处理在不同层级中道德价值与非道德价值二者关联的运作模式，如何才能体现自由意志、人的主体性以至实现整全而圆满的善（康德称为至高善或圆善）？儒家对圆满性的追求的超越根据是什么？凡此我在本书中亦作出探究。至于先贤对道德践履以及美满人生之实现的功夫，可参考《践仁尽性》一章。

　　除了上述有关道德与伦理的辨明外，本书对儒家哲学的重要议题，如它是属于境界形上学还是实有形上学，是属于德性伦理学、情感主义还是律则伦理学等，都作出了深入讨论，所依据的是儒家经典——从孔孟到宋明，在理解方面，常取自牟宗三老师的哲学诠释。此等工作，做的是知性上的解析，期读者得到解悟。借解悟获得的是客观真理。然而儒家的道理不是如科学般的客观真理，牟先生说："内圣之学之本质只在相应道德本性而为道德的实践。"[1]解悟表示达到知性上的恰当理解，得到此理解亦可说是一种"默识心通"，但儒家的道理既然不只是如科学般的客观真理，则须有德行上的默识心通，才能真正掌握儒学的精髓。牟先生说："默识心通有是解悟上的，有是德行上的。孟子所说固是一客观的道理，但不是纯然外在的客观道理，而是要指点出本心之沛然畅遂而莫之能御这一成'纯亦不已'之德行的客观道理，故于此言默

---

[1]　牟宗三(1968)，《心体与性体》，第二册，台北：正中书局，第187页。

识心通,便要通过警悟与体验而使自己的本心亦真能呈现起纯亦不已之用,此即'存乎德行'之默识心通。"①未达德行上的默识心通,最终亦不晓义理。"由通贯文句血脉之何所是而以己心来印证,进而到引归自己心上来,来着实警悟自己之本心并体验自己之存心,而至于适意快足,'默而成之,不言而信,存乎德行',便是不要只作字面的了解与分疏。'今之学者读书只是解字,更不求血脉。'不贯通血脉,自亦不晓义理。"②然而本书最多只能做到解析,助成解悟,是否能"以己心来印证,进而引归自己心上来",则唯有求之在己,幸与读者共勉焉。

黄慧英

2019 年 7 月于香港

① 牟宗三(1968),《心体与性体》,第二册,台北:正中书局,第 188—189 页。
② 同上,第 189 页。

第
一
章

道德理论·儒家伦理·
德性伦理

道德理论的考察
——对反理论者之回应

一、反理论者的论点

应用伦理学虽然涉及众多领域,总括言之,均是对"如何将道德理论或原则应用于实际道德问题的解决上"的研究。"如何应用"预设了正待应用的理论或原则的有效性,问题只在应用上。当然不同理论的支持者会各执一词,总认为自己的理论可应用而其他的则否,无论如何,"道德学说必须是可应用的"之观点,看来是无可置疑的。虽然有人认为传统道德理论对于应用领域方面的发展所起之作用,是非决定性的,但是不少哲学家都承认,在应用上确是需要理论的。[①] 因此,"如何应用"的问题的更根本的预设,就是必定有一(或多)套可资应用的道德理论。

然而,上述的基本预设,却为近年的反理论学者(antitheorist)劳登(Robert Louden)指出,反理论的观点由来已久,且在不同学科如自然科学、美学、文学与法律中流播。[②] 伦理学的现代反理论者可以麦克道

---

① DeMarco and Fox(1986),p.139.
② 见 Louden(1992),p.87 及 pp.188 - 189 注三及四。

威尔(John McDowell，1942——　)、威廉斯(Bernard Williams，1929——2003)、麦金泰尔(Alasdair MacIntyre，1929——　)、拜尔(Annette Baier，1929—2012)等人为代表。这些学者反对理论的理据，固然不尽相同，甚至他们对于"理论"的理解亦甚为纷纭，但就整体而言，他们都质疑道德理论是否为道德哲学以至应用伦理学所必需，以及伦理学中对于理论的构想与特性是否恰当及能否令人接受。在本节中，我们先察看反理论者的论点，由于在该阵营中，未有统一的观念，故只有就他们论点的共同基础来研究。①

根据劳登的理论，伦理学上的反理论者对于道德理论的共同理解，是指认同下列六项假设及目标的规划，但他一再声明，此六项假设及目标并非均为每一反理论者视为道德理论的必要部分，只是它们中的大部分被视为道德理论的条件而已。② 现分述如下。③

（1）反理论者认为制约理论(normative theory)是不必要的、不可欲的或不可能的④，最根本而又几乎为所有反理论者共同承认的理由，乃道德理论包含一个或一组高度抽象、普遍的原则，具体的道德判断由之演绎出来，以指导及评价道德行为与思想。"理论"一词侧重反对任何(不论是以实质的道德原则的形式还是关于道德主张的元伦理学理论)承认只有能够以普遍原则系统来形构或作基础，道德才是理性的观点。它也否认理论化的知性优点如普遍性、明确性、一贯性及完整性，对道德生活来说是不可或缺的。由于原则是高度抽象及普遍的，因此，道德理论倡议者(moral theorist)不能正视个别的道德主体或道德社群

---

① 关于这方面，R. B. Louden 有很精细的分析，我们将以其著作《道德与道德理论》中对反理论者的综合见解作为讨论的主要依据。
② Louden(1992)，pp.8 - 9，p.97.
③ 同上，ch. 5。
④ Clarke & Simpson，前引书，p.3.

的特殊性。另一方面,反理论者认为,具体的道德判断不是一种演绎推理活动的产物,如麦克道威尔所言:"一个人知道(假使他知道的话)应做什么,并非靠应用普遍原则,而是借着作为某一类人——那以某一特定的方式来理解处境的人——知道的。"①

契约论与效益主义同为反理论者所反对的道德理论的典型,它们都属于理性主义的形构,其中包括一组规约所有理性存有,并提供达致确定的道德判断的可靠程序的制约原则(normative principle),这些原则可用以证立道德判断。因此,证立道德判断便是制约理论的目的。② 然而,正是这种目的,是反理论者无法同意的。他们认为,作为演绎论证中前提的"原则"必须是确切的,但指引行为的"规范"(norms)则是由社会所建构的准则,它们必定是含混的,才能具有实践方面的内容。例如"不要盗窃""不要毁约"等都植根于某一文化网络中,在某些文化设定下才具意义,对于此等规范的诠释已由社会体制及生活方式所提供,而这些背景并不能够正式及准确地叙述出来。基于此种原则与规范的分歧,原则并不能证立规范。关于此点,理论倡议者可能回答:规范是由原则演绎出来的,只是具体的道德判断是否正确,要视乎它是否合乎规范,因此,原则是可以直接证立规范,却只能间接证立道德判断。但是,这样的辩解,其实是将道德原则的普遍性与规范的特殊性的距离,转移至规范与道德判断之间,而原则不能证立规范的问题,则变成"原则不能证立判断"而已。

反理论者对普遍的道德原则的否定,乃依据他们对于道德的特性的观念。在他们看来,道德有两种特性:一是从脉络论(contextualism)的观点着眼,认为特殊的个案容许特定的理据,同时道德评价也必须参

---

① McDowell, "Virtue and Reason",收进 Clarke & Simpson(1989)内,p.105。
② Clarke & Simpson,前引书,pp.4 - 5。

照社群的实践习惯而作出;另一是从多元主义(pluralism)出发,认为不同社群拥有不同的"善"的概念,故"善"是有分殊的。总括言之,道德是关注特殊文化中的特殊德性的。①

此外,"无私"(impartiality)也是道德原则的基本性质,但无私蕴含着判断者须从特殊的人物与特殊的关系中抽离出来,如前一样,结果是不会照顾处境中的特殊性质,同样,无私也不容许道德主体的道德动机是基于对某些与他有特殊关系的人的特别关怀而兴起的。结合上面之观点,反理论者认为道德无须建基于普遍性或无私此二种价值之上。

(2)反理论者对道德理论的共同批评是:道德理论都是化约主义(reductionism)的,意即所有道德价值都可用单一标准来共量(commensurable)。这个意思可以借诺鲍(C. N. Noble)的说话来阐明:道德理论倡议者的一个不可避免的假设,就是在所有道德标准之间,有些一致之点或统一体——不可避免是因为,作为一个道德理论倡议者,他的目标是将表面上无尽分歧的特殊道德判断化约为一些秩序,无论是绝对的还是相对的。他会试图借着找寻基本的或背后的原则来进行,这些原则就是当与判断的某种精神,以及对事实的知识结合时,便会使人接受这些特殊道德判断的原则。② 诺鲍以及其他反理论者认为,价值在根本上有不同类别的根源,不能盲目地将不同种类的价值看成为了追求某单一价值的实现而成立。

(3)道德理论预设,所有道德见解的分歧及道德冲突是可以借理性消解的。对于每一种道德冲突,都有一个正确的答案,而道德理论的任务就是为寻找此类答案提供一套技巧或方法。但是,克拉克(S.

---

① Clarke & Simpson(1989),p.3.
② Noble,C. N.,"Normative Ethical Theories",收进 Clarke & Simpson(1989)内,p.50。

G. Clarke)与辛普森(E. Simpson)指出:"我们一旦从实践与德性的方向思考道德,而非从计算与原则的演绎方向去思考,则没有理由期望'可消解性'预先已设置在道德学说内。"①道德理论倡议者否定不能消解的道德冲突的存在,在反理论者看来,只是无视现实。

(4)伦理学上达致正确答案的理想方法就是一套决策程序,当遇到道德问题有待解决时,每一理性的道德主体都会采用正确的决策程序去作决定。道德理论的重要目标就是产生这等程序,这点对反理论者来说,只是道德理论倡议者不可能实现的梦想而已。

(5)道德理论的重要意义在于制约实践,所以是指令的(prescriptive)而非描述的(descriptive)。这意味着道德理论是设计出来指导人们想些什么、做些什么及如何生活的。虽然义务论及效益主义都集中于对行为的指引,而非对性格的指导,但是,光就行为指引来说,这种指引"并不具有权威性的含义,此含义由一组可计算的指示规则所蕴含,而这些规则假设有一个(且是唯一)等待决定的客观上正确的答案存在"②。威廉斯声称:"哲学对于决定在伦理方面我们应如何想,可以做到的甚少。"③

(6)道德难题由道德专家来处理,便能获得最好的解决之道,这些专家擅长理解道德理论及知道如何将它们应用于特定事件上。反理论者认为,既然承认有普遍的道德原则、有正确的决策程序、有正确的答案,就得承认有通晓这些原则、程序及总能寻获正确答案的道德专家。他们除了对道德理论所包含的这些原则、程序等的存在表示怀疑外,还进一步质疑,是否没有具备这些有关原则之知识的人,就不能有道德智

① Clarke & Simpson(1989),p.8.
② Louden(1992),p.95.
③ Williams(1985),p.74.

慧。此外,假若否定有单一的正确答案,便不能接受有所谓经常正确的专家存在;在道德上,"专家"们的意见时常互相冲突,亦可作为否定专家的另一理由。

二、可接受的道德理论之条件

在上节中,陈述了反理论者反对道德理论的论点,在本节内,我们将检视从这些论点是否足以推论出,任何道德理论对于道德哲学与道德实践来说,非徒无益,反而有害,因而否定理论的价值。我们可以从另一方面来展示此问题,道德理论中是否有一些形态,可免却反理论者的诟病(如果真是"病"的话)? 假如有这种形态,又是怎样的呢? 这后一问题相当于:可接受的道德理论应具备什么基本的特性或条件? 现就上节六项道德理论的假设及目标,逐一讨论。

(1) 道德理论必须包含普遍的道德原则假设,可说是最核心的一项,其他一些假设都由之引申出来。反理论者质疑,普遍的道德原则是否存在,并且,是否可欲。"是否普遍(universal)的道德原则?"这问题中的"有",并不是实在论意义的"存在",于是这问题可重新表达如下:"我们是否可设计出普遍有效的道德原则?"然而,"普遍有效"亦有两种意义,一是指同一原则应用于实际情况的广度,另一是指同一原则应用于任何情况的可能性。前者属于经验上应用的可能性,就此来说,有人认为愈"一般"(general)的原则,可应用的范围愈广,反之,愈"特定"(specific)的原则,可应用范围愈狭,在此"普遍有效"的意义下,追求的是高度一般性,即能应用于不同时代、地域、种族的原则,至于是否有这种普遍适用的原则,备受质疑。此外,就算我们能寻获这种原则,它们也未必可欲,因为论者认为,当原则愈一般,便愈容易出现"应用"问题,例如难于确定某一具体情况是否可用该一般原则处理,此外,也较容易产生道德冲突的问题;相反,原则愈特定,愈容易确定是否符合处境中的特殊性,并且愈能照顾社群及个人的历史背景及现状。这就是通常指认的普遍与特殊之争,从此亦可见反理论者反对普遍道德原则的主要理由。总而言之,在这种理解下,其实是将普遍等同于"高度一般",但一如上述,可能有些情况(甚至只是假想的),就算极高度一般的原则也会不适用,因而动摇这种原则存在的可能性及可欲性。

另一意义的"普遍有效",并非着眼于原则应用的经验范围上,要求此有效性保证的是道德判断的一贯性,因而属于应用上的逻辑可能性,但对一贯性的坚持不独是逻辑方面的要求,却是源自对"无私"的期望。换另一种说法,假若我们同意,"无私"是道德之为道德的一个构成要素,则我们必定要求同一道德判断必须应用于在相关方面相似的境况,这些境况不必在实际上出现,故若要实现此种普遍性,便得承认道德判断的规范力量延伸至想象中的可能世界。这种普遍的判断由于不是追求能够广泛地应用,所以不必是高度一般的,若情况很特殊,甚至可以是度身定造般特定。在这里,特定并不与普遍矛盾,因此可逃避上述反理论者对于普遍原则的存在之可能性及可欲性的诘难。关于道德普遍性问题之详细讨论,可参看《普遍道德戒律与德育——对一个后现代观点的批评》,见本书第四章第二节。

由上可见,假若道德理论中所包含的普遍道德原则,其中的普遍性是第二种意义的普遍性,则起码在反理论者给出的理由下,无须予以反对。

反理论者也许会争论,根本上,"无私"并不是道德的基本性质,因为无私蕴含道德判断从特殊的人物与特殊的关系中抽离出来,因而忽略了主体与处境的特殊性,而这后者正是反理论者十分重视的。然而,虽然"从非个人观点出发"是无私的道德判断的要求,但不必背离特殊性。因为"从非个人观点出发"可以理解为与"单从个人观点出发"对立①,从这种对立的关系中,我们可以见到,前者只是将自己置身于各个受影响的个体与处境中,我们称此为角色互换,因此,我们无论身处哪一角色与处境,都需要顾及若干程度的处境的特殊性。由此看来,与"普遍性"一样,无私并非必定与"特定性"相排斥,因而亦同样不是反理论者所须反对的。

至于上面提到的普遍与特殊之争,即我们需要的是普遍——取第一种意义,即"一般"——的道德原则,还是特殊的? 这本来与正在处理的课题没有直接关系,故不拟在此详细讨论;我们已指出,普遍(第二义)的道德原则或判断可照顾到处境的特殊性,这便已足够了。况且,我们并不必在普遍原则与特殊原则之间,作出非此则彼的选择。

(2)以上是就普遍道德原则可兼顾处境的特殊性来辩解的,此可视为对脉络论的答复。至于多元主义认为道德理论都是化约主义的这点批评,道德理论倡议者可作出怎样的回应呢?

关于此问题,劳登一针见血地指出:我们已见到,反理论者声称道德理论背后的首要动机是化约主义。威廉斯指控,道德理论倡议者想将所有道德的考虑化约为一种模式。但为什么道德理论必定是化约主义的? 不幸的是,反理论者(包括威廉斯在内)并没有正视这问题。非化约主义的道德理论的可能性在一开始已不经论证而遭排除。② 当然,任何道德理论对于何者为善,或什么构成道德上正当的行为,都会清楚说明,以使人能辨悉善与不善,因而道德理论所肯定的善,可说是

---

① 关于个人立场与非个人立场的阐释,可参阅《无私与偏私的调和》,黄慧英(1995)。
② Louden(1992),p.129.

从众多价值中选取出来的,我们固然可质疑其选取是否有道理,这也就是合理地要求该道德理论提供证立,我们亦可借着展陈该选取所产生的种种问题,来否定该道德理论,因此,"一套理论可以由于其过分的选择性而错误,但追求一种非选取的理论是毫无意思的。只有当可以(被另一与之竞争的选取理论)显示为第一套理论所忽视的一些事物不应被忽视的时候,选择性才是一种坏处"①。

也许反理论者对化约主义的攻击,并不是泛指一般理论的选择性,而是特指上文所提及的过分的选择性——最严重的情况就是将所有价值化约为一种价值。但是,正如上面所论证的,虽然选择性必然为任何理论所具②,但过分的选择性则否。劳登在他的书内列举出多种多元主义的道德理论③,在此不赘述,不过,无论它们成功与否,此种努力的方向不啻可避免反理论者这方面的批评。

(3)道德理论的倡议者无疑是相信以理性可以消解道德冲突的。一套完整的道德理论必须同时包含解决道德冲突的方法。然而,有一种方法并不意味着所得的正确答案只有一个;由于各种因素都是可变的,故答案也不必相同,当然在因素固定的情况下,会得出一致的结论。诚如劳登指出,反理论者在这方面的批评,其实是"要么承认有一客观上正确的答案,要么不要理论"此类简单二分法的产物。④

(4)每套道德理论除了提供其对于道德概念的理解外,通常都提出某种道德推理的方法,使得理论可应用于实际问题上,过往有些伦理学者展示的方法,或流于过分机械化因而忽视了问题的特殊性及复杂性,

① Louden(1992),p.129.
② 劳登谓:非选择性的理论实在是词义上自相矛盾的。见 Louden(1992),p.129。
③ Louden(1992),pp.130-131.
④ 同上,p.132。

例如,反理论者经常应用道德原则作演绎推论,便属于过分简化的方法。这些方法固然值得批评,但不能由此推断,道德理论倡议者只有这种方法。事实上,在作出具体的道德判断之前,其中的一个重要步骤就是对面对的道德难题作出诠释,诠释背后所依据的,涉及价值体系的确立。关于一个人的价值体系如何影响他对道德抉择中不同价值的诠释,可参看《价值与欲望——孟子"大体"与"小体"的现代诠释》(见本书第二章第二节)及泰勒的专著(Charles Taylor, 1985)。对历史的洞识及人文社会学科等知识,将此种复合的结构生硬解剖,形成一套简单的决策程序,只是某些应用伦理学的教科书犹为之的伎俩而已。例如福克斯与德马可便在他们合著的书中铺陈出应用道德原则的步骤。① 此外应用伦理学如商业伦理学内,不少学者提供了各种所谓决策模型,如 Laura Nash Model、Mary Guy's Decision Model 及 William May's Model 等。

我同意劳登所作的如下区分:其一是列出简单易于遵从的规则,使人们能在每一事件中作道德决定的决策程序,另一则是决定哪一行为是道德上正确的之一般准则。他同时认为,后者才是道德理论所追求建立的。他声言:"我不相信道德理论倡议者在告诉人们要做什么的方向上应该采取太多的步骤,因为(正如康德)我相信人们是必须为自己思考的自主的主体。不过,当道德思虑者尚未学会如何为自己思考(如儿童),或感到需要意见或至少是能帮助他们促进其思虑能力的资料与资源之时,理论倡议者便可以及应该多加一些助力。这些增加的助力介乎提供道德评估的准则与权威性的决策程序二者之间。"②劳登列举出两种助力,此处不宜详论。

(5)道德理论内可以有描述的部分,也可以有概念的分析,当然亦

---

① 可参考 Fox & DeMarco(1990), part 3。
② Louden(1992), pp.133–134.

有指令的要素;在这几方面,描述伦理学、规范伦理学、元伦理学各有偏重。就规范伦理学来说,道德理论提出有关什么是道德上正确之行为的主张,假若接受该理论,便是将之视为对于道德抉择的指引。至于这些指引有多强的规范效力,描述主义者与指令论者则持有相反的意见,描述主义者中以富特(Philippa Foot,1920—2010)为代表,指令论者则以黑尔为代表。① 后者认为指令性是道德语言的逻辑特性,故道德判断就是指令的,即从道德判断可逻辑地蕴含去做某一行为的指令,描述主义则不同意二者间具有此逻辑关系。但纵使是描述主义者,亦不否定道德判断的规范作用。

另一方面,道德理论的规范性并不一定局限于行为的指引,在培养道德品格上,亦可起具有影响力的作用。

(6)假若道德理论提供道德原则与作道德思维的方法,则能充分掌握此等原则与方法的人,面对道德问题时,不致茫然不知如何对付,但要作出正确的道德判断,除了掌握方法外,还需要道德的想象力、超越个人经验之限制的能力等,这些方面的能力,已超出认知的范围,而涉及个人品德修养与历练,故不是单凭技术上的训练或知识的灌输可以达致的。因此假使所谓道德专家不是指狭义的技术人员,而是包含上述品质的人,那么他们比一般人具有更高的道德智慧,则是理所当然的。

以上的讨论显示,反理论者对道德理论所作出的批评,并非道德理论本身的预设或目标,其中一些仅是某些道德理论所存在的偏差(如化约主义、决策程序等),另一些则当加以厘清及加上限定后,根本不构成弊病(如道德专家)。不过,我们可以原则上接受他们的批评,并据此作

---

① 有关他们之间的争论,可参考黄慧英(1988)。

出警戒,当构作道德理论时设法避免,这可以说是从他们的批评中发掘出正面意义来。例如,一套可接受的道德理论除了必须逻辑上一贯外,还要照顾实际情况的特殊性,因而不会不顾一切地追求高度一般的原则。此外,道德理论中对"善"的理解及说明,不能是化约主义的,并须正视道德冲突的可能出现,提供消解的方法。

三、对黑尔道德理论的审视

劳登在前引书内阐述过反理论者对道德理论之预设及前者对后者的批评后,对亚里士多德与康德的道德学说进行检视,察看二者是否具备前述的六项预设,同时是否出现反理论者所指出的问题。在这两种学说中,尤以康德的学说几乎被反理论者一致视为最恶劣的道德"理论"的典型[1],劳登企图指出,甚至康德作为理论之最坏典型,亦不具备那些预设,因此历史上的道德学说,并非如反理论者所想的,均出现"理论"的弊病。除了康德以外,在当代道德哲学家的行列中,被反理论者裁定为属于理论的建构者的包括布兰特(Richard Brandt,1910—1997)、戈塞尔(David Gauthier,1932—   )、格维斯(Alan Gewirth,1912—2004)、黑尔(R. M. Hare,1919—2002)、内格尔(Thomas Nagel,1937—   )与在某些限定意义下的罗尔斯(John Rawls,1921—2002)和德沃金(Ronald Dworkin,1931—2013)。[2] 本节试以黑尔(R. M. Hare)的道德学说为审查对象,探讨它是否背负着道德理论的包袱,因而对于人类的伦理问题,并没有正面价值。另一方面,我们可以进一步考察,他的道德学说是否符合上节所述的可接受之理论的条件,结果可避免

[1] Louden(1992),p.99.
[2] 见 Clarke & Simpson(1989),p.2。

反理论者的攻击。①

(1) 黑尔的道德学说中,十分强调普遍性,他认为普遍性是道德语言的逻辑特性之一,因此是道德判断的必要条件。他坚持的普遍性,乃上节所分辨的第二种意义的普遍性,他明确指出:"道德判断只是在一个意义之下可普遍化(universalizable),这就是:它们涵衍对于所有在普遍特性方面等同的事件的等同判断。"②可见普遍性是我们对于道德判断的要求,这要求并不单针对我们所作出的判断——道德思维的产物——而言,而可视为对我们在道德思维的过程中的一项要求,故言"普遍化"。若经过"普遍化"这一步骤的,则得出来的道德判断是经普遍化的判断,这种判断不一定是高度一般的,故没有"抽象的""不能切合具体情况"等问题。

尤其当我们留意在"普遍化"过程中的具体要求时,便会更肯定经普遍化的道德判断可以是十分特定的。在普遍化的过程中,要求判断者设身处地将自己置于受判断影响的人的地位,同时拥有他们的欲望与取舍(preference),然后在此角色互换的情况下,决定是否可以接受原来的判断,假若经过这一程序而能接受判断的,则该判断才是"经普遍化"的。因此一个经普遍化的道德判断,实在已将处境中的特殊因素加以考虑,故并非以一般的原则生硬应用其上。

在黑尔的道德哲学中,他将道德思维分成两个层面:批判思维层与直觉思维层。在前者,道德判断可以既是普遍的又是特定的;黑尔甚至主张,在批判思维层,不只是道德判断,而是道德原则,可以是高度特定的。"试看看在批判层面采取的任何道德原则。它可以是高度

---

① 关于黑尔的道德学说,可参考 Hare(1981),详细论述见黄慧英(1988)。
② Hare(1981),p.108.

特定的,仔细标明某类处境的特定细节,并陈述在这类处境中,应该做什么。"①在后一层面,则道德原则是较为一般的,因而有时会发生道德冲突。若对应反理论者之批评,问题的关键是,黑尔是否建立了第一种意义的普遍道德原则。在直觉思维层的一般原则,看来接近这一种意义的普遍性,但由于黑尔承认此类原则可以被凌驾,故不是普遍地有效的,只是在一般情况下有效而已,因此这不是反理论者所要攻击的。至于在批判思维层,黑尔确实提出了一项普遍的道德原则,那就是:"我们应该尽量扩大受行动影响的人的取舍(preference)满足。"上述的高度特定的道德判断与原则便是由此原则产生出来的,黑尔指出,此普遍原则建基于道德语言的逻辑特性——普遍性与指令性。这原则虽然不能被凌驾,但它只是形式的原则,只有与事实结合,才能产生实质的道德判断。

黑尔提出的这种普遍的道德原则,是否可以接受呢? 在这问题上,我们可以回顾反理论者的论点,他们反对普遍的道德原则,主要是因为(他们认为)这些原则罔顾道德处境及主体的特殊性,如今黑尔的道德原则既是形式的,而应用于实际事件上的时候,明显地需要对具体情况的了解,才能产生实质的道德判断,这样看来,他提出的道德原则虽然是普遍的,却在普遍性的问题上,可以接受。

(2)被反理论者批评为化约主义的道德理论可以以效益主义为代表,效益主义被指控为将所有价值化约为效益,虽然不同的伦理学者对效益都作出不同的诠释,其中有些诠释为"快乐",有些诠释为"幸福",但都是将不同的、不可共量的价值化约为一。但是,"化约主义"成为一项缺失,乃预设了有不能化约的价值,例如"健康""名誉""权力""自由"

---

① Hare(1981),p.219.

等,若将此等价值都借"快乐"来加以理解,并借此比较各价值之间的重要性,这亦即否定有些种类的价值不能通过快乐来理解,或者,若通过快乐来理解后,不能现出不同价值间的性质上的分别。反化约主义者也许会指出,虽然健康、名誉、自由等都带来某种程度之快乐,但责任则不必如此,故责任并不能通过快乐来理解及与其他价值比较。当然,假如能举出一些不能化约的价值,那么该化约是不成功的。另一方面,假使各种价值通过快乐的量来互相比较,则在比较其重要性之目的下,它们间的质的差异是不重要的,然而这并不表示我们无法分辨出不同的价值,因为在作比较以外,我们仍然可以据各价值所有的特性来认识它们的其他性质如生灭条件、可传递性及其与人作为一个个体的关系等。

黑尔在他的普遍道德原则中,所考虑的是人们的取舍,那么他是否将所有价值化约为取舍来理解呢? 假如我们这样说,并且认为此种化约值得批评的话,则是否可以举出不能通过取舍来理解的价值? 看来快乐与责任均可借取舍来理解。虽然并非凡是我们所欲取的都是我们应该做的,但我们认为应该做的责任必定是我们所取的价值。因此,将所有价值通过取舍来理解,并不产生问题。此外,在此比较重要性的目的下,可借取舍的强度来衡量这等价值在我们心中的地位。由此看出,"取舍"包容性之大,是使之用作形构道德原则时,较诸快乐与责任优胜之处。故我们可以作出结论:黑尔所作的化约,并非有害的,事实上,由于其认可的包容性,这种化约反而是对多元价值的承认。

(3)黑尔在他的道德学说中,划分了两个层面的道德思维,他认为不能消解的道德冲突确实存在于直觉思维层,然而在批判思维层,可以用批判思维来解决冲突。倘若有些人真的认为有不能消解的责任冲突,那他们通常就是把道德思维局限于直觉层面。在此层面,冲突确实是不能消解的;但在批判层面,却有消解冲突的要求,除非承认我们的思维是不完整的。假如我们只是说:"我们应该做 A,并且我们应该做 B,而我们却不能同时做二者:这就是责任冲突。"那么我们就不是在批判地思维。不过,在直觉层面是完全容许这样说的。[①] 由于道德冲突不是由两套道德原则的不一致造成的,而是由于在实际的处境中,不容许两套道德原则所指令的行为同时完成,故此乃由偶然的经验因素所致,在直觉思维层面,我们制定一些一般的道德原则,但逻辑上却不能保证它们在任何经验的处境中都不会产生上述意义的冲突;同样,亦不能有一种方法,可以协助我们决定在任何冲突的情况下,哪一项原则具有凌驾性。因此,在这道德思维层面,似乎处处出现道德冲突,并且因为它们不能消解,故形成一种悲剧性。也只是说:"世上就是有这种处境,使你无论怎样做,都是在做那些你不应该做的,即做错的事。"这并不能解决问题,确实有些人喜欢这种所谓"悲剧处境"的存在。对于大多数人来说,没有这种处境,世界将会变得较为乏味……使处境具有悲剧性的是,那人正在运用道德思维来帮助自己决定该做何事,可是,当他要这样思维时,所有的指引,都只是那些"绝对主义"思想家(absolutist)所信奉的一套十分简单而且绝不可违的原则,这样,他只会被引入死胡同,就像一只老鼠,迷失在一个不可解的迷宫之内。然而,正是这悲剧本身,使较有人情味的哲学家要寻找另一套理论,以避免那种把人引入死胡同的学说。在这种直觉与直觉冲突的时候,就该动用理性了。[②] 我们若要寻求道德冲突的消解,便不能停留于直觉层,而必须提升至批判层。在批判层中进行的消解,也非借着某一绝对的具有凌驾性的实质道德原则来进行的。道德思维的直觉层面固然存在,并且(对于人类来说)是整个结构的重要部分;但无论我们如何优良地配

---

① Hare(1981),p.26.
② 同上,pp.31-32。

备着这些相对简单的、初确的(prima facie)、直觉的原则或倾向,也必会迟早发现自己置身于它们互相冲突的处境中;因此,在这种处境中,我们便需要另一种非直觉的思维,以消解冲突。①

可以解决问题的那种思维,是除了语言直觉以外,不再诉诸任何直觉的。我要强调,在我称为批判思维的这种思维中,不能诉诸有关道德实质的直觉。它按照哲理逻辑所建立的法则进行,因而只建基于语言直觉。在批判层面引入有关道德实质的直觉,就是把批判思维原要弥补的弱点,引进批判思维里。在批判思维层中运作的道德原则,就是前述的建基于道德语言的逻辑特性的、没有实质内容的批判原则。

由上可见,黑尔一方面肯定,我们对无法消解的道德冲突的感觉是存在的,并且发掘出这感觉的根源;另一方面,他相信我们可以追求以理性去解决这些冲突。

(4)黑尔基本上反对以所谓决策程序来解决道德问题。人们感到需要的,是一种决定程序——甚至是一种计算方法——可以用来处理道德上两难的情况。这种要求有时可能以最粗糙的形式出现。例如,也许有人会要求道德哲学家制造一些衡度的标准,使他们只需把这衡度应用到行动或人物之上,便可决定他们是否对的或好的。这样要求,其实就是要求一个方法来逃避作道德思维的麻烦。② 在直觉层,当遇到道德冲突或其他较特殊的道德问题难以解决时,人们往往企求有一个决策程序去依从,使他们寻得正确答案。但正如上面所论,在直觉层的道德原则只适用于一般情况,兼且直觉的道德原则所提供的方法或程序并非经常能处理直觉层内的问题,所以纵使肯定此等程序的价值,黑尔也将之局限于一般问题上。

---

① Hare(1981),p.40.
② 同上,p.212。

在批判层,批判的道德原则固然可协助我们解决道德问题。如果一个人曾受教养,使他具有某些直觉,而又遇到一些情况,使他对这些直觉的可靠性产生怀疑,那么,他最自然不过的做法,便是去找寻一种思考方法,使他能够以确定的方式来消解疑虑。我们怀疑直觉是否给了我们正确的答案,所以要求一个方法来"客观地"决定正确的答案是什么;这可以是一个完全值得赞扬的要求——要求有人向我们说明适当的批判思维方法。……实际上,我也确曾一再使用"正确"一词及其近义词来表示,如果我们是根据道德概念的逻辑特性所形成的规则来作批判思维的话,这种思维的结果便是确当的。① 这样看来,黑尔的确承认,在批判层有一套程序或思维方法,帮助我们达致正确的道德结论。但是,值得注意的是,该套方法涉及设身处地、角色互换等步骤,而这些步骤既不可以看作机械程序,其实施又只可能趋于完善,因此在实践上,是否真能觅得"正确"的答案,实成疑问。何况,答案的正确性,完全取决于判断者及受影响的人的意向,变数经常在变,因此,"正确"的答案亦不应止于一套,如此则有违原初订定决策程序时的期望。

黑尔的道德学说主要是借着分析道德字词的逻辑特性来建立道德推理的法则,故可将之归类为元伦理学。但是由于他的元伦理学直接涵衍一套规范伦理学,又根据前者,规范伦理学中的道德原则具有指令性,故这些原则完全可以指导我们的应然行为。因为我主张,若假定我们能够完全掌握逻辑与事实的话,那么逻辑与事实便会严格地限制我们能作的道德评价,使我们在实际上全都必须同意相同的评价。若以我前本书(译著:《自由与理性》)的命名措辞来说,作为道德思维者,我

---

① Hare(1981).

们所拥有的自由,乃推理(即作理性的道德评价)的自由。我们所要解答的问题中的概念,决定了这种推理规则;而这些规则使得我们在最重要的道德问题上,如果要合乎理性的话,便只能以一种方式来行使自由。① 因此,黑尔本是肯定道德原则对于行为的指导作用的。此外,在直觉层,黑尔认为,我们需要接受良好的道德教育,使我们在面对道德问题时不致偏私,亦使直觉原则在一般情况下能充分发挥其作用,此可视为黑尔道德理论在品格培育方面的指导。

(5) 关于道德专家的问题,根据两层道德思维的区分,黑尔有如下意见:在直觉层,那些曾接受较好的道德教养的人,会较依从一般的道德原则,因而在一般情况下,会做出正确的行为;但这些人不是受过特殊训练的所谓专家,反而,他们凭借的是从教育而来的根深蒂固的道德信念及乐以遵守道德规范的操守,还有加以从经验而来的判断能力,懂得在什么时候动用什么直觉的原则,使他们有道德智慧。

在另一方面,黑尔认为,当我们诉诸批判思维去解决道德问题时,哲学家是可以有突出贡献的。然而哲学家的任务不是提供答案。哲学家也非试图借着从不可否认的前提演绎出结论,来向人们证明,他们必须这样或那样想。② 哲学家可以做的,就是厘清本来意义及逻辑特性模糊的字词,从而作出合理的道德推理。这引致那种我认为是哲学家主要的——也许是唯一的——对这些问题的贡献。他介入,因为道德问题……不能不用很多含义及逻辑特性不完全清晰的字词来讨论。特别地,它们包括如"错误"等道德字词。道德哲学就是一种训练,专门研究这些复杂的字词及它们的逻辑特性。从而去建立有效论证或推理的

---

① Hare(1981),pp.6 - 7.
② Hare(1993),p.3.

准则,使得掌握这些准则的人在推理时能避免错误(混乱或谬误),因此能够头脑清明地解答他们的道德问题。[①] 如前所述,除了掌握建基于道德字词的逻辑特性的批判原则外,在解决实际道德问题时,必须设身处地考虑他人的取舍,在这方面,便非哲学家所专美。黑尔曾提出"天使长"的概念,所谓天使长,是"有超人类的思考能力、超人类的知识,而且没有人类的弱点"的生物。[②] 这样的生物只需要运用批判思维。当面对一个全新的处境时,他能够立即审视这处境的所有特性,包括可供选择的各种行动的后果,然后建立一个普遍原则(也许是高度特定的)。此原则是他不论自己扮演何角色,都会接受来作为该处境的行动原则的,除了没有其他人类弱点之外,他也不会对自己偏私。故此,如果该原则命令他去行动,他就会照做。可见天使长的品质,不单是从训练(分析、推理)中获得的,而要加上品格上的修养,故不能以一般所说的"专家"视之。此外,现实中没有人是天使长,也不需人人以天使长为目标,只有需要运用批判思维时,才需尽量像天使长般思考。

四、结论

反理论者对道德理论的指控,乃针对某些道德理论并不能解决人类的道德问题而提出,并将其原因归咎于理论本身的问题。上文试图指出,很多道德理论固然有它们的弊陋缺失,但不一定是理论本身的问题,并由此设想,道德理论是否有可能避免反理论者的批评,正面地,即构想可接受的道德理论的条件,最后,我们以黑尔的道德理论作检视的对象,显示出他的理论可以作为面对反理论者的攻击而能够成立的一

---

① Hare(1993),pp.4 - 5.
② Hare(1981),p.44.

套理论的实例。但是，必须声明的是，黑尔理论实在有其他问题[1]，在此不赘述。

参考书目

Clarke, S. G. & Simpson, E. (Ed.) (1989), Anti-Theory in Ethics and Moral Conservatism, Albany, N.Y.: State University of New York Press.

DeMarco, J. P. & Fox, R. M. (Ed.) (1986), New Directions in Ethics, New York: Routledge & Kegan Paul Inc.

Fox, R. M. & DeMarco, J. P. (1990), Moral Reasoning: A Philosophic Approach to Applied Ethics, Florida: Holt, Rinehart and Winston, Inc.

Hare, R. M. (1981), Moral Thinking: Its Levels, Method and Point, Oxford: Oxford University Press. （中文译本：里查德·黑尔著，黄慧英、方子华译(1991)，《道德思维：其层面、方法与意义》，香港：天地图书公司；台北：远流出版公司）

Hare, R. M. (1993), Essays on Bioethics, Oxford: Oxford University Press.

Louden, R. B. (1992), Morality and Moral Theory, Oxford: Oxford University Press.

Williams, B. (1985), Ethics and the Limits of Philosophy, Cambridge, Mass: Harvard University Press.

黄慧英(1988)，《后设伦理学之基本问题》，台北：东大图书公司。

黄慧英(1995)，《道德之关怀》，台北：东大图书公司。

---

[1] 参考黄慧英(1988)及(1995)。

道德原则之建构与意义
——以生命伦理之方法论为例

一、对原则伦理（principled ethics）的质疑

传统的规范理论，尤其是原则伦理，近年备受质疑，主要的理由是它在道德抉择上不能提供指引。上述的质疑包括两方面：首先，从一般的原则能否演绎出具体的道德判断？其次，这些理论有没有敏锐地觉察到特定处境中有关脉络的变数（contextual variables），并给予这些变数应有的重视？以当代生命伦理学者温克尔（E. Winkler）的说法，这是对于一般的道德理论之应用可能性（applicability）及相关性（relevance）的怀疑。① 上述的困难，对于应用伦理学来说尤其严重，因为应用伦理学所特别需要的"界域特定性"（domain specificity）是传统规范理论所欠缺的。温克尔指出，特殊伦理学如生命医疗伦理、商业伦理与环境伦理，一直被理解为一种在作道德判断时只需将一般的道德理论应用出来的应用伦理学，这样的话会将特殊伦理学引导至一个错

---

① Winkler(1996)，p.50.

误的方向,在这方向下,我们不需要特殊的原则或方法。

温克尔与其他反理论(anti-theory)的伦理学者所指的传统规范理论,乃由效益主义(utilitarianism)与康德学说分庭抗礼。在温克尔看来,效益主义的错误在于认同了"伦理学上某种关于大公无私(impartiality)的不可妥协的形式",此形式源自"每一个人都应得到平等对待"的观念,因而在作出道德判断时没有考虑到"为大众觉识的有关脉络的变数"。① 这种关于大公无私的观念正与我们的常识的道德观(common-sense morality)相反,后者同意一个人对与他有特殊关系的人是有特殊义务的。此外,效益主义还被批评为了追求最大的效益,而不惜牺牲公平及人权。

义务论——例如康德学说——在有关脉络的变量的地位方面,亦有同样的困难。"行动的义务方面的理由一般被认为之所以能成为道德理由,是基于我们作为人的本性而非基于环境或个别的关系。"②因此在一个事件中,假使有支持或反对行动的理由,我们不可能根据不同的脉络来加以不同的衡量。义务论若不是采用无关脉络的方式来衡量这些理由,就是仅凭直觉随着不同的脉络给予这些理由不同的分量。温克尔声言,诉诸直觉等同于放弃任何系统地说明道德理由的不同力量之希望,同时放弃提供解决冲突的方法之希望。另一方面,假若将赋予理由之分量看成在任何脉络下都是固定的,那么义务论便否认有关脉络的变量对道德判断的重要性。

除了上述有关脉络的变数的问题外,原则伦理的另一个问题是:单纯将道德原则"应用"于特定处境,是否能够产生能指导行为的道德判断,实成疑问。因为,对处境的诠释,在道德决定中应扮演重要的角色。

---

① Winkler(1996),p.53.
② 同上,p.55。

二、对典范理论（paradigm theory）的批评

温克尔在《道德哲学与生命伦理：脉络主义与典范理论之对垒》一文中对波尚（Tom L. Beauchamp，1939—　）与查尔德斯（James F. Childress，1940—　）发展出来的典范理论讨论甚详。典范理论包含三个主要原则：自主原则（principle of autonomy）、慈善原则［principle of beneficence，包括反邪恶（non-maleficience）原则］与公平原则（principle of justice）。由于典范理论的目标是要处理生命医疗方面的伦理问题，因此是具界域特定性的。上述三个原则虽然是一般及抽象的原则，但能指导道德实践。正如温克尔指出的，典范理论旨在将原则与实际事件联系起来。① 虽然如此，温克尔却批评这理论在解决医疗界的道德问题时有严重的限制。首先，典范理论并没有为"什么要素构成道德地位（moral status）"提供说明。由于道德地位在很多重要的生命伦理问题上常引起争论，例如在堕胎问题上，其中一个争论乃关于胎儿的道德地位的问题。因此欠缺这方面的说明使得此理论无用。再者，虽然典范理论较之传统的规范理论为特定，但是在不同处境中，均以同等分量将这些原则应用出来，对可能影响原则之道德分量的有关脉络之变数，仍未给予足够的重视。

由此看来，典范理论与传统规范理论有着相同的问题，它们的分别仅是程度之差而已。问题的根源在于原则之一般性（generality）这个特性，及由之而来的"自上而下"（top-down）的应用程序及证立问题。此后一问题往往是生命伦理中原则伦理与脉络主义之论辩的核心。

① Winkler(1996)，pp.51-52.

萨姆纳(L.W. Sumner,1941—　)与博伊尔(Joseph Boyle,1942—2016)将争论的要点概括如下：生命伦理的一般论者(generalists)支持道德原则或理论在证立或思考方面的重要作用。他们以最大的野心论证，若要做好生命伦理学，便需要赞同一种最好的规范理论。如此，道德证立或思考是以一种"自上而下"的方式进行的，即从一般的原则到个别的事件。这进路的一个问题是，一般论者无法同意哪些规范是最好的，有些维护后果论，另一些则接纳或此或彼版本的义务论，又或德性理论(virtue theory)。另一个问题是，这些理论的高度抽象形态似乎在解决个别病人与机构的具体问题方面，所做的实际工作甚少。特殊论者(particularists)回应这些问题而提出一种相反的"自下而上"(bottom-up)的进程。在这种思维方式下，我们的起点是从所有有关脉络的细节方面，着手处理及尝试解决个别事件。[1] 我将在下一节审视原则伦理的对立理论——脉络主义(contextualism)——是否能够在引导及证立道德决定方面，提供一种可行的方法论。

三、对脉络主义的检视

假如传统的规范理论与典范理论可说是采取了一种"自上而下"的程序，那么脉络主义可被称为一种"自下而上"的取向。脉络主义认为："道德问题必须在具体环境中的诠释上的复杂性中去解决，并且须诉诸相关的历史文化传统，参考批判的建制上与专业上的规范及德性，同时主要以比较个案的分析方法进行。"[2]由于借这种方法所作的决定并不涉及一般道德原则的应用，因此可避免由原则与特定事件间的距离所

---

① Sumner & Boyle(1996)，p.4.
② Winkler(1996)，p.52.

导致的困难。但亦正因道德决定并没有从原则方面得到指引,那么在作道德判断时,从哪里获得资源便成疑问。再者,假若不诉诸原则,我们便必须找寻其他方法,去决定处境方面的差异是否在道德上相关。看来脉络主义指控原则伦理不能指引道德决定,它本身却也不能提供指引。诠释与比较个案的方法本身亦不能解决道德争论。正如萨姆纳和博伊尔所质疑:"我们如何能够对于我们对事件的'解决'不就是原初偏见的反映有信心?"①丹尼尔斯(Norman Daniels,1942—)则注意到,就算对事件仔细考察,有时对什么是正确行动也能产生一致的看法,但这种仔细的考察必须运用某些基本观念,去决定如何将细节或"资料"转换成关于结论的实际证据。此外,对在一个处境中的道德相关方面,哪些应看成相似,哪些应看成不同,我们亦需要一种系统的说明。但那正是给出理由、诉诸原则以及发展道德理论所预计去做的:为我们提供一个从观察转换至观点之证据的基础。伦理学工作的困难不单在于对个别事件的观察及诊断方面,而在于寻求当以我们应该使用的方式对待处境时,什么算是相关的道德理由方面。② 在回应上述批评时,我们必须作出以下的澄清。首先,脉络主义并不属于极端形式的反理论观点,后者认为在道德思考过程中,不需要任何原则,反之,其"自下而上"的进路会引向认取某些原则。它所建议的是,借着围绕事件累积而来的协议,我们可以借"类比"推理产生原则。③ 结果,这样得来的原则与规则是敏感于界域的特殊性的:规则的分量会随界域与脉络而变。④ 其次,脉络主义只抗拒原则伦理的演绎进路以及原

① Sumner & Boyle(1996),p.4.
② Daniels(1996),p.100.
③ 同上。
④ Winkler(1996),p.57.

则声称具有的一成不变的分量。相反,脉络主义强调归纳方法在道德推理中的重要性。[①] 然而,如何应用归纳方法来解决道德事件,一如如何引入对个案之诠释与比较一样,是有待解决的问题。

四、普遍性（universality）、特定性（specificity）与一般性（generality）

对于原则伦理与脉络主义这两种对立的观点,黑尔认为二者都掌握了部分的真理。[②] 黑尔在他的论文中所讨论的是"处境伦理学"（situation ethics）,但他的分析同样适用于脉络主义。例如,脉络主义认清了一个重要真理:我们必须针对每一个处境的有关特性作判断。但假若脉络主义坚持不诉诸一般的原则,则它便是错误的。在此,我们必须区分出普遍性与一般性。普遍性是与特殊性（particularity）相反的,而一般性却与特定性相反。根据黑尔的分析,一个道德判断可以同时是普遍的及高度特定的。因此,道德判断所包含的特定性,正好满足脉络主义对脉络中的每一细微资料的关注的要求。另一方面,假若一个人预备将一个判断应用于相似的事件中的话,则这特定的判断便是普遍的了;所谓相似事件就是除了角色对换外完全一样的处境。这种相似事件不需要是真实的,它可以只存在于假设当中。当我们认同此关于普遍性的概念之后,便会发觉无论否认一个特定的道德判断可以是普遍的（即认为它只在作出判断的特殊处境中有效）,还是认为一个普遍的判断必须是非常一般的（因而忽略了可能影响判断的脉络上的

---

① Winkler(1996), pp.57 - 58.
② Hare(1996).

细节),都是观念上的混淆。[①] 从温克尔对于脉络主义的理解及对传统规范理论的批评中,可见他亦犯了此种错误。[②]

然而,对于脉络主义来说,就算承认了特定的道德判断可以具有黑尔意义下的普遍性,仍会产生疑问:它是否能够,又或如何能够,应用于其他相似的事件? 由于一般认为一个原则要有指导的力量,应该具备某种程度上的一般性,因此,现时受到怀疑的是道德原则的一般性,其中牵涉的问题是:① 一般的道德原则是否在道德决定中占一席位? ② 我们是否只需要研究实际的个案从而作出特定的道德判断,而不用作任何的一般化(generalization)的判断,一如处境伦理学所主张的? 假若我们给予后一问题肯定的答案,便必须面对上节对脉络主义的批评;另一方面,假若我们认为一般的道德原则确实在道德决定上起着举足轻重的作用,便必须为原则伦理所受到的脉络主义的攻击作出辩护。

当黑尔承认我们可以就每一处境的特殊情况作出道德判断时,他是意识到脉络主义的问题的。他们(处境伦理学者)没有说出我们该如何判断那些特殊性或处境。若欠缺一些判断的方法,则每一个人可随意地说出他们喜欢说的。[③] 为了论证道德判断不是随意的,我们必须给予理由,同时这些理由必须是普遍的。因此,在对个别事件作道德判断时,我们即认取了一个普遍的道德原则,纵使那是特定的。很难看出判断处境的任何方法能达致什么,假如没有给出作如此而非如彼的判断的理由的话。任何关于理由的阐述必定引出原则——不是那种处境伦理学者那样不喜欢的简单的一般的原则,但依然是普遍的。假若禁

---

① Hare(1996),p.21.
② Winkler(1996),pp.73-74.
③ Hare(1996),pp.25-26.

止一种药物公开发售的理由是它危害生命,则就是基于"危害生命的药物不应公开发售"这个原则。理由固然可以远比这个复杂,但它们必须说出处境方面使得做此或做彼是正确的的某些特性;而这些特性必须经常以普遍(显然不是经常高度一般)的字词来描述。[①] 总括来说,黑尔论证,就算脉络主义强调处境的有关脉络的变数,只要一个判断算得上"道德"判断,则必定是普遍的。普遍性正体现于判断中当作理由所标举出的特性。无论如何,必需一些方法能使人从处境中鉴别出某些特性,作为相关的特性;因此,若然脉络主义要成为可接受的伦理理论,必须提供决定道德相关性的方法。

如上所述,一个为行动构造出道德理由的原则可以有我们所想要的那样的特定性。当一个高度特定的原则以这种方式形成,它只能在该个别处境或在相关方面相似的处境中有效。因为在其他不包含那些特性的处境中,原则是不适用的。然而,就算一个原则的特定程度是在这个现实世界上没有相似的事件存在,但它仍是普遍的。但这里却暴露出脉络主义对这类原则所作的另一批评:原则不能指导道德决定。原因是,若要将指引应用于未来的其他处境,它必须具有某种程度的一般性。我们实在必须小心察看个别事件,但之后我们想从这些事件中学得一些原则,使得我们能应用于其他事件。毫无疑问,事件是个别不同的,但这不表示我们不能从经验中学习。一个决定的重要理由可以同样对于另一决定是重要的。因此,在避免过分简化及太严格的一般规则的同时,我们仍然可以为自己及他人建立一般的指引,为将来之用。这些指引必须在某程度上是一般的,否则它们只能应用于单一的处境,因而我们为稍后的处境保留经验中的教训便变成无用了。[②] 在

---

① Hare(1996),p.26.
② 同上。

肯定一般的原则能够为未来的决定提供指引之前，我们应该先同意我们需要一般的原则来指引行动。假定我们能够，并且应该，在考虑事件的个别情况之后，正如脉络主义所极力主张的，作出特定的判断，那么为何我们还需要一般的原则？黑尔为这个问题给出了如下的理由。首先，一般的原则可以帮助我们应付世界上的道德事件。我们在过往所作的道德判断，可以应用于具有相同重要特性的未来事件，因而能用作实践上的指引。换句话说，遵守原则会给予我们最好的机会去正确行动。① 黑尔认为这是处境伦理学所忽略的。②

其次，黑尔指出，我们身为凡人，会有欲望与私利，并且常常会因诱惑去窜改我们的道德思维，使得作出的道德判断符合我们的利益。假如我们将一般原则或直觉牢固地植入我们的性格或动机中，则会较易克服这类诱惑。这是去学习道德原则的实践上及心理上的理由。令人诧异的是，身为脉络主义之支持者的温克尔，也将脉络主义理解成一种蕴含社会价值的规则效益主义（rule-utilitarianism），同样强调道德规则在社会脉络中指引社会互动及关系方面的重要性。③

虽然黑尔与温克尔对原则伦理与脉络主义有不同的理解与评价，但他们同样承认，一般的道德原则是不可或缺的。虽然重视的程度不同，他们也认识到有关脉络的细节应当小心考虑，使我们能分辨出道德上相关的特性，以及决定它们是否为某一原则所包含。现时剩下来的问题似乎是：如何消融这两种理论间的矛盾？它们如何面对对方的质疑而提出辩解？

---

① Hare(1981)，p.38.
② 同上，p.36。
③ Winkler(1996)，p.58.

五、两层道德思维

如上所述，黑尔认为脉络主义掌握了一个明显的真理：两个相似的处境可能在一些重要方面相异，而原则伦理因不能察觉这些差异而应受到否决。然而黑尔认为这是一个错误的观点，因为它忽略了另一个明显的真理，就是有些处境在道德的相关方面是相似的，它的错误还在于认为这两个真理是不相容的。根据黑尔的说法，这个错误是基于不能分辨道德思维的两个层面而来的，这两个层面是直觉层（intuition level）与批判层（critical level）。由于黑尔已在他的《道德思维》一书中详细阐释了两个层面的道德思维结构，在此我只作简略的概述。直觉层是我们大部分人在日常生活中作道德思维的层面，一般的道德原则在此层面帮助我们解决道德问题。假如我们吸收了某些规范原则以及获得了某些德性，我们"会拥有关于对与错、好与坏的相应直觉，并且除非被诱惑所征服，在实践上会遵守原则及展示德性"①。然而，这些原则既不是自明的，也不是自我支持的，它们只是在我们接受的教养与教育中灌输给我们的；还有，我们经常会遇到这些原则互相冲突的情况。为了解决冲突问题及证立道德原则，我们必须转向道德思维的批判层面。

在批判层，我们借着批判的道德思维作出道德判断。批判的道德思维就是应用效益原则（principle of utility）来决定特定处境中正确的道德判断。黑尔在他的专著中详细论证了效益原则与普遍化原则（principle of universalization）的结合如何可以作出公正的道德判断，并且论证了上述原则是从道德字词的逻辑特性及有关"公正"的概念推演

———
① Hare(1996)，p.30.

出来的结果,在此不赘述。这样既可解决道德冲突问题,又可使判断得到证立。我们更可借此选择出最佳的初步原则(prima facie principles)的集合,这些初步原则会在像目前这样的世界中(in the world as it is),在正常情况下,带来最佳后果。所谓最佳后果,就是那些当我们在所有时间都能作批判思维所达致的后果。

简单地说,在批判层,我们可以形成需要有多特定便有多特定的普遍原则,去处理个别事件。同时,为了上面所指出的理由,我们亦拣选出一些具有某种程度的一般性的原则,以用于直觉层。明显地,我们只需在直觉层中挑选处境中的一些特性,作为道德上相关的。这些道德上相关的特性构成了一般的道德原则的重要的描述内容。这表示当我们选择某一初步原则时,同时在决定哪些是相关的特性。我们的批判思维有足够的能力去做这两方面的工作,而所选出的初步原则会得到效益原则与普遍性要求的证立。

看来黑尔引介的道德思维的两层结构可以消解原则伦理与脉络主义的对立:一方面,它可以在批判层安顿后者所强调的有关脉络的变数;另一方面,它可以在直觉层采用前者所订定的一般原则。最后,黑尔借着对这两个层面的区分,对脉络主义作出评价。明显地,层面的区分可以说明这样的理论对在哪里及错在哪里。如照字面的意思看,这理论要求我们在无论多直接的道德决定里运用批判思维。但通常我们没时间这样做,并且常常没有关于另一可能行动的结果的必需资料。我们也会受个人偏见影响,而这往往是错误决定的根源。因此,合情理的做法,是为我们自己订定原则,以及培育德性,这会在直接事件的运作上,引领我们在无须细想的情况下做正确的事,而为奇特的事件保留深刻思想的力量……当我们这样作批判思考时,我们必须考虑事件的特有情况及其细节,一如处境伦理学者声称我们所当做的。但若在每一场合都这样做，将会是荒谬及不切实际的。[1] 温克尔提出有关效益主义的问题，亦可借两层道德思维来解决。在第一节中曾提及，效益主义被指控为了坚持大公无私而违反了大众接受的偏私行为，例如一名母亲应关顾自己孩子的需要，多于他人的孩子。黑尔却认为我们可以在直觉层认同偏私原则，而这认同可在批判层中被大公无私的思维证立。重要的是，大公无私的批判思维亦同时指令我们运用公正原则于直觉层。假若我们为了所有孩子的利益而关注大公无私，我们应当希望母亲们对她们自己孩子做出偏私的行为，且拥有使她们如此行事的感情。我们应当如此希望，因为假若母亲们都这样的话，孩子所得到的照顾，比起假如母亲们试图对自己的与对别人的孩子感觉一样的情况，较为良好。这道理同样适用于医生与护士。因此，大公无私的批判思维会叫我们去培育偏私的德性与原则，但它亦会叫我们去为某些角色与处境培育无私之情。它们明显地包括法官，并包括必须公平地分配利益与损失的那些人，就像医生们要将匮乏资源分配给他们的父母时所做的那样。[2] 道德思维的两层结构不单消融了原则伦理与脉络主义之间的对立，它还能解决"自上而下"与"自下而上"两种进路的矛盾观点。我将在下节讨论此点。

六、个别判断与一般原则的动态关系

"自上而下"与"自下而上"进路的争论，部分在于有关理论给予一般原则不同分量所致。最重要的是，论辩针对的是产生原则的方法。正如前面指出的，甚至如温克尔这样的脉络主义者也认为原则是不可

---

① Hare(1996)，p.33.
② 同上，p.31。

扬弃的,他甚至声言:"脉络主义对道德考虑的不同分量的觉识可以是原则性及批判的。"[1]但是无论怎样,脉络主义依然主张,获得原则的途径是自下而上的,此正与传统的规范理论对立。

　　然而,上述争论的表述形式是误导:它看起来像是在表示,当我们作脉络推理时,是从零开始的。正如萨姆纳与博伊尔所描绘的,持有这种观点的人认为,原则是紧随而非先于个别问题的解决而来的。[2]事实是,在解决个别问题之前,原则(不论如何取得)已经存在了。否定原则对解决道德问题的可能贡献,使得"自下而上"的程序以至由此程序获得的原则变得多余。假若一如上面所显示的,原则在道德判断时确实在某程度上有其重要性,则问题应该是:这些原则如何进入程序?这里温克尔提出了一个合情合理的建议:我们从约定俗成、行之有效的道德原则与规范开始,除非它们所衍生出的道德判断受到另外一些原则或其判断的挑战,否则可视作合理。脉络主义因此从约定俗成的道德、正在社会生活的不同界域中被视作经证立的规范与价值开始。道德规则与价值是假定为合理的,除非显示出它们不合理。借着诉诸其他没有受到讨论中的特殊事件挑战的信念或原则,道德判断被视为得到充分的证立。依此,反省理论的有关层面,由了为了建立在某环境下最合理的判断实际上所要求的而决定。最终,脉络主义试图将一个个案归入一个规则之内,这个规则是可以显示具有或适当地假定具有发生该个案的社会界域内的工具有效性的。[3]此段引文展示温克尔所赞同的一种脉络主义之道德推理方法,其中提及"反省理论的有关层面",可见此思维方式与黑尔的两层结构是相容的。事实上,所谓约定俗成

---

① Winkler(1996),p.56.
② Sumner and Boyle(1996),p.4.
③ Winkler(1996),pp.52－53.

的道德与规范及价值正是黑尔术语中的"初步原则"。它们应用于直觉层,而当受到挑战或遇到道德冲突时,便必须在批判层重新审视并在需要时加以修订。引文中所提到的"工具有效性"亦与在批判层用来证立及挑战初步原则的效益原则相似。与温克尔一样,黑尔认为在批判层,效益原则可以产生、重新审视,以及修订道德规则,以保证它们的工具有效性。

让我们回到关于两种进路的争论。一旦区分了两个层面,就算争论没有被取消,也变得不再重要。脉络主义所强烈推许的"自下而上"之进路涉及归纳推理,如相关事件的比较与个别判断的推广。在此过程中最重要的是对事件及原则的诠释。如前所述,当我们对一个别情况作道德判断时,我们是从约定俗成的道德原则开始的,直至受到挑战,那时我们便转向批判层。在批判层中,任何方法,包括事件的比较、关于个别利益集团的资料的搜集、相似事件的类比等,都会使用。甚至对于没有争议的正常事件,对道德问题的诠释往往早于任何原则的介入而进入其过程中。直觉思维并不蕴含任何盲目的应用原则。但是,当需要求助于批判思维时,再诠释是必需的。

在论文的结尾,温克尔总结了他对脉络主义的观点:脉络主义所须坚持的是,我们须觉察到,当面临真正的道德问题时,道德的说明与证立的演绎结构是具有追溯性质的。在一种较重要、精要与基本的意义下,证立是一个过程。这过程包含着所有其在诠释上及类比上的复杂性,而达致一个深思熟虑的道德判断,同时将它作为在问题的脉络内的另一个合理的可能性而加以维护。[①] 如果这段话扼要说明了脉络主义的重要方面,那么脉络主义并不与原则伦理相矛盾,假若两者正确地

① Winkler(1996),p.76.

在黑尔建议的层面中运作的话。

七、两层道德思维在实践上的作用

上节已解释过,在黑尔的两层结构中,我们会在直觉层运用一般的道德原则去处理没有争议的事件。由于这些原则是由效益原则挑选出来的,因此假若社会上每个人都遵守的话,对社会来说便是最好的了。另一方面,我们应当以批判思维来应付不寻常的事件,这样或会达致一些可能高度特定的,但仍然普遍的判断。两层面的区分维系了行之有效的原则与直觉的功能,但一方面为它们提供了证立,另一方面却保留了革新的空间,因此这区分在理论方面看来是有效用的,然而在实践方面则可能有问题。

第一个问题是,如何决定一个"非常"事件(或奇特事件)的"非常"程度足以使我们转到批判层中考虑? 黑尔坚持不单原则,甚至牵涉其中的道德感情,也应得到培育,使我们不会为了自己的利益而窜改处境。这是道德感情的正面作用;但假若这些感情强烈得足以抵御诱惑,那在应该考虑放弃一般为人接受的原则的事件中,亦可能导致抗拒考虑放弃。虽然黑尔主张在原则受到挑战或矛盾时,我们应当将事件带到批判层;但一个人若从小接受了良好的训练或教育,因而形成良好的性格,便不容易觉察到他/她一向接受的原则正在受到挑战。他/她会将另类观点视作由一些欠缺道德感的人所提出的。黑尔借着关于安乐死的争论,展示了一个两难处境。医疗人员经常说:"我们整个训练及我们的态度是指向拯救生命,你如何能叫我们去杀人?"这里关乎我们认为一般来说医生应有什么态度的问题;一般来说,除非一个医生矢志拯救生命,否则他很可能是坏医生,这当然是真的。因为假如一名医生

被要求结束一个病人的生命,又或就算拒绝拯救让他死去会好得多的
病人的生命(虽然这不是严格意义上的安乐死),假如他是一名好医生
的话,会感到极不愿意;去做其中一样事情都违反了他的本性——作为
一个医生训练去拯救生命的本性。[①] 黑尔论证说,纵使医生产生不愿
意的感受,但假若他肯定这是正确的,便应予以克服。如果在某些事件
中,赞成安乐死或不予救援是正确的,则医生应该克服这种不愿意的心
理,只要他肯定"病人死亡是较好的"[②]。一个医生如何可以肯定结束
病人的生命是正确的呢? 假如我们上升到批判层并诉诸效益原则,那
么我们应当细致地考察该事件。结果我们会得出关于正确行动的结
论,这结论可以"为受我们行动影响的所有集团的利益服务,同时对他
们每一个给予同等分量的利益"[③]。这样做的时候,病人痛苦的程度必
定超过医生的反感,亦超过对社会的无法预测的影响。黑尔亦醒觉违
离一般原则的危险而提出警告:这会有实践上的危险,如果在这些事
件中克服了(不愿意的感受),会在医生方面,也许同时在病人方面,导
致态度的一般改变——医生会不再被认为,亦不再认为,自己委身于拯
救生命,取而代之的是,会认为委身于去做他们认为对病人甚至一般的
人最好之事,哪怕牵涉杀人;而这发展可能对整体来说不是最好
的。[④] 看来我们一日未有一个强而有力的事件,其中的利与害是显而
易见的,一日都无须费心去将某一事件看成特殊事件。这样的态度会
导致对于当前事件反应迟缓。

第二个问题是,我们何时应该利用非常事件的反省结果来使久经

---

① Hare(1993),p.8.
② 同上。
③ 同上,p.11。
④ 同上,p.8。

证立的原则作出改变？黑尔指出非常事件应在批判层中处理，在考虑事件的细节之后，我们可以决定在这些具体环境中应做什么，然后会得出一些非常特定的，但有时奇异的原则。然而，黑尔声明这些原则不会在直觉层中应用。……当我们挑选的时候，不应该对不太常见或不大可能发生的个别事件，无论是实际的还是假设的，给予太多的关注。这是因为我们挑选我们的原则，是作为在这个实际上是如此的世界上实践的指引，而非作为在一个由简短故事或哲学家的例子构成的世界上实践的指引。因此，举例来说，在晚期癌症的极度痛苦中死去的人数是很少的，或如果得到恰当照料很少的话，情况便会不同了。这是格言"特例产生坏法律"的意义。① 当然医生与普通人需要的是一般原则，可以在普通事件中提供指引。假如由特殊事件产生的特定原则不能作指引之用，那么我们想为我们的普通生活设置什么样的一般原则？对应先前的问题，就是：什么是医生应有的态度？

　　实践中，去决定新原则的益处是否超过对公众所产生的冲击，是殊不容易的。因为我可以问，假如认同了一种态度或另外一种，在医院或临终病人的家里，会是怎样一种情况，并且哪种情况是较好的。因此这哲学练习会一如好的哲学所应该的，将问题交回给非哲学家作进一步的考究，但以一种更明白、清晰的形式进行，因而更易得到解答。② 然而，假若将一个哲学问题转换成一个非哲学问题去处理，相当于承认哲学欠缺解决该问题的资源。相反，认为答案取决于该判断是否正确，而此无可置疑地是一个哲学问题，假如我们肯定我们为该非常事件建立的特定原则是对的的话，我们应当想象这原则可应用的相似的可能事件（也许经过轻微的修改），然后据此制定较一般的原则。此外，我们应

① Hare(1993)，pp.13 - 14.
② 同上，p.9。

通过道德教育引介及推广这些新原则。结果将会是,新的一般原则转过来影响普通人的想法,继而使该原则看来不像原先那么奇异,这便会减弱公众的抗拒心态。

黑尔拒绝让关于非常事件的判断在直觉层中占一席位,是基于它们是罕见事件这一理由。如果我们对该类事件给予一定分量的关注,我们将较可能认取那些若受到一般接受及保存的话,会对受它们影响的人带来对整体来说最好结果的原则。[①] 但假如我们相信在两个层面的原则不是固定及静态的,而是两层面的关系是辩证的,即在一个层面的变更始终会影响另一个层面令其改变——则我们给予罕见事件一点关注便会促成一般人对奇异判断的接受。也许,问题的核心在于哲学家在反省及改革旧原则方面,是愿意采取领导地位,还是只愿意被大多数人接受的既定成规牵着走。

八、儒家的两类道德思维

前文分析了道德思维的两层结构,可以同时承认一般原则与特殊判断在道德决定上的作用与意义,只要我们觉察它们的应用范围及限制,便能互补不足。在中国的儒家伦理学说中,关于"经"与"权"的观念,恰好展示出类似黑尔的两层思维架构。

在儒家伦理中,不乏一般的道德原则,目的是为了在伦常日用中,提供应然的指引及规范;同时对有志于在道德上不断提升自己的人,亦起指导作用。前者如"己所不欲,勿施于人"(《论语·颜渊》),"己欲立而立人,己欲达而达人"(《论语·雍也》)等不胜枚举,这些规范大抵概

---

① Hare(1993),p.14.

括在"礼"中,如非礼勿视、非礼勿听、非礼勿言、非礼勿动等(《论语·颜渊》)。后者则见于对君子的要求,在《论语》中更是比比皆是。它们有时表现一般;有时则较为特定,如"居处恭,执事敬,与人忠"(《论语·子路》),"若臧武仲之知,公绰之不欲,卞庄子之勇,冉求之艺,文之以礼乐,亦可以为成人矣"(《论语·宪问》)。儒家的规范除了以原则的方式表达出来之外,很多也借德性来展现。如恭、宽、信、敏、惠、勇、慈、敬、孝、悌、忠、温、良、俭、让等,都是在起居、应接,甚至从政方面,助人进退得宜合理的。无论是原则还是德性,在此暂不讨论二者中何者较一般,何者较特殊。儒家认为它们都具有黑尔所界定的普遍性。举例说,当一名儒者认为子女应对父母尽孝道的时候,他的意思是,不论身为父母还是子女,他都认为那样做是应该的。

儒家认为,上述的规范无论在什么环境下,都应该遵守,所谓"造次必于是,颠沛必于是","虽之夷狄,不可弃也"。但这不表示既定的成规是不容改易、人们必须无条件接受的。对于传统的道德要求或社会规则,儒家认为可以重新省察,然后予以调整、改革,甚至扬弃。调整或改革的方式,有时是对规范的内容作出新的诠释(如《中庸》对"君子之强"及《论语·为政》对"勇"的阐释),有时甚至直接否定流行的做法(如对"拜上"的否定,见《论语·子罕》),有时则以一种德行凌驾另一种德行,从而对后者加以限定("夫大人者,言不必信,行不必果,惟义所在。"见《孟子·离娄下》)。假如我们应用黑尔的区分,在平常情况下,我们只需实践既成的道德规范,在非常时刻才须上升至批判层加以考察。

上述"非常时刻",包括道德冲突事件,如孟子曾讨论的"嫂溺"(《孟子·离娄上》)及"舜不告而娶"(《孟子·万章上》)的情况,在该等情况中,皆以处境的特殊性,挑战社会的道德规范,结果得出较特定却普遍的新原则。但这并不表示旧有的原则需要放弃,它们仍可以在平常情况下作为一般原则而使用，且具规范力量。这就是儒家的"经常"观念。在特殊情况下作的判断是"权变"而已，它不能取代一般原则，但本身却又具一定程度的一般性，可在相似事件中使用。

在黑尔的两层思维理论中，其中在批判思维层用以拣选一般原则、解决道德冲突所根据的是效益原则；明显地，儒家在考虑现存的道德原则是否适用，以至是否需要及如何作出调整或改革时，所用的并不是效益原则，而是凭道德心作决定。儒家所言的道德心不相当于义务论的批评者所说的直觉，而是自律道德的超越根据。[1]

道德心不单可以制定、修改道德原则，解决道德冲突，借着它还可以将一般的道德原则，"应用"于特定处境。这种应用并不属于演绎，而是一种道德上的创造。[2] 于是，上面所说的道德思维的结构，在儒家看来，分解地说，是两层。其中一层是"礼仪三百，威仪三千"，"百姓日用而不知"的道德心之"用"的一层，在这层中"恭而无礼、慎而无礼、勇而无礼、直而无礼"（《论语·泰伯》）都会生乱；另一层是道德心之"体"，在此层中，良知即天理。但此两层综合地说，即体即用，道不可须臾离，因此并没有何时须遵守一般的道德原则，何时须将道德问题置于批判层来考虑的问题。

参考书目

Beauchamp, Tom L. and Childress, James F. (1979), Principles of Biomedical Ethics, Oxford: Oxford University Press.

---

① 详见《儒家对道德两难的根本立场》与《再论儒家对道德冲突的消解之道——借〈公羊传〉中"权"的观念阐明》（见本书第一章第六、七节）。
② 请参阅《道德创造之意义——牟宗三先生对儒学的阐释》（见本书第三章第二节）。

Daniels, Norman (1979), "Wide Reflective Equilibrium and Theory Acceptance in Ethics", The Journal of Philosophy.

Daniels, Norman (1996), "Wide Reflective Equilibrium in Practice", Philosophical Perspectives on Bioethics, (Eds.) Sumner L. W. and Boyle, J., Toronto: University of Toronto Press.

Hare, R. M. (1981), Moral Thinking: Its Levels, Method and Point, Oxford: Clarendon Press.

Hare, R. M. (1993), Essays on Bioethics, Oxford: Oxford University Press.

Hare, R.M. (1996), "Methods of Bioethics: Some Defective Proposals", Philosophical Perspectives on Bioethics, (Eds.) Sumner, L. W. and Boyle, J., Toronto: University of Toronto Press.

Sumner, L. W. and Boyle, Joseph (1996), "Introduction", Philosophical Perspectives on Bioethics, (Eds.) Sumner, L. W. and Boyle, J., Toronto: University of Toronto Press.

Winkler, Earl (1996), "Moral Philosophy and Bioethics: Contextualism versus the Paradigm Theory", Philosophical Perspectives on Bioethics, (Eds.) Sumner, L. W. and Boyle, J., Toronto: University of Toronto Press.

儒家伦理与道德"理论"

一、前言

西方近年的伦理学界,流行一种反理论学说(antitheory),这种学说质疑道德理论是否为道德哲学所必需,以及伦理学中对"理论"的构想与特性是否恰当及能否令人接受。虽然反理论学说是针对西方道德学说如康德的义务论、契约论(contractualism)与效益主义(utilitarianism)等作出的,但假若它的批评成立的话,就不单会动摇西方伦理理论的基础,甚至令人怀疑,中国的儒家伦理学说是否由于所具有的客观性与普遍性以及其他特性,因而同样不免会受到抨击。

在前面《道德理论的考察》一节中,我们已对反理论者的观点作了一个简略的介绍,此处专门探讨儒家伦理的中心思想,是否属于反理论者所质疑的伦理理论。

二、儒家道德哲学与道德理论

儒家的道德哲学是成德之教。孔孟立教之初,并非有意建构一个伦理系统,为人类的正确行为提供指导原则。儒家的根本关怀,在于如何在人间建立和谐的秩序。基于此种关怀,儒家进而肯定实现这理想的主体根源,于是发展出主体道德哲学。虽然如此,论者或会怀疑,纵使儒家没有企图建立伦理理论,但是其道德哲学是否也可视为一种理论,并且恰好也是反理论者所批评的该种理论。在本节中,我们可以顺着上节的各个论点进行考察。

(1)最容易令人觉得儒家陷入道德理论深渊之处,莫过于儒家哲学的核心观念——"仁"的提出。在儒家的道德哲学中,"仁"是终极的道德原则,且具绝对的普遍性。如此,"仁"是否会同样遭受反理论者的批评呢?

首先,"仁"与道德理论如效益主义或契约论的道德原则性质迥异。在反理论者看来,根据道德原则可辨悉正确的行为,因为有关的道德判断可由原则演绎出来。"仁"却不是提供正确行为的客观原则,只是关于一个行为要成为道德行为的主体方面之条件。"仁"的特性是"觉",亦即人能兴起恻隐之感的根源,亦即使他人之悲痛与愿望变成自己之悲痛与愿望,以及使"己欲立而立人,己欲达而达人"成为可能的能力,此正是"能近取譬,可谓仁之方也已"(《论语·雍也》)的意思。仁既是恻隐之感,故是就具体的实际情境而兴起的,它不可能是脱离特殊状况的抽空感受,因而不会出现普遍之原则与特殊之判断间的鸿沟。

"仁"与客观的道德原则的另一重要分别,就是后者是一些变数的函数,这些变数虽或会随情境而变,但在每一情境中均被认为是不变的,方可计算出函数的值来。试以以下的一种效益原则为例,一个道德上正确的行为就是那能使所有受影响的人的欲望得到最大的满足者,其中的变数就是:人的欲望得到满足的程度。我们若要寻求哪一行为在道德上是正确的,就必须假定我们可以确定每一种可能的做法所导致某些人的欲望得到满足的程度,此须进一步假定该满足程度是固定的——起码在寻找或计算之际如此。这些变数的固定分量被看成是设定的(given);去作道德判断,就是根据设定的资料去算出正确的行为,判断者不必,亦不会评价、批判或改变这些设定的事实。相反,儒家主张,当作道德判断时,仁心的发用,不单使一考虑成为道德的考虑,并且假若判断者是其中一个受判断影响的个体,则在考虑他人所受到的影响之外,更回头反省、评价,有需要时调整,甚至扬弃自己原来的欲望,亦可说不固执于追求原初的愿望的满足。这不应看成是对欲望的压抑,而是在第二序的反省后,不再拥有原来的欲望。此乃仁心发用而生的一种自我要求,此要求使人的欲望变得合乎道德,此即"道德凌驾欲望","欲望要臣服于道德"的受到一般接受的常理。① 此方向的最高境界就是"从心所欲,不逾矩"。由此看来,道德原则如效益原则只是一项独立于判断者(就算同时是利益相关者)自身意向的公式,而"仁"却不单将判断者的意向作为须考虑的变数,且将判断者之意向的改造,视为判断过程中的一环。我们更可进一步说,在儒家,"作出判断"在道德活动中并不居于最重要的地位,儒者更关心的是,在面对道德问题时,如何尽除偏私,如何体察处境及他人的感受,如何自我提升及改造,以至于达到"己所不欲,勿施于人","己欲立而立人"的境地;道德判断只是在这些基础上的产品而已。从道德原则与"仁"的这方面之分别,可以得出:"仁"不像反理论者所理解的道德原则,具备认知的性格,反理论者对于理论的认知性的攻击因此亦无法加于儒家身上。②

如上所论,假若反理论者的批评——从道德原则不能演绎出道德判断——成立,便会使人进一步质疑道德原则的意义。然而,纵使如

---

① 参见《价值与欲望——孟子"大体"与"小体"的现代诠释》(见本书第二章第二节)。
② 关于反理论者的反认知观点,可参考 McDowell 前引文。

此,亦无损于"仁"的作用。这是由于仁不是用以证立道德判断或行为的。仁与判断或行为的关系,并不是一种逻辑的演绎关系,而是一个判断(或行为)要成为道德的判断的主体方面之条件。这条件(无私)符合后,还需要对处境的理解、对有关知识的掌握,才能使判断趋于正确。更关键一点是,主体条件的符合,并没有一个统一的、清晰的、确定的最后阶段的图像。在上段中指出,仁心的发用会形成"视人如己"及"无私"的自我要求,所以有可能调整自己的本来欲望,但是"无私"并不是要人去除个人的欲望或理想的追求,只是立己之同时也要立人而已。圣人也非无求无欲,仅是"从心所欲,不逾矩"。因此,即使仁心得到充分的发用,而能做到"视人如己",然而将保留多少个人欲望,则要视乎该欲望在主体之生命中的重要性,亦即决定于主体的整个价值体系,任何人都无法为他人规划出他的生命抉择,所以以无私的观点坚持多少个人的欲望之追求,是因人而异的。在道德上我们追求无私与偏私的调和。① 职是之故,根据仁所作的判断,以及根据判断所作的行为,是不能有单一的确定方案的,在此意义下,"仁"不能证立判断与行为。

儒家的"仁"可能招惹反理论者抨击的另一特性就是"普遍性"。反理论者排斥普遍的道德原则的理由,是认为普遍必定与抽象相联结,甚至将普遍等同于"高度一般",因而普遍的道德原则不能照顾处境中的特殊性,例如社群及个人的历史背景及现状。这是基于对普遍与特定不相容的误解,前面曾对此加以讨论。② 在此不赘述。与现今的课题相关的是,"仁"是否属于高度一般的原则,可应用于任何时代、地域与种族? 其实,"仁"的普遍性一方面可通过上述的"无私"之观念来理解,

---

① 可参考《无私与偏私的调和》,黄慧英(1995)与《价值与欲望——孟子"大体"与"小体"的现代诠释》(见本书第二章第二节)。
② 可参考《道德理论的考察——对反理论者之回应》(见本书第一章第一节)。

另一方面也可就"人皆有之"的能力来掌握。"仁"作为与他人相感通的能力而言,是每个人生而有之的,基于这种能力,人方才可以不单纯关注自己的利益,因而能够作出道德的考虑。就这方面来说,"仁"是超时代、地域及种族的。这种普遍性的肯定使得道德要求及责任等观念可以普遍施与每一个人,亦即使"道德普遍于人类"成为可能。如此,在上述意义下,"普遍性"就并非"不必要的、不可能的及不可欲的"了。

(2)有些反理论者从多元主义的道德观出发,批评道德理论都是化约主义的。究竟"仁"是否同样具有化约主义的特性?

假若我们根据上节对"仁"的分析,将"仁"看成感通的能力及基于此能力而来的道德要求,则它是一项判断成为道德判断的条件。在此意义下,"仁"与其他德目之关系,同样也是使德目具有道德意义的条件,"人而不仁,如礼何"(《论语·八佾》)便充分表现此种关系。然而,我们不能据此便推论儒家是化约主义的。

况且,"仁"除了作以上的理解外,更可理解为德目之一。当"仁"被看成一种德目的时候,它与其他德目的关系,有时是综摄的关系,有时是并列的关系。例如:

> 未知,焉得仁?(《论语·公冶长》)
>
> 仁者必有勇,勇者不必有仁。(《论语·宪问》)
>
> "能行五者于天下,为仁矣。"请问之。曰:"恭、宽、信、敏、惠。"(《论语·阳货》)

以上显示须具备其他德性,才能成就仁,故是一种综摄关系。

> 好仁不好学,其蔽也愚。(《论语·阳货》)

> 知及之，仁不能守之，虽得之，必失之。知及之，仁能守之，不
> 庄以莅之，则民不敬。知及之，仁能守之，庄以莅之，动之不以礼，
> 未善也。（《论语·卫灵公》）

以上显示必须与其他德性配合，才能臻于至善，故仁是与各种德目
并列的。

由此看来，儒家认为各种德性均有其独立的价值，亦不必将它们化
约为仁来理解，因此不能推断儒家是一种化约主义。

（3）儒家意识到道德冲突的存在，如《孟子》中曾有关于"嫂溺，援
之以手"与"男女授受不亲"之礼相冲突的讨论。（《孟子·离娄上》）在
关于舜不告而娶的事情上，也展现了遵守古礼与废人伦间的矛盾。
（《孟子·万章上》）瞽瞍杀人的假设，亦制造了角色冲突的事例。（《孟
子·尽心下》）在每次冲突中，孟子都提出了他的判决，以及所持的理
由。可见，儒家实在相信道德冲突是可以凭理性去消解的。

传统的礼节、德行、规范，在某些特殊处境中都可能出现冲突。在
《论语》《孟子》中，随处都可发现关于"没有哪一种礼是绝对正确的"的
启示。

孔子也在从众与违礼之间，在不同的情况下作出不同的判断。
（《论语·子罕》）当冲突发生时，如何决定何者应当依循呢？孟子曾说：
"夫大人者，言不必信，行不必果，惟义所在。"（《孟子·离娄下》）他们的
抉择所依据的，就是仁义，亦即以仁义去审查哪种做法是合乎道德的。
而判定某种礼节在某一时刻（男女授受不亲在嫂溺之际）是否合乎道
德，就正如去作出道德判断一样，在主体方面所需之条件就是仁心。

虽然儒家认为道德冲突可凭道德理性去消解，但一如上节所论，根
据普遍的仁心所作出的判断，并非只有一个正确的答案。劳登在相关

的讨论中指出,有一种解决冲突的方法并不意味着所得的正确答案只有一个。反理论者认为道德理论声称有方法解决道德冲突,相当于承认有一个客观上正确的答案,因此他们对后者之否定,便成为反对理论的理由了。劳登说,这反对其实是"要么承认有一个客观上正确的答案,要么不要理论"此类简单二分法的产物。①

(4) 假若我们明了以上的论点,便不会同意儒家在处理道德问题时有一套决策程序。儒家亦从不接受:只要遵照程序中的每一步骤,输入资料,便能获得答案。相反,儒家强调道德的创造,在创造上,仁心担当很重要的角色。② 既然是创造,便不是入模塑制,亦不会制成一式一样的产品。在凭借仁心所作出的道德创造当中,相异的判断都合乎道德,此却可借仁心之普遍性保证。

(5) 本节曾开宗明义指出,儒家是成德之教,孔、孟基于对每个人均可凭己力成就完美的道德人格的信念,在自我修养、发扬善性与实践道德等方面随机作出指点。更重要的是,儒家借着人禽之辨,解答"为何道德"的问题:只要人不甘于沦为禽兽,则所建立的正面自我形象,使得人承认应该讲求道德,因而使道德对人起规范作用。③

在儒家的典籍中,关于如何成为君子、如何实践仁义,甚至怎样才称得上圣人,都有很丰富的讨论,当然这方面亦是儒家道德哲学的核心所在。但是所有的规范及指引,只具参考意义,在特定的情境下应否遵守,最终应由主体自己判断是否合乎道德。如前所谓,既然儒家强调道德的创造,同时重视主体的反省及自我要求,道德规则的规范性及其对

① Louden(1992),p.132.
② 关于儒家的道德创造性,牟宗三有很精辟之阐释,可参考《道德创造之意义——牟宗三先生对儒学的阐释》的论述(见本书第三章第三节)。
③ 详细的论证可参考《儒家对于"为何道德"的证立》,黄慧英(1995)。

实践的制约,必须经过内化,才具道德意义。由此看来,儒家不相信道德生活的实践,须依赖一套权威的规则提供指引。

(6) 儒家既然不承认有一套正确的决策程序,有唯一的客观上正确的答案,有权威性的道德规则,当然亦不会接受有道德专家。叶适曾说孔子"搜补遗文坠典",又评论曾子忽略"度数折旋",牟宗三认为此皆因叶适不明自律道德的本性使然。他指出:孔子教颜渊非礼勿视听言动之"克己复礼为仁"岂是只教他"治仪,因仪以知事"耶?岂是只教他"常行于度数折旋之中"而已耶?若如此,则习仪生不更为一贯乎?而孔子亦不必不轻许人以仁矣。孟子曰:"行之而不著焉,习矣而不察焉,终身由之而不知其道者,众也。"(《尽心篇》)此正是叶水心之类也。[①] 习仪生便是礼仪专家,通晓度数折旋,然而并不表示他们能在实际处境中作出无私的判断。

另一方面,圣人固然是儒家心目中理想人格的体现,但圣人并没有受到特殊训练,没有深谙道德推理的方法、掌握道德知识,也不具备非凡的能力,仅仅由于经常能够践仁尽性、视人如己,使他成为圣人。因此,使判断与行为合乎道德,不能靠天纵之才,也不能单纯依赖后天的学习,重要的是锻炼自我反省的能力,以及培养为他人设想的思维习惯,捕捉在生命中兴起的不安、不忍、愤悱、不容已之感,推而扩之[此即孟子所谓"人皆有所不忍,达之于其所忍,仁也"(《孟子·尽心下》)之意],便能臻"仁不可胜用"之境。

三、结论

从以上的探讨中,可见儒家的道德哲学并不属于西方道德理论的

---

① 牟宗三(1968),p.275。

形态(根据反理论者所归纳的),因而反理论者对理论的攻击,皆不能应用其上。此外,我们更揭示出,儒家对于道德这课题的独特思想进路,使它既符合人们对"道德"的要求(如具普遍性、制约性及无私等),而又没有埋没现代人所重视的"特定性""分殊性""个体性"等。这不单为"儒家伦理能适合现今这时代"提供部分的说明,更为道德理论能够回应反理论者之挑战,显示出一个理论上的空间——至少某种形态的道德理论是可以成立的。当然,人们更可由此进一步质疑,反理论者的观点是否有所偏蔽,但这则非本节重点所在了。

另一方面,从正面来说,儒家的道德哲学是否属于某些反理论者推崇的德性伦理学(virtue ethics),此须作更深入细密的研究,可参看本书《儒家伦理与德性伦理》一节。

参考书目

牟宗三(1968),《心体与性体》,第一册,台北:正中书局。

黄慧英(1995),《道德之关怀》,台北:东大图书公司。

儒家伦理与德性伦理

对伦理学理论有许多批评的反理论者中,代表人物有:麦克道威尔、伯纳德·威廉斯、麦金泰尔、拜尔等。[1] 照他们看来,道德理论——不管其实质内容如何——皆有许多缺陷,应该加以考察。受到批评的理论,主要是康德的道德哲学,以及效益主义和契约论。在反理论者之间,并没有正式或非正式的联盟,他们对道德理论的批驳也没有一个共同的基础。然而,反理论者一般认为,普遍性和公正性是道德理论具有的两个重要特征。[2] 反理论者质疑,既然一个道德理论系由一个(或一组)高度抽象的普遍原则组成,并由此演绎出具体的道德判断,那么在这样的理论中,道德主体的个别特征,以及道德判断所针对的特殊处境,是否能够以理论给予应有的重要性。反理论者不仅反对进行判断是一种演绎活动[3],而且还指出,公正性要求判断抽离于特殊的个体与关系,因此,一个公正的道德原则不允许对具体处境的特殊性给予充分的注意。此外,公正性也不容许个体的道德动机系由对与他之间有特

---

① 参见 Louden(1992)与 Clarke & Simpson(1989)。
② 参见 Louden(1992),第五章,以及 Clarke(1989),导论。
③ McDowell(1989),p.105.

殊关系的某人之特殊关心引发——这一点却是反理论者可以接受的。除了上面提到的道德原则的特征之外,道德理论的下列性质和预设,也成为被拒斥的理由:还原主义、不存在无法消解的道德冲突、提供一套决定程序以获得客观的正确判断、承认有道德专家的存在等。从反理论者的观点看来,所有这些要么是错误的,要么就是不受欢迎的。[1] 在《道德理论的考察——对反理论者之回应》(见本书第一章第一节)里,我曾经考察过许多这一类的反对意见,并试图寻觅一种可能免受这些责难的道德理论。在《儒家伦理与道德"理论"》(见本书第一章第三节)里,我详细审视儒家伦理,以确定它是否属于反理论者所拒斥的那一类理论。通过分析"仁"的概念与儒家伦理的其他一些基本观念,我的结论是,虽然承认普遍性、公正性、规范性是儒家伦理的特征,但它并不具有反理论者所指称的那些缺陷。因此,就算儒家伦理可以看作一种理论,它也属于一种全然不同类别的道德理论。顺着这一结论,有人便会很自然地认为儒家伦理属于一个另类的阵营,也就是德性伦理(Virtue Ethics)。不过,实情是否如此,需要一个独立的考察,这就是本节所要做的。虽然我不再重复前面提到的这些论文中的论证,但会利用它们所达成的一些结论来处理目前的问题。

一、德性伦理的两个特征

看来给德性伦理下一个定义,并非明智之举,因为,与反理论者一样,在德性伦理学者之中,着重点也多有不同。例如,在斯塔特曼(Statman)的分类中,德性伦理有极端的版本和温和的版本。根据温

_____

[1] Louden(1992),第五章。

和的版本,行为的道德与人格的道德,彼此是不能互相化约的(irreducible)。斯洛特(Michael Slote)和劳登都持这样的观点。与此相反,极端的版本认为,义务概念要么由德性概念派生而出,要么可以被德性概念取代。安斯康姆(G. E. M. Anscombe,1919—2001)、斯托克(Michael Stocker)、威廉斯、理查德·泰勒(Richard Taylor,1919—2003)和麦金泰尔属于这种版本。然而,我们至少需要一些关于其特征的描述,以划定我们讨论的范围,同时保留一些余地给其他可能的形态。这里我将借用斯洛特所作的描述。① 人格的首要性,被斯塔特曼看作德性伦理的基本观念。② 这并不仅仅因为它相比之下较为明确,而且还因为在他的著作中所提出的问题,与我们的问题也有关联。下面是斯洛特指出的两个特征:一般认为,德性伦理的观念涉及两个显著的或核心的要素。在最完全的意义上,德性伦理是以德行(aretaic)概念[像"善"或"卓越"(excellence)],而不是以义务(deontic)概念(像"道德上错误""应当""正确"与"义务")为基本。而且德性伦理对当事者及其(内在的)动机和人格特征(character traits)的伦理评估,远比对其行为和选择的评价更为强调。③ 斯洛特指出,德性伦理学者用来作评价的基本的德行概念,并不限于道德的(moral,也就是说,并不专指道德上善的,或道德上卓越的),而是"关于一些好的或令人欣羡(admirable)的人格特征,卓越的人格,或者简要地说,一项美德,比较宽广的德行概念"④。因此,"令人欣羡"这概念会用来代替"道德之善"和其他的义务概念。与此相似,"受人唾弃"(deplorable)会用来表示"令

---

① Slote(1992).
② 参见 Statman(1997),pp.7-8。
③ Slote(1992),p.89.
④ 同上,pp.90-91。

人欣羡"的对立面,像"应受谴责的"这类具有道德内涵的概念也会被取代。① 德行概念的含义是较为宽泛的,因为它们使得自我的福祉与他人的福祉在评价上同样重要。承认自我福祉的重要,及其与他人福祉有着同等的分量,让德性伦理学避免了"人 - 我不对称"(self-other asymmetry)的问题(这个问题我们稍后会加以处理),此问题在康德哲学和常识的道德观中(common-sense morality)都会出现。加之,正因非道德的善允许纳入伦理的评价中,"我们的德性伦理学将涵盖大部分我们的常识性思考所涉及的范围"②。在康德学派和常识的道德观看来,只有他人的福祉才与道德评价有关,斯洛特认为,这使伦理学的内涵过于狭隘。大致来说,只有与当事者或特征持有者之外的人相关的才直觉地被当成一个道德之德性或是道德的善,但是依我们共同的认识,无论是利他还是利己的特性和行动都可以是值得欣羡的德性(或其个例)。对这种大多数属于与自己相关的特性,如审慎、坚忍、不用心、慎重和轻率,作出描述与评价,明显是伦理学的部分事务——虽然也许不是正规的道德观(morality proper)的事。③ 显然我们认识到有两种伦理。就狭义而言,伦理等同于"正规的道德观",而在广义上,伦理则包括"正规的道德观"与审慎原则(prudence)。斯洛特正是取此后一意义。既然伦理系统的功能及其有效性的准则取决于伦理的概念本身,我们要讨论的问题便不能被简化为关于术语的问题。如果我们因为某些原因,选择采用宽泛的伦理内涵,那么我们也许需要修订我们在狭义的伦理中惯常使用的关键概念(从现在开始,刚才提及的广、狭二义,将用"伦理"和"道德观"分别表示,威廉斯也指出了这两

---

① Slote(1992),pp.95 - 96.
② 同上,p.xvii(17)。
③ 同上,p.xvi(16)。

个术语的区别和含义①），并审视其蕴含的观念及由此衍生的问题。在我们讨论的初期，我将使用"伦理"这一概念，以考察儒家的伦理体系是否属于德性伦理。

二、儒家伦理中的伦理概念

上文已经提到，德性伦理的一个特征是，它以之作为基本的是德行概念，而不是义务概念。所以我将考察仁、义、礼这三个儒家伦理的核心观念，看它们是否属于义务概念，以及它们是否被视为基本的内涵，继而考察，如果是的话，则它们在什么意义上如此，以此来初步确定儒家伦理是否属于德性伦理。

让我们先从仁开始，因为它是三者之中最重要的一个。仁的基本含义是与他人感通的能力。孔子曾批评他的学生宰我，因为宰我宣称三年守丧期间可以甘食美服，并且表明他这样做是心安的。孔子认为，一个人在应当深感悲戚之时享乐而觉得心安，显示这人是不仁的。（《论语·阳货》）由仁心生起的感通之情，会对他人的痛苦感同身受。在这个意义上，仁可以被理解为"觉"。有些理学家如程颢和谢良佐，明确地作出了这种解释。孟子说："人皆有不忍人之心。"（《孟子·公孙丑上》）接着又说："恻隐之心，仁之端也。"（同上）"恻隐之心，仁也。"（《孟子·告子上》）在下面一段引文中，孟子详细阐述了这个意思："人皆有所不忍，达之于其所忍，仁也；人皆有所不为，达之于其所为，义也。人能充无欲害人之心，而仁不可胜用也；人能充无穿逾之心，而义不可胜用也。人能充无受尔汝之实，无所往而不为义也。"（《孟子·尽心下》）

---

① 参见 Williams（1985 及 1993）。

很清楚,仁是一种能力,使人超越自我而及于他人,因此能够像关心自己一样关心他人的幸福。因此,仁的基本含义,乃指谓道德行为的超越根据。很明显,仁本身不是一个义务概念,也不是一个用以区分对错的客观原则。奇异的是,这个含义的仁也不是一个德行概念,因为它并不等同于善或卓越,而是一种人皆具备的能力,它使善成为可能。因此,仁本身不是美德,而是一种道德意志。这里的"道德意志",意指一种由此能生起道德动机的意志。它相当于孟子所说的"心",或者王阳明所说的"意"。没有了这种道德意志,美德便不能成为一种道德的美德。^① 虽然如此,仁还有第二种含义:它表示孔子所称许的一种美德。作为一种美德,仁也具有两个意思。其一是"涵摄众德"之义,即在其他美德都得到满足的情况下,才可以成就仁。因此仁和其他美德的关系,是一种统属的关系(其他美德从属于仁)。举例来说:

> 仁者必有勇,勇者不必有仁。(《论语·宪问》)
> ⋯⋯未知。焉得仁?(《论语·公冶长》)
> 子张问仁于孔子。孔子曰:"能行五者于天下,为仁矣。""请问之?"曰:"恭、宽、信、敏、惠。"(《论语·阳货》)

作为美德义的仁的另一个意思是,仁与其他德目有同等的价值,因此仁和其他德目是相得益彰的。疏忽了这些德目中的任何一个,都会造成个人在道德成就上有所亏欠,而不能臻于至善。

仁和其他美德的关系,可以看成一种并列的关系。下面的例子表明了这种关系。

---

① 参见黄慧英(1998),其中有详细的解说。

······好仁不好学，其弊也愚······(《论语·阳货》)

子曰："知及之，仁不能守之，虽得之，必失之。知及之，仁能守之，不庄以莅之，则民不敬。知及之，仁能守之，庄以莅之，动之不以礼，未善也。"(《论语·卫灵公》)

义也有两种含义，这两种含义也与仁的两种含义相似。在第一种含义下，义表示人在任何情况下都能够辨识何者为合宜或正当的能力。既然是从道德的观点来考虑，这里的合宜性就有一个道德的内涵。在儒家看来，决定一个行为是否合宜或正当的，并不是外在事物的性质或关系，而是行为者大公无私的道德意志的发用。这便是孟子仁义内在的主张。[①] 可以看出，仁与义的基本含义都指涉道德主体的主观条件，它们的差异只在于其各自着重的方面。严格来说，仁与义指的是同一种能力，因为只有借着道德心生起感通之情，人才能够超越个人的观点，作出公正及合宜的判断。仁与义甚至可以被理解为道德意志的两个向度。程颢明确主张这一观点。这就是这两个概念何以经常同时出现的原因。

义的第二种含义也是指一种德目，它表示行为满足了合宜性的标准，这个标准由其第一种含义中提到的能力所设定。当义表示一种德目时，它的重要性仅次于仁。但当仁被视为一种德目时(在它的第一个意思上)，仁包含了义。孟子曰："人之所以异于禽兽者几希，庶民去之，君子存之。舜明于庶物，察于人伦，由仁义行，非行仁义也。"(《孟子·离娄下》)在最后一句中，第一个"仁义"与第二个"仁义"具有不同的意思：前者是指它们的第一种含义(人的一种能力，即道德意志)，而后者则是指它们的第二种含义(均为德目之一种)。对于孟子来说，一个行为是否道

---

① 参见《孟子·告子上·四》和《孟子·告子上·五》。

德,取决于该行为是否源自道德意志,而非其是否合乎某种美德。确实,仁与义的第一种含义是基本的,而第二种含义则是派生的。它们之所以是基本的,在于这两个概念所表示的能力,使相应的德行成为可能。这不只是一个分析真句,对于儒家来说,它还是一个实践上的真理:只有当人经常以仁义之心发用,人才具有仁与义的德行。既已对仁与义的含义作出上述的理解,让我们转向这个问题——在儒家伦理中,核心的伦理概念是否德行概念,并且是否被视为基本。虽然当仁义作为德行时,它们是派生的,然而并不能由此推论,义务概念是较基本的;因为,它们的派生所自,并非义务概念,而是关于人的道德能力的概念。换句话说,仁与义的第二种含义,是由它们的第一种含义引申出来的。事实是,义务概念也由刚才提到的道德能力引申出来。就此,我们需要作出更进一步的探究。

在《论语》中,孔子提出:"唯仁者能好人,能恶人。"(《论语·里仁》)这意味着具有仁的美德是正确地喜欢与不喜欢别人的必要条件,而且,如上所述,一个人是否在道德上正确,并不取决于其行为是否合乎道德规则或社会规范,而取决于他是否遵守基于"义"的判断。孟子特别强调这一点。例如,他说:"大人者,言不必信,行不必果,惟义所在。"(《孟子·离娄下》)这表明,虽然在正常情况下,遵守道德规则会导向正确的行为,但是在一些特殊的场合中,人的行为即使背离了道德规则也是道德的。孟子的这个主张也说明,正是那些持有并激发了区分对错、择善而从的能力的"大人",决定何者为对,而并非因为一个人的行为总是对的,所以他是一个道德的人。这方面的证据,在《孟子》里可以随处找到。如孟子引用了一个假设的处境与一个传说中的处境作为例证,来阐明这一观点(《孟子·离娄上》及《孟子·万章上》)。① 因此可以得出

① 在《儒家德性中之人我关系》(见本书第一章第五节)中也有较长篇幅的说明。

结论：像对、错这种义务概念，也是源于仁与义的第一种含义。

与仁、义一样，礼具有不止一种含义，而其各种含义在使用中并没有特意加以区分。然而，为求明确，我们需要对它们作出区别。礼与仁、义的不同在于，它表示人的能力的意义较弱，只有当它被用来表示人性中道德根源的一种（其他的是仁、义和智）时才表示人的一种能力，而表示规范的意义较重。礼的第一种含义是德目之一，其重要性仅次于仁与义。作为一种美德，礼表示在获取的事情上为他人设想的意图。它也表现了一种秩序齐整的意义，这是道德意志所要寻求的。因此，礼可以被看作道德意志在某一特定方向上的客观化。从儒家的观点来看，遵守礼是通往仁之路。颜渊问仁，子曰："克己复礼为仁。"（《论语·颜渊》）一旦人克服了私欲，则道德意志将会发用并要求自身客观化，此乃借着遵守礼来体现。

当道德意志得到客观化，并具有某方面的特定性时，它即给予礼以实质的内容。举例来说，孔子提出的道德格准"非礼勿视，非礼勿听，非礼勿言，非礼勿动"，是对于人的行为的不同方面的规定。虽然在这一段中提到的礼的内容并没有详细列明，但可以理解为：对于每一方面的行为来说，都有特定的礼节要遵守。只有具有明确内容的礼节，才能在经验世界中扮演一个规范的角色。这样的义务，或者像恭、敬等道德格准，可以当作礼的第二种含义的例子。

既然义务或礼节对应于特定的处境与身份，人们有时会错误地认为就是这些处境或身份决定了义务和礼节。但是我在另一篇论文中已作出澄清，"义务并不由一个人偶然地持有的身份所界定，恰恰相反，义务是为适应特定的处境而创造的"[1]。正是强调道德意志的决定能力，而不是强调外在的条件，使得儒家伦理成为一个自主的伦理系统。

---

[1] 黄慧英（1998），p.363。

义务和礼节有数项功能,其细节在此不详释。在这些功能中,主要的有:① 给行为的正当性提供在正常处境下的准则,同时又规范人的欲望,以避免他们受欲望所牵制;② 提高人对道德意志的醒觉,进一步涵养其德性生命。然而,如前所论,既然礼只是道德意志的体现,仁与义作为道德意志本身,仍然是礼的最后根据。孔子的感叹"人而不仁,如礼何"(《论语·八佾》),充分表达了这一观点。关于这种理解的证据,可以在《论语·八佾·四》和《论语·子罕·三》中找到。同样,礼作为一种德性,给义务和礼节提供了一个道德的内涵。遵从义务和礼节也不应只求形式,而应该同时意识到这些形式背后的精神意义。孟子曰:"非礼之礼,非义之义,大人弗为。"(《孟子·离娄下》)既然德性义的礼代表正当行为的准则,那么,一些行为纵使合乎某些德行,但却违离了礼,将造成不善的后果,更遑论一种德行。

子曰:"恭而无礼则劳,慎而无礼则葸,勇而无礼则乱,直而无礼则绞。"(《论语·泰伯》)既然义务与礼节如恭、慎、勇,代表对、错所依据的一些规则,而且既然它们的道德意义源于德目义的礼,显然像对、错这种义务概念,可以被认为是派生的或是次要的。

现在应该很清楚,我们所考察的核心伦理观念,当被看成美德时,是较义务概念为基本,但这些德行概念则以道德意志作依据。尽管如此,我们还不能得出结论说,儒家伦理属于德性伦理。下面让我们来看德性伦理的第二个特征。

三、儒家思想的伦理评价

依照斯洛特所说,德性伦理的另一个特征是,与对行为和选择的评价相较,它更多地强调对个体及其动机和人格特性的伦理评价。在这一节中,我将揭示儒家伦理确实具有这一特征。

首先,道德心的扩充和培养,事实上是儒家主要的关怀所在。关于实践的各种途径,儒家有无数的教诲。这是基于一个基本的信念:只有人才具有道德心,并且正是道德心的培养,使人与禽兽得以区分开来。既然道德心可以充其极以至于无限,那么自我修养对有志于道的个人来说,必须穷一生之力以实践,最终达致孔子所形容的"从心所欲,不逾矩"(《论语·为政》)。个人在其一生中,可能达致趋近这个状态的某一阶段,而且可以据此来评估其道德成就。此处行文中,使用了"阶段"这个词,但只是以比喻的意味来使用的;这并不表示,道德成就有着清晰明显的层级。恰恰相反,每一个人表达自我的方式都是十分独特的,而且一个人的发展阶段并不是直线的。何况,人所处的道德成就的阶段,会在许多方面反映出来,因此我们不能仅由某人在一个特定的时间,或一个特殊的场合所做的个别行为或选择来加以判断。我们必须将个体看作一个整全的人来评估。

正如上一节中所再三强调的,儒家并非期求去符合某些礼节或义务,他们认为有价值的,是由道德意志所发用的行为。道德评估的对象,显然是个体的动机,而不是他所做的行为或选择。具有吊诡意味的是,个体的动机很难从外部评估;因此,一种在道德上善的行为,不能够由旁人断定。这种难以评估的情形,也出现于判断一个人是否在道德上是善的人。换句话说,尽管对个体的评价,比对行为的评价更重要,然而这在实际上不能得出任何客观的结论。不过,人总可以常常通过自我反省评估自己,并通过使自己的道德心灵纯粹无杂质,增强自己的道德意志,从而提升自己。儒家认为,这便是自我道德评估的功用。即使在道德教育中,为了针对个人而给予合适的指导,因而对学生进行道德评估,但评估仍须由学生自己来进行才是。

可是,如果必须对个人作出评价(例如要树立一个榜样让其他人来学习),那么也只能就个人的外在表现来判断。但是我们要谨记,就本质而言,外在的评价不是一种道德评估。它可以被看作一种不完全的评估。在儒家来说,个人的道德成就,可以根据他的表现作出一定程度的评价,因为道德意志能够,而且也应该客观体现出来。个人具有的美德,反映了他的道德意志的客观化的效果。的确,如上所述,人的所作所为,可能符合礼仪,却忽略其精神,这样的行为并不能归入德行。这就是个人展示于外的德行,只能是道德心的客观体现的不完全反映的原因。例如,既然"修己以敬"(《论语·宪问》)是君子的特征之一,从一个表现出"敬"的有修养之人,我们可以推论出:这个人可能是,却不必定是君子。

此外,孟子相信,道德品质也可以表现于人的身体上:君子所性,仁、义、礼、智根于心,其生色也,睟然见于面,盎于背,施于四体。四体不言而喻。(《孟子·尽心上》)但是应该注意,只有个人修养达到一定的程度(如"君子"或者"圣人"),才能够充分表现他的道德意志。不过,在修养功夫上,培养充分体现道德意志的能力与道德意志的扩充同样重要。

因而,儒家教育旨在增进道德心的觉醒与道德意志的培养,同时也看重个人自我的转化。前一个目标可以主要借由自我反省达致,而后一个目标在于过一种德性的生活。这就是在早期儒家的文献,像《论语》和《孟子》中,对君子(具有所有的基本美德的人)的讨论成为一个中心课题的原因。自我转化包含着变化自我:从己及人、从利至义、从麻木不仁到感通无隔等。除此之外,自我转化还指变化气质,即调整个人本来的性格偏蔽,如狂、狷、刚、柔等。所有这些都表明,儒家更多地强调关于个人人格的伦理评价。在伦理评价中,只有当行为与选择能够被我们以道德观点来进行评价时,它们才是相关的。因此,只有把个人作为一个整全的人——特别照顾到他的道德动机——来评价时,关于行为和选择的评价才是有意义的。

由前面两节的讨论可以看出,儒家伦理具有德性伦理的两个特征,因此可以断定,它属于德性伦理。但是应该注意,儒家哲学与德性伦理共同采用的"德"这个关键概念,其意义可能有距离。如果确实如此,将会影响整个结论,因此我们还需要再作分析。

四、德性与令人欣羡的特性

依照斯洛特的观点,德性伦理的整个学说,其基本信念在于:对自我和他人的幸福应该给予同样的重视。他还主张,常识的道德观和康德哲学,对道德主体的利益或幸福,并没有给予足够的重视,"因而,在一个重要的意义上,(他们)轻视、贬低,或者小看了这样的主体"[1]。除此之外,相较而言,对自我幸福与对他人幸福的不对等之强调程度,还带来一个理论上的严重后果,斯洛特把它叫作"人-我不对称"。这种不对称表现为对牺牲主体的许可,它允许个人拒绝他自己最想要的东西,或者给他自己带来不必要的痛苦或伤害。与此相反,它不允许个人以同样的方式对待他人。那么,试考虑,在对待他人方面,我们通常的道德思考,从直觉来看,所允许的和所禁止的,出于无心而伤害了自己,看起来却没有像不经意地伤害别人,同样地或同一程度上在道德上错了。……同样,如果一个人可以很容易地做到防止让别人痛苦,却不这样做,往往会被认为是错的;但是没有避免让自己经受同样的痛苦,似

---

① Slote(1992),p.3.

乎只是疯狂或不理性的,而非道德上的错。常识中允许牺牲主体的情况既是如此,我们现在也可以谈论有关牺牲主体(或是偏袒他人)的人-我不对称,它与常识所许可者联系在一起。一个人可以被允许以各种方式做些背离自己利益或福祉的行为;而就常识而言,他不被允许做出背离他人的利益或福祉的行为。① 斯洛特认为,"人-我不对称"不能为一个伦理体系所接受,因为它导致"古怪的甚至吊诡的结果"②。假定我们是批判地对伦理学进行理论思考,在所有其余事物不变的情况下,我们会极力避免不对称……③当伦理体系如常识的道德观和康德哲学,被"人-我不对称"摧毁之际,于德性伦理的某种常识性的进路,却可以避免这个问题。在这样的一种德性伦理中,对美德的理解是,"它既允许关于他人幸福的事实,也允许关于主体幸福的事实,可以用来支持主体所具有的特征是善的之主张,也就是关于将该特征视为一种美德的主张"④。为了以另外的方式阐释美德这个概念,我们可以说"一些人格特征可以称得上美德,因为它们使得持有者有能力去为自己或者为他人做一些事情"⑤。很明显,在斯洛特的说明中,无论是利他还是利己的人格特征,都可以确定为美德。这样理解的美德的概念,是一个德行概念,而不是一个道德概念。显然,常识的德性伦理是否可以避免"人-我不对称"的问题,关键取决于什么是美德,或什么可以作为美德的个例。由此亦可推论出,只有建基于较宽泛的德行概念的伦理体系,才能避免"不对称"的问题。斯洛特使用了"令人欣羡的人格特征"(admirable character traits)这个术语,来表示美德属于德行概念,以便

---

① Slote(1992),p.5.
② 同上,p.xv(15)。
③ 同上,p.91。
④ 同上,p.88。
⑤ 同上,p.91。

把它与道德概念区分开来，所以我们将使用"令人欣羡的"来描述这种美德的特征。

现在，在我们确定儒家伦理的性格之前，有两个问题需要解决。第一，儒家伦理是否包含德行概念，它们具有什么地位？第二，它是否会遭遇"人-我不对称"的难题？在《儒家德性中之人我关系》（见本书第一章第五节）中，我通过考察儒家重要的美德后发现，在人际交往的领域，以及在主体道德修养的领域内，美德都居于一个重要的地位，但主要是在个人道德增进方面。自我以及他人的幸福或利益，只有当它们有助于道德的增进时，才可以进入一个人的道德生命中被考虑。这意味着，在道德考虑上，它们没有什么独立的意义。根据这种观点，美德的价值在于它们的道德价值。在这个意义上，儒家伦理的美德概念很明显是一个道德概念。

然而，假如像上面的引文中所说的那样，美德被（宽泛地）视为一种人格特征，它使得持有者能够为自己以及为他人做事，那么，美德的概念正好符合这个描述。之所以如此，是因为虽然利益不能是道德考虑的一部分，道德成就却是主体的目的，不论这是为了自己还是为了他人。即使在道德考虑下，人也不是必定要为他人牺牲自己的利益，亦不允许无理地拒绝个人的幸福。甚至，有时为了道德的缘故，别人的利益不得不牺牲。显而易见，从道德的观点来看，利益本身——无论是属于自己还是他人的——都不会是道德考虑的对象，除非它有道德内涵。有些时候，为了他人利益所做的行为，可以大大地增加人的道德成就，而且如果道德成就是人生成就的一部分（可能是最高的成就），那么为他人与为自己是"二而一"的。在一个宽泛的关于幸福（道德成就占其中很大一部分）的意义上，把人、我区别开来是没有意义的。斯洛特似乎试图把利益与道德之间的对立，简化为人我之间的对立，但是他没有看到，幸福有很广泛的意义，其中并没有这种对立。既然德行概念与道德概念的区别是基于这样的一个区别,那么使用其中的一个概念去为儒家伦理定性,就没有什么意义了。

另一方面,在自己和他人之间确实是有分别的,即使并不经常是一种对立的关系。这种分别存在于非道德的领域,在这里个人的利益是很重要的。儒家思想承认,当并非为道德的缘故而追求一种价值时,这种价值便被看作是非道德的、个人追寻的目标。[①] 所以对这些目标有利的人格特征,是令人欣羡的,因而被看作美德。例如,儒家认为,除了道德修养之外,去发掘人的潜能、发展人的个性,对于一个整全的人的发展是很重要的。在这方面,表现得智慧、无欲、勇敢、多艺,都是令人欣羡的,因为它们是一个"完人"的必要组成部分。子路问成人,子曰:"若臧武仲之知,公绰之不欲,卞庄子之勇,冉求之艺,文之以礼乐,亦可以为成人矣。"(《论语·宪问》)在下面的一段引文中,可见儒家明显认同了某些非道德价值,于是通向这些价值的美德是值得发扬的。"……恭则不侮,宽则得众,信则人任焉,敏则有功,惠则足以使人。"(《论语·阳货》)很明显,不侮、得众、信任等是非道德的价值,而恭、宽、信、敏、惠是令人欣羡的于己有益的人格特征。

值得注意的是,当涉及非道德的价值时,儒家并不主张使他人满足优先于使自己满足。甚至在道德考虑中,"己欲立而立人,己欲达而达人"(《论语·雍也》)的教训,亦并非主张他人的利益凌驾于自己的利益。儒家伦理主张在作道德判断时考虑到他人的幸福,在这个意义上是利他主义。另一方面,当人追求自己的幸福,并不一定涉及道德之时,自我与他人的分量却是相等的。在这里显然没有出现"人-我不对称"。例如,孟子让国君意识到,与人共享快乐,比独自享乐,要快乐得

---

① 参见《儒家德性中之人我关系》(见本书第一章第五节)。

多;然而,他并没有提出,别人的快乐比自己的快乐更加重要,因而后者应该让步于前者。(《孟子·梁惠王下》)

五、结论

从上面的讨论,我们看到儒家把美德,而不是义务概念看作是基本的,但他们所推许的大多数德行确实是道德的,或者是具道德内涵的。在这个意义上,美德不是一种同时重视自我的幸福与他人的幸福的德行概念。然而,正如上文所证明,儒家伦理避免了“人-我不对称”的困境。儒家思想中确实有德行概念,但那是在非道德领域。因此,我们可以这样来看整个问题:在道德的领域里,美德确实是道德的;在这个领域之外,即在非道德的领域,美德是令人欣羡的人格特征,它们对自我与对他人同样有益。在这两个领域中,都没有出现“人-我不对称”。此外,更多地得到强调的是关于人格的评价,而非关于行为和选择的评价。这是我们初步的结论。

在这点上,也许有人会持异议,认为这个初步的结论只是一派空言,因为它只揭示了:人在道德的领域中(在此领域中,一切皆从道德观点来考虑)道德地对待人格特征,而在非道德的领域中则非道德地对待人格特征。还有人会说,一个伦理系统的关键性立场在于它对这两个领域各自的重视程度。这个意见颇有道理,我无意反对,但我认为有更多的东西可以探讨。的确,当采取一种道德的观点时,道德的总是凌驾于非道德的。并非唯独儒家伦理如此,所有把道德定义为具有凌驾性的道德体系都一样,黑尔就将“凌驾性”视为一个道德判断成为道德判断的必要条件之一。[1] 这里最重要的问题是,这些体系是否允许在

———————

[1] 详见 Hare(1981)。

道德领域之外有其他领域独立存在,此外,是否对非道德的价值给予一定程度的重视,从而促使人们去发扬这些价值。如果这些价值的重要性得到承认,那么许多相关的原则都可以建立起来,渐渐便会形成一种学问。我们可以给这种学问一个新的名称,也可以仍然称之为"伦理学"。儒家思想并未自限于狭义的道德观,而是将思辨及关怀所至,延伸到广义的伦理学上。这就是本节的结论。

参考书目

Clarke, S. G. & Simpson, E. (Eds.) (1989), Anti-Theory in Ethics and Moral Conservatism. Albany, N. Y.: State University of New York Press.

Hare, R. M. (1981), Moral Thinking: Its Levels, Method and Point, Oxford: Oxford University Press.

Louden, R. B. (1992), Morality and Moral Theory, Oxford: Oxford University Press.

McDowell J. (1989), "Virtue and Reason", Anti-Theory in Ethics and Moral Conservatism, (Eds.) Clarke, S. G. & Simpson, E., Albany, N. Y.: State University of New York Press.

Slote, Michael (1992), From Morality to Virtue, Oxford: Oxford University Press.

Statman, Daniel (Ed.) (1997), Introduction to Virtue Ethics, Virtue Ethics: A Critical Reader, Washington, D.C.: Georgetown University Press.

黄慧英(1998), Confucian Ethics: Universalistic or Particularistic? (《儒家伦理:普遍的还是特殊的?》) Journal of Chinese Philosophy, 25: 3.

Williams, Bernard (1985), Ethics and the Limits of Philosophy (《伦理学与哲学的局限》), London: Fontana Press.

Williams, Bernard (1993), Shame and Necessity (《羞耻与必然性》), Berkeley: University of California Press.

儒家德性中之人我关系

一、待人处事德性中之人我关系

儒家教育之目标是成就君子,而君子是具备诸等德性的人,具备这些德性,方能在起居、应接,甚至从政方面,进退得宜合理,可见儒家对德性之重视。如:

> 子曰:"君子食无求饱,居无求安,敏于事,而慎于言,就有道而正焉,可谓好学也已。"(《论语·学而》)
>
> 子曰:"君子不器。"(《论语·学而》)
>
> 子贡问君子。子曰:"先行其言,而后从之。"(《论语·学而》)
>
> 子曰:"君子周而不比,小人比而不周。"(《论语·学而》)
>
> 子曰:"君子欲讷于言而敏于行。"(《论语·里仁》)
>
> 子谓子产:"有君子之道四焉:其行己也恭,其事上也敬,其养民也惠,其使民也义。"(《论语·公冶长》)
>
> 子曰:"君子博学于文,约之以礼,亦可弗畔矣夫!"(《论语·雍也》)

子夏曰:"……君子敬而无失,与人恭而有礼。"(《论语·颜渊》)

子曰:"君子和而不同。"(《论语·子路》)

子曰:"君子泰而不骄。"(《论语·子路》)

子曰:"君子耻其言而过其行。"(《论语·宪问》)

子路问君子。子曰:"修己以敬。"(《论语·宪问》)

子曰:"君子矜而不争,群而不党。"(《论语·卫灵公》)

孔子曰:"君子有九思:视思明,听思聪,色思温,貌思恭,言思忠,事思敬,疑思问,忿思难,见得思义。"(《论语·季氏》)

樊迟问仁。子曰:"居处恭,执事敬,与人忠,虽之夷狄,不可弃也。"(《论语·子路》)

除了借着君子的品行来展示人应具备的德性之外,《论语》中经常谈论的德性——读书人自我修养的目标——也有下列诸种:仁、义、礼、智、恭、宽、信、敏、惠、勇、慈、敬、孝、悌、忠、温、良、俭、让等。

根据斯洛特《从道德到德性》(*From Morality to Virtue*)一书[1],我们可以将德性分为"关乎自己之德性"(self-regarding virtue)与"关乎他人之德性"(other-regarding virtue)。所谓"关乎自己之德性",是有利于拥有者的品质;而"关乎他人之德性",则是有利于他人的品质。例如:"深谋远虑"(prudence)、"坚忍"(fortitude)、"谨慎"(circumspection)、"明智"(sagacity)、"沉着"(equanimity)属于前者,而"公正"(justice)、"仁慈"(kindness)、"诚实"(probity)、"慷慨"(generosity)属于后者,此外,"自制"(self-control)、"勇敢"(courage)、"智慧"(wisdom)在关乎自己与他人的事务上都是令人欣羡的。[2] 斯洛特指出:在常识的道德观

[1] Solte(1992).
[2] 同上,导论,p.xvi 与 pp.8-9。

(common-sense morality)之下,"关乎自己之德性"与"关乎他人之德性"之间,有一种不对称性,就是后者比前者重要。然而,这种不对称性对常识的德性伦理(common-sense virtue ethics)来说,并不存在。我们对某一性格方面的品质是否算作德性的评估(与对体现某一性格品质,同时体现某一德性的某一行动,是否算作德性的评估)是受到"该品质对拥有者以外的他人有利"这一考虑的影响的。但"某一品质对拥有者有利或有用"这一考虑对上述的评估并无稍逊的影响。在我们的日常想法中,也许某一品质(一般而言或多或少)有利于拥有者并不必然使它成为德性,但某一品质对拥有者有用或有利,则确实有助于使它有资格成为德性。事实上,我认为对拥有者有助益与对他人有助益二者都是独立地且以几乎相同的程度使某一品质具有德性的地位,此点是完全合乎常识观点的。① 人我之间的不对称性,也表现于两种"许可"之上。其一是"牺牲主体之许可"(agent-sacrificing permission),即一个人不去避免痛苦,我们不会认为他犯了道德上的错误,但若不去阻止痛苦发生于他人身上,我们则会认为他在道德上是错的;同样,我们容许一个人做些违反个人利益的事,但不容许他做些违反他人利益的事。另一种许可称为"偏爱主体之许可"(agent-favouring permission),那是我们容许一个人某种程度上偏爱自己超过他人,例如当他可以借助帮助别人而带来较大整体利益时,却只追求自己个人的利益,这是容许的。前一种许可偏爱他人,由此不能给予主体利益足够的分量,这是常识的道德观,以至康德伦理学同时犯上的后果主义却以一种没有偏爱他人的方式而同样轻视主体。② 后一种许可则偏爱自己,这两种许可都可能引致非最佳后果(non-optimific consequence),所以不为效益主

---

① Slote(1992),pp.8‐9.
② 同上,p.3。

义赞同。

斯洛特企图论证，由于常识的道德观欠缺了人我之间的对称性（self-other symmetry），所以面临严重的困难；反之，德性伦理学（virtue ethics）因无此困难，故比较可取。在本节中，我们暂且不讨论德性伦理学是否在这方面较优于其他道德理论，而只集中探讨儒家所重视及推行的德性是否也表现了人我之对称关系，从而揭示儒家德性的特性，及其在整套儒家伦理中的地位。

在讨论之前，我们必须澄清，虽然斯洛特以"对拥有者有利"与"对他人有利"来分别显示"关乎自己之德性"与"关乎他人之德性"的特性，但是，他也指出并非全部的"关乎他人之德性"都"对拥有者有利"，也非所有"对拥有者有利"之品质都可算作德性。此外，有些"关乎自己之德性"既不利己，也不利人，其所以受到欣羡，完全与自己或他人之幸福无关。因此，一种品质获得德性之地位，可以根据内在的（intrinsic）而非工具（non-instrumental）的理由。[1] 既然如此，我们不必根据"对拥有者有利"与"对他人有利"来区分上述两类德性，但初步沿用"关乎自己之德性"与"关乎他人之德性"的分野，也许有助于我们的讨论。我们可以用一个新的准则将二者界划开来："关乎自己之德性"是指那些"有益于自我成就"之德性，至于"关乎他人之德性"则是指那些"有益于成就他人"之德性。这个新准则优于斯洛特原初所指认的特性，就是它并不需要预设德性与利益或后果之间有必然的关联。当然从广义的角度去理解"利益"，即将其他价值纳入"利益"之内，便可解决此预设造成的困难，不过这可能需要另一番讨论与说明，因此姑且依照原意，采用狭义的"利益"概念。

———————

[1] Slote(1992)，pp.127 - 135.

　　初步看来,在儒家的德性中,大都是对人在与他人应接交往时所应有的态度及行为的要求。例如:"分人以财谓之惠,教人以善谓之忠。"(《孟子·滕文公上》)"恭者不侮人,俭者不夺人。"(《孟子·离娄上》)又如前引之"君子敬而无失,与人恭而有礼""君子和而不同""君子泰而不骄""君子矜而不争,群而不党""居处恭,执事敬,与人忠"等皆属此类。这些德性或德行与其说是"成就他人",毋宁说是成就自我:道德的表现与践履是实现于待人处事之上的。因此,他人是实践道德之对象,虽然如此,却绝不能将"他人"看作道德完成之工具:德(行)之为德(行),乃基于某一行为是应该如此的,又或基于我们对他人的真切关怀。

　　"子曰:君子义以为质,礼以行之,孙以出之,信以成之,君子哉!"(《论语·卫灵公》)就是指无论我们用谦逊待人,还是用诚信处事,都是以是否符合义理为原则的。此即"君子之于天下也,无适也,无莫也,义之与比"(《论语·里仁》)之意。孟子说:"恻隐之心,仁之端也。"(《孟子·公孙丑上》)并以"孺子将入于井"为喻,就是显示对他人的真切关怀,此即"德之不容已""仁心之不容已"。

　　我们对他人之真切关怀,固然不能脱离他们的生活状况,但也不是纯然协助他们获得利益的满足。为政者首要责任当然在于"义民""保民",以及"先富后教",但这里不是指政治责任。"夫仁者,己欲立而立人,己欲达而达人。"(《论语·雍也》)己所欲立、欲达以至欲立人、达人者,一方面可理解为"理解的实现""个人抱负之达致"等泛泛的目的,然而另一方面,对儒家来说,每个人最高的理想,应该是个人人格之完成——成圣。因此,君子对他人之关怀,落于他人是否成德之上,对所有人的关怀,遂成为是否"道行于天下"之关注。

　　　子曰:"君子谋道不谋食。……君子忧道不忧贫。"(《论语·卫

灵公》）

子曰："士不可以不弘毅，任重而道远。仁以为己任，不亦重乎？死而后已，不亦远乎？"（《论语·泰伯》）

子曰："德之不修，学之不讲，闻义不能徙，不善不能改，是吾忧也。"（《论语·述而》）

子曰："君子成人之美，不成人之恶，小人反是。"（《论语·颜渊》）

如此理解，方可明白为何子贡称孔子之"诲人不倦"为仁的表现了。（《孟子·公孙丑上》）

由此看来，待人处事合乎恭、敬、礼、让、俭、信、敏、惠等要求，只是道德心在各种不同的具体情境中的体现，此体现本身成就了"德性我"。孟子曰："自暴者，不可与有言也；自弃者，不可与有为也。言非礼义，谓之自暴也，吾身不能居仁由义，谓之自弃也。"（《孟子·离娄上》）舍弃仁义，就是戕害德性生命，而"为仁由己，而由人乎哉！"（《论语·颜渊》）故相当于自暴自弃。至于"德性我"之完成，蕴含于他人"德性我"之精进中，因此，由成物而成己，由成己而成物，成物成己，即用即体，即体即用。

如此，表现于人际交往中之德性，由于是仁义之体现，故"有益于自我（德性我）成就"，然而却又同时"有益于成就他人"，故此所谓"关乎自己之德性"与"关乎他人之德性"乃二而一。由此可见在儒家伦理中，人我并不对立，故在这个意义下，斯洛特指出某些道德理论中的人-我不对称性，并不展现于与人交往的德性中。

二、道德修养德性中之人我关系

虽然人-我不对称性并不展现于待人处事之德性中，但我们仍可以探讨,在儒家德性中究竟有否无须借助待人处事而能自我成就的。上文已讨论,儒家认为人的最高成就乃道德人格的完成。虽则道德人格的圆满完成,与道德事业分不开——既有不忍人之心,便会发而为不忍人之政——此是内圣外王的圣人(圣王)境界;然而"修己以安人""修己以安百姓",都从"修己以敬"出发(《论语·宪问》),修身仍是成就德性我之起点与终点。如此,有助于一己之修养的,对儒家来说,就是一种德性(例如"修己以敬"之敬),我们也许仍可借用"关乎自己之德性"来指称。

"克己复礼为仁"中的"克己",仍需通过视、听、言、动之不失来实现,虽然视、听、言、动都是行为表现,但不必牵涉他人。正如朱子在《论语集注》中言:"非礼者,己之私也。勿者,禁止之辞。是人心之所以为主,而胜私复礼之机也。私胜,则动容周旋,无不中礼,而日用之间,莫非天理之流行矣。……程子曰:……四者,身之用也,由乎中而应乎外。制于外,所以养其中也。"由是"克己"切合曾子之"吾日三省吾身"及孟子之"反身而诚"的内省意义。及至《中庸》提出"慎独",就纯然显示孤寂之我的一种自我要求与目标。"是故君子戒慎乎其所不睹,恐惧乎其所不闻。莫见乎隐,莫显乎微,故君子慎其独也。"(《中庸》)这里所言之"内省""慎独",不单是反省自己的行为,以至念虑,审度其是否合乎礼义,更重要的是,对于自己本具之"仁心"的觉识,使其复生,甚至扩而充之,此即孟子倡论"尽心""知性""存心""养性""求放心""思"等之用意。此点为王阳明所发扬,由是特重"正心""诚意"。"欲修身,便是要目非礼勿视,耳非礼勿听,口非礼勿言,四肢非礼勿动。要修这个身,身上如何用得工夫?心者身之主宰。目虽视,而所以视者心也。耳虽听,而所以听者心也。口与四肢虽言动,而所以言动者心也。故欲修身,在于体当自家心体,常令廓然大公,无有些子不正处。主宰一正,则发窍于目,自无非礼之视;发窍于耳,自无非礼之听;发窍于口与四肢,自无非礼之言动。此便是修身在正其心。……心之发动，不能无不善。故须就此处着力，便是在诚意。如一念发在好善上，便着着实实去好善，一念发在恶恶上，便着着实实去恶恶。意之所发，既无不诚，则其本体如何有不正的？故欲正其心，在诚意。工夫到诚意，始有着落处。"（《传习录》卷三）至明末刘蕺山，更加强调未与外界接触时的修为，提出"独体"之观念，特别彰明"慎独"。"君子求道于所性之中，直从耳目不交处，时致吾戒慎恐惧之功，而自此以往，有不待言者耳。其指此道而言道所不睹不闻处，正独知之地也。戒慎恐惧四字，下得十分郑重，而实未尝妄参意见于其间。独体惺惺本无须臾之间，吾亦与之为无间而已。惟其本惺惺也，故一念未起之中，耳目有所不及加，而天下之可睹可闻者即于此而在，冲漠无朕之中万象森然已备也。故曰'莫见莫显'。君子乌得不戒慎恐惧，兢兢慎之？"（《刘子全书》卷八）在冲漠无朕、独体一念未起之时，只呈现道德之主体，虽说"万象森然已备"，但我之外的"他人"只以抽象的形态存在，"他人之利益"亦只出现于念虑已起之时，可以说此时的世界是一个"唯我的道德境界"，而这个"我"纯然彰显"德性我"。

无论是正心、诚意，还是慎独，都是自我成就之功夫，由于它们有益于自我成就，故凡有助于心正意诚的品质，亦可视为德性。如此我们可据此稍稍调整"关乎自己之德性"的概念：凡有益于自我成就之品质或意志状态，俱属此类。

从这调整亦可透露出儒家伦理的另一特性，就是较不强调才性对成德的正面或负面影响，却特重每人都可突破才质之偏所作的努力。所以除了教育上因应不同的禀赋而循循善诱外，并不多谈论天赋的品质，甚至并不视之为德性。孟子曰："口之于味也，目之于色也，耳之于听也，鼻之于臭也，四肢之于安佚也，性也，有命焉，君子不谓性也。"（《孟子·尽心下》）"口之于味也……"本指人生而皆有之欲望及倾向，即告子所谓"生之谓性"之性,然有此自然之性好,便常有能满足此等性好的特殊禀赋,前者乃就普遍性而言的,后者乃就特殊性而言的。口好佳肴,目好五色,耳好五声,能擅辨色声香味触觉者固有过人之处,总能处处获得这些方面的满足者,亦实在难得,但孟子认为此非人之德,更非人之性,充其量只属于宋儒所谓之才质之性,而非义理之性。"仁之于父子也,义之于君臣也,礼之于宾主也,智之于贤者也,圣人之于天道也,命也,有性焉,君子不谓命也。"(《孟子·尽心下》)仁义礼智之实现,虽有现实上各样条件之限制,但四者定是德性,且其根源本在人心。

由此也可进一步显示,儒家德性之智、勇、敏、俭等,本是"有利于拥有者"的品质,但儒家认为,若这些品质发挥不得其所,或不合理,则徒然平添恶果。

> 子曰:"恭而无礼则劳,慎而无礼则葸,勇而无礼则乱,直而无礼则绞。"(《论语·泰伯》)
>
> 子曰:"知及之,仁不能守之,虽得之,必失之。知及之,仁能守之,不庄以莅之,则民不敬。知及之,仁能守之,庄以莅之,动之不以礼,未善也。"(《论语·卫灵公》)
>
> "好仁不好学,其蔽也愚;好知不好学,其蔽也荡;好信不好学,其蔽也贼;好直不好学,其蔽也绞;好勇不好学,其蔽也乱;好刚不好学,其蔽也狂。"(《论语·阳货》)

因此,这些品质都须受礼义之制约。

另一方面,儒家也有将本属"有利于拥有者"的品质转化其意义,赋予道德内容的。例如"勇",一般人认为相当于"无惧",孟子则视此种勇为匹夫之勇,而真正的大勇是"见义勇为"之勇。

"自反而不缩,虽褐宽博,吾不惴焉,自反而缩,虽千万人,吾往矣。"(《孟子·公孙丑上》)

"见义不为,无勇也。"(《论语·学而》)

子路曰:"君子尚勇乎?"子曰:"君子义以为上,君子有勇而无义为乱,小人有勇而无义为盗。"(《论语·阳货》)

又例如"忠",宋儒将之诠释为"尽己"。最重要的是,儒家鼓吹要摆脱流行的社会规范、风俗习惯的纯粹的形式意义,而主张必须通过人的自觉,使其发挥道德的效果。

"礼云礼云,玉帛云乎哉? 乐云乐云,钟鼓云乎哉?"(《论语·阳货》)

"人而不仁,如礼何? 人而不仁,如乐何?"(《论语·八佾》)

因此,任何品质或行为倾向,就算能使人达致社会认同的规范,但如非基于"仁心"而发,对儒家来说,都不能看作德性,所以,"关乎自己之德性"并不借着维护社会秩序而获得价值,反之,社会秩序必须通过道德心之肯定而得以确立。孟子曰:"君子所以异于人者,以其存心。君子以仁存心,以礼存心。"(《论语·离娄下》)以礼义存心,方能成就道德,本身亦方可成为德性。

三、非道德品质中之人我关系

上文已讨论,儒家不从社会秩序的维持,也不从个人利益的增进来建立德性,当然更不容许人为个人利益而舍弃道德,否则"违禽兽不远"，实乃"失其本心"的堕落。(《孟子·告子上》)然而,在不关乎道德的情况下,儒家是否赞成人们追求自己的幸福呢?

首先,我们须辨明,对儒家来说,是否有道德以外的幸福。我们曾在本节第一小节中指出,儒家认为人应有的最高理想就是个人道德人格的完成,但这是否应为人们唯一的人生目标?

儒家肯定每个人都有相同的道德心,因而人人皆可为尧舜(圣人),但同时亦充分意识到每个人各有特殊的才性。前者宋儒称为义理之性,后者称为才质之性。儒家教育固然致力于开启人们的道德心,但也没有忽视个人才性的发展,一方面希冀人们能突破才质局限或偏蔽,作出转化与提升,使他们在不同的禀赋之上成就各种圣贤形态,但这仍是一种道德取向;然而另一方面,对于儒家来说,才质不单纯是负面的,每个人的性格、偏好、取舍、才华,都有值得欣赏之处,应该让其得到开展。此点在孔子与弟子谈论各人志向的对话中即展示出来。颜渊、季路侍,子曰:"盍各言尔志。"子路曰:"愿车马衣轻裘,与朋友共,敝之而无憾。"颜渊曰:"愿无伐善,无施劳。"子路曰:"愿闻子之志。"子曰:"老者安之,朋友信之,少者怀之。"有人期望在政治舞台上施展拳脚,一匡天下;有人祈求在道德上精益求精;有人愿意以其仁义之心,让他人安身立命。无论如何,只有社会上每个人的志向、理想得到实现,每个人的才华得到发挥,这样的社会才能算是真正自由开放、尊重个人的社会。因此,虽然曾点的愿望并不是关乎天下国家的伟大抱负,却仍为孔子所称许。子路、曾皙、冉有、公西华侍坐,子曰:"以吾一日长乎尔,毋吾以也。居则曰:'不吾知也。'如或知尔,则何以哉?"子路率尔而对曰:"千乘之国,摄乎大国之间,加之以师旅,因之以饥馑,由也为之,比及三年,可使有勇,且知方也。"夫子哂之。"求! 尔何如?"对曰:"方六十七,如五六十,求也为之,比及三年,可使足民;如其礼乐,以俟君子。""赤! 尔何如?"

对曰："非曰能之，愿学焉。宗庙之事，如会同，端章甫，愿为小相焉。""点！尔何如？"鼓瑟希，铿尔，舍瑟而作。对曰："异乎三子者之撰。"子曰："何伤乎？亦各言其志也。"曰："莫春者，春服既成，冠者五六人，童子六七人，浴乎沂，风乎舞雩，咏而归。"夫子喟然叹曰："吾与点也！"（《论语·先进》）当一个社会容许人们选择过优悠闲适的生活时，才是活泼有生机的社会，亦才能给创意提供必要的条件。

综上所论，儒家不单以"实现自我的道德人格"为人生目标，同时亦以实现自我之潜质、发展个性为目标，二者兼顾，才能造就完整之人格。子路问成人，子曰："若臧武仲之知，公绰之不欲，卞庄子之勇，冉求之艺，文之以礼乐，亦可以为成人矣。"（《论语·宪问》）此正显示了儒家肯定道德以外的其他价值。换句话说，除了成就德性我之外，儒家也鼓励事功、学问与艺术方面的成就。例如诗的兴、观、群、怨的效用，便不是道德所能概括的。子曰："小子何莫学乎诗？诗，可以兴，可以观，可以群，可以怨。迩之事父，远之事君，多识于鸟兽草木之名。"（《论语·阳货》）明显地，"多识鸟兽草木之名"，与道德成就并不直接相关。又例如，对儒家而言，建立事功是基于欲仁德能广被天下，然而事功的建立并不必是道德实践的唯一途径，故此立功是立德以外的独立范畴。子贡曰："有美玉于斯，韫椟而藏诸？求善贾而沽诸？"子曰："沽之哉！沽之哉！我待贾者也。"（《论语·子罕》）此节显示了孔子自己也渴望在政治上能建功立业，并常盛赞尧舜禹汤文武周公创业垂统之功。

此外，当儒家谈论道德品质之时，常指出这些品质具有的效用，虽然儒家从不根据效用来证立道德，但仍可反映儒家所肯定之非道德价值。"恭则不侮，宽则得众，信则人任焉，敏则有功，惠则足以使人。"（《论语·阳货》）"修身则道立，尊贤则不惑，亲亲则诸父昆弟不怨，敬大臣则不眩，

体群臣则士之报礼重,子庶民则百姓劝,来百工则财用足,柔远人则四方归之,怀诸侯则天下畏之。"(《中庸》)

子曰:"伯夷,叔齐不念旧恶,怨是用希。"(《论语·公冶长》)对于各种各样的非道德价值,人我具有相等的地位,儒家不要求人牺牲自我而成全他人的利益,也不以自己的利益凌驾于他人的利益。或曰:"以德报怨,何如?"子曰:"何以报德? 以直报怨,以德报德。"(《论语·宪问》)于此节可见孔子并不认同"牺牲主体之许可"。至于"己欲立而立人,己欲达而达人"此句应用于非道德价值的追求上,则显示人我地位对等,我们并不要求立己必先立人,达己必先达人。

前面指出很多德性都有非道德效用,但也有些达致非道德价值(或负价值)的品质或行为倾向,并不属于德性。子曰:"侍于君子有三愆:言未及之而言,谓之躁;言及之而不言,谓之隐;未见颜色而言,谓之瞽。"(《论语·季氏》)要避免此三愆,就不要犯上"躁""隐""瞽"之病,但它们并不是"反德性"。

> 子曰:"君子有三戒:少之时,血气未定,戒之在色;及其壮也,血气方刚,戒之在斗;及其老也,血气既衰,戒之在得。"(《论语·季氏》)
>
> 小不忍,则乱大谋。(《论语·卫灵公》)
>
> 子曰:"无欲速,欲速,则不达;见小利,则大事不成。"(《论语·子路》)

可见此等品质,最多可算属于技术上的、策略性的倾向,可因时因地而变更,本身并不建基于任何价值原则,故虽然也许有利于拥有者,但儒家不会视之为德性。

四、结论

从以上的讨论中,我们发现,在儒家所推崇的德性中,大多具有道德意义,而具有道德意义的德性之价值,在于襄助德性我(自己的与他人的)之完成,因此,对待他人之种种态度、行为,都是这终身工程的其中环节,个人的利益与他人的利益都无法进入有关的考虑中。这里并没有人我之对立关系,更没有利益上孰轻孰重的问题。

儒家"律己以严,待人以宽"的戒律,也唯有将之置于这成就德性之层面方可理解:无论以什么原则去律己或待人,都是以仁义之心,去推动自己或他人成圣,而非决定于所规范的对象是人或己,正如孟子与告子有关"仁内义外"的论辩中显示的。人我既无真正之对立,表面上"严"与"宽"之不对称性亦可随之消融。另一方面,"律己以严,待人以宽"这两句当放在以利益或后果来衡量道德之层面时,便显现出不对称性,因此时人我(及各自的利益)是对立的,人与我分别呈现不同的意义与地位,但此非儒家强调的。

虽然如此,儒家思想作为人生哲学,除了肯定德性我之外,亦认同非道德的价值,因而有非道德的德性,但这些德性可以说属于主体中立(agent-neutral)的价值,一如斯洛特称效益主义者所指认的:他人与自我有相同的地位,故人我是对称的。[①]

本节一直借用斯洛特之"关乎自己之德性"与"关乎他人之德性"的区分来讨论,但其中对这两个概念不断作出修订,读者或会疑惑,为何仍要采用它们。然而本节的焦点不在评论斯洛特所提的这些概念,以

---

① Slote(1992),p.6.

及他对德性伦理及其他道德理论的分析,而是落在儒家德性的特性上,于是指出这些概念不宜应用及需要修订的地方,正好能凸显儒家伦理的形态。

参考书目

Slote，Michael（1992），From Morality to Virtue，Oxford：Oxford University Press.

《四书集注》。

《传习录》。

《刘子全书》。

儒家对道德两难的根本立场

在晚近关于道德两难的哲学讨论中,核心的问题在于:当道德两难发生之时,是否存在无可避免的过失。[①] 多纳甘(Alan Donagan,1925—1991)、黑尔和科尼(Earl Conee,1950—)否认有无法解决的道德两难。与此相反,范弗拉森(Bastiaan C. van Fraassen,1941—)、内格尔和威廉斯主张有道德两难,麦金泰尔也曾就此观点作过讨论。[②] 跟"如何解决道德冲突"的问题比较起来,这是一个更基本的问题,因为前者预设了一个明确的答案,即道德冲突是可以解决的,因此不会有无法避免的过失。阿姆斯特朗(Walter Sinnott-Armstrong,1955—)持有这样一种观点,他同意有不可化解的道德两难,但又否认有无可避免的过失,因为在道德两难出现之时,不论违反了哪一种道德要求,在道德上并无过错。[③] 我不准备加入论辩,但试图考察儒家思想在这个问题上的观点。儒家思想包括许多学派,在悠久的岁月中各自发展了不同的哲学论题,本节将讨论范围限于孔子和孟子的学说。

---

① 相关的讨论汇集在 Gowans(1987)。
② 见 MacIntyre(1990)。
③ 参见 MacIntyre(1990)。

一、儒家的德性系统

为了避免不必要的混淆,在进入主题之前,宜就儒家的德性系统作个大概的描述。对于儒家来说,许多种德性构成一个相容的系统,在此系统内,任何两种德性之间都没有冲突。在所有的德性中,"仁"似乎是最重要的一个。只有当其他方面的德性都无亏欠之时,"仁"才得以成就。例如:

> 子曰:"……仁者必有勇,勇者不必有仁。"(《论语·宪问》)
>
> "……未知。焉得仁?"(《论语·公冶长》)
>
> 子张问仁于孔子,孔子曰:"能行五者于天下,为仁矣。"请问之。曰:"恭、宽、信、敏、惠。……"(《论语·阳货》)

在这个含义上,"仁"表示道德上的完美,即具备所有的德性。因此,"仁"不是一种单一的德性,而是一种统摄的(all-in-one)德性。所以,当这样理解"仁"的时候,它不是一般意义上的德性。

然而,需要注意的是,"仁"还有另一种含义:"仁"和其他德性互相补足,相得益彰。在这个含义上,一个道德上的完人应该具有一套完满的德性,仁只是其中之一。因此,假如有人忽略了其他德性,即使他具有"仁",在道德成就上仍有缺陷。以下是有关这个含义的一些例证。子曰:"由也!女闻六言六蔽矣乎?"对曰:"未也。""居!吾语女。好仁不好学,其蔽也愚。好知不好学,其蔽也荡。好信不好学,其蔽也贼。好直不好学,其蔽也绞。好勇不好学,其蔽也乱。好刚不好学,其蔽也狂。"(《论语·阳货》)这里的"六言"指六种美德,其中每一种都对道德生活有重要裨益,但是没有一种是自足的。子曰:"知及之,仁不能守之，虽得之，必失之。知及之，仁能守之，不庄以莅之，则民不敬。知及之，仁能守之，庄以莅之，动之不以礼，未善也。"（《论语·卫灵公》）这一段表明，要达到道德的完善，"仁""知""礼"都是必要的，三者各有内涵，功能亦异。

除了"仁"，"礼"是另一种值得注意的德性。"礼"表示一种为他人着想的德性，它的目的是达成秩序井然的状态。"礼"字的含义亦包括礼节、礼仪等。然而，当"礼"表示一种德性的时候，它具有道德的内涵，并且它的道德性是根于人的本性的。这一特征把它和礼节、礼仪区别开来。这一点和我们的论题非常有关系，因为礼节、礼仪大部分是约定俗成的，所以它们可以被德性（无论是"礼"，还是其他德性）所凌驾。在这种礼仪被凌驾的情况下，不会牵涉到道德两难。子曰："麻冕，礼也，今也纯，俭，吾从众。拜下，礼也，今拜乎上。泰也。虽违众，吾从下。"（《论语·子罕》）这段引文的前半部分，表明节俭的美德可以凌驾于约定的礼节；而后半部分表明，一些礼节如果是有理由的话，则应当被坚持。

根据孟子的观点，在特殊情况下，社会规范和礼节可以经由道德判断而被凌驾。但是同样地，这也就不存在道德两难。淳于髡曰："男女授受不亲，礼与?"孟子曰："礼也。"曰："嫂溺，则援之以手乎?"曰："嫂溺不援，是豺狼也。男女授受不亲，礼也；嫂溺援之以手者，权也。"（《孟子·离娄上》）另一个类似的例子是，舜没有禀明他的父亲就娶亲，这么做是违反礼仪的。（《孟子·离娄上》）在儒家的德性体系中，并没有划分明显的等级。因此，在发生道德冲突的时候，人无法根据等级的高低选择"正确的"德性。所谓"仁"和"义"高于其他，是两种最优先的德性，这是一种误解。就"仁"的某一个含义来说，它似乎比其他德性更为重要，但在这一含义上，"仁"并非指德性的一种。关于"仁""义"的这方面的含义，将在第三小节讨论。至于"义"的特殊重要地位，学者常引用下列章句为证：

> 孟子曰："大人者，言不必信，行不必果，惟义所在。"（《孟子·
> 离娄下》）

从这段话看来，"义"凌驾于"信""果"等美德，但是这里"义"也不是指一种德性（稍后我们将再来讨论这一点）。作为一种美德，"义"与其他德性一样重要。

> 子张曰："士见危致命，见得思义，祭思敬，丧思哀。其可已
> 矣。"（《论语·子张》）
> 孔子曰："君子有九思，视思明，听思聪，色思温，貌思恭，言思
> 忠，事思敬，疑思问，忿思难，见得思义。"（《论语·季氏》）

在这两段话中，"义"的意思是，在接受或获得利益时处理得宜。（亦见《孟子·万章下》）作为一种德性，它还表示在君主和国民之间的一种恰当关系。

孟子曰："……仁之于父子也，义之于君臣也，礼之于宾主也，智之于贤者也，圣人之于天道也，命也，有性焉，君子不谓命也。"（《孟子·尽心下》，并见《论语·微子》）从这里的讨论可以清楚看出，各种德性一一对应于日常生活中各个方面的表现。因此，一种德性不能够被另一种取代。

二、虚假的道德两难

麦金泰尔分辨出两种情况，它们妨碍了对真正的道德两难的讨

论。①第一种是日常责任之间的冲突，这可以通过灵活的处理来解决。他举的例子是：他答应参加朋友的音乐会，同时又要改好学生的试卷依期发还，于是二者发生冲突。②第二种情况是，有人说他只能拯救遇溺者的其中之一。③ 麦金泰尔断言其中并无道德两难。我们可以称这两种情况为"虚假的道德两难"。

孟子曾经讨论过一个责任冲突的例子，与麦金泰尔所描述的第一种情况相类似。在下面的引文中，孟子教导他的学生公都子如何回应这样的冲突。孟子曰："敬叔父乎？敬弟乎？彼将曰'敬叔父'。曰：'弟为尸，则谁敬？'彼将曰：'敬弟。'子曰：'恶在其敬叔父也？'彼将曰：'在位故也。'……"（《孟子·告子上》）此处讨论的核心是："义"是否内在的。为解决责任的冲突（如果确实有冲突的话），这里提出的一个优先原则，系根据人的身份而定。尽管我们可以质疑解决办法的有效性，但是按照孟子的观点，这种情况并非道德两难。

除了上面提到的冲突外，经常还会有非道德的价值与道德的德性之间的冲突。非道德的价值包括财富、高位、荣誉、安逸等，这些几乎是人人都欲求的。然而，在儒家的伦理学说中，它们都为道德所凌驾。子曰："富与贵，是人之所欲也，不以其道得之，不处也。贫与贱，是人之所恶也，不以其道得之，不去也。"（《论语·里仁》）

孟子曰："口之于味也，目之于色也，耳之于声也，鼻之于臭也，四肢之于安佚也，性也，有命焉，君子不谓性也。"（《孟子·尽心下》）人对于美食、美色、音乐等事物，确实具有自然的欲望，但是人还有"道德之应然"。同时，人的这些道德之应然是内在于人的，使人能与动物区别开

---

① MacIntyre(1990)，p.369.
② 同上。
③ 同上。

来,并使人得以优于动物。因而,君子所秉持作为人性的,乃道德,而非欲求。也就是说,只要自视为人,就应该决心以道德来驾驭欲望。公都子问曰:"钧是人也,或为大人,或为小人,何也?"孟子曰:"从其大体为大人,从其小体为小人。"曰:"钧是人也,或从其大体,或从其小体,何也?"曰:"耳目之官不思,而蔽于物,物交物,则引之而已矣。心之官则思,思则得之,不思则不得也。此天之所与我者……"(《孟子·告子上》)这一段中的"心"和"思",分别表示道德之心和道德之思。这一段引发出一个意旨:为了成为一个"大人"(至少是一个优于禽兽的人),人必须以道德心而非欲望来作主宰。在各种各样的欲望中,求生的意愿常常被认为是最基本、最重要的欲望。然而,根据儒家的观点,假如生存与道德发生冲突的话,生命也可以牺牲。孟子曰:"……生亦我所欲也,义亦我所欲也,二者不可得兼,舍生而取义者也。……是故所欲有甚于生者,所恶有甚于死者,非独贤者有是心也,人皆有之,贤者能勿丧耳……"(《孟子·告子上》)现在可以得出结论,"非道德的价值"和道德的冲突,不是不能解决的,故并不存在道德两难。同样,"非道德的德性"和"道德的德性"之间也没有冲突。"非道德的德性"被认为是值得欣羡的性格品行,它能够促成"非道德的价值"。孔子曰:"……恭则不侮,宽则得众,信则人任焉,敏则有功,惠则足以使人。"(《论语·阳货》)"不侮""得众""(信)任"等,都属于非道德的价值;"恭""宽""信""敏""惠"是值得欣赏的性格品行,它们能够促成上述的价值,孔子因而肯定了这些德性。有人或会质疑,如何分辨道德的价值和非道德的价值,以及道德的品行与非道德的品行。此处不能就这个问题展开讨论。一般而言,道德的价值是由道德心根据道德的理由所认取的,非道德的价值则没有这个特征。关于这个区分的描述并没有犯窃题的谬误,因为一个判断是否由道德心产生,这是能够被识别的。这些品行与道德的德性是相容的,尚无例证表明,道德的品德和非道德的品德是冲突的。并且,当它们对人的道德生活有所帮助时,就会成为道德的德性。在这种情况下,这些非道德的德性把自己从"道德上许可"(being morally permissible) 转化为"道德的责任"(being morally obligatory)。比如,这段引文的前文(见第一小节)中说,"恭""宽""信""敏""惠"五者并行,就能够达成最大的道德成就——仁,从这点来看,这些德性便成为了道德的德性。

三、真实的道德两难

麦金泰尔所描述的一类道德两难是,当人假定或被任命承担不止一种社会角色的责任时,发现履行其中一项责任将会阻止他履行另一项责任。麦金泰尔认为这种角色冲突是真实的道德两难,因为"道德被认为受到冲击的情况莫过于此了,人所作的选择将决定他们会犯什么样的错误……为此他将不得不在恰当地表达为罪疚的感受中承认罪过"①。这种道德两难在《孟子》中亦有一例。桃应问曰:"舜为天子,皋陶为士,瞽瞍杀人,则如之何?"孟子曰:"执之而已矣。""然则舜不禁与?"曰:"夫舜恶得而禁之? 夫有所受之也。""然则舜如之何?"曰:"舜视弃天下,犹弃敝蹝也。窃负而逃,遵海滨而处,终身欣然,乐而忘天下。"(《孟子•尽心上》)舜作为天子,有责任依法惩处凶徒;然而作为儿子,他有责任奉养父亲(瞽瞍)。在桃应(孟子的学生)假设的这个例子中,舜不可能同时履行这双重责任。而且,这样的冲突无法用任何灵活的处理方法来解决。用麦金泰尔的话说,"如今出现了这样的情形,怎

---

① MacIntyre(1990),p.369.

样做都会使人严重地犯过,看来没有什么达致正确行为的方法是可能的了"①。这便是"无可避免的道德过失"的意思。然而,在上面一段引文中,我们不能总结为:儒家承认有无可避免的道德过失。事实上,我们将看到一个相反的结论。

首先,舜选择解决冲突的方法,是放弃其中一项责任,即逮捕凶手的责任。既然这项责任来自天子的角色,他可以通过放弃这个角色及其派生的责任,来解决冲突。恰好,在当时那样的世界中,还有一个地方(在这个例子中是"海滨")让人能够逃离于法律之外。在这种情况下,不存在道德两难。

然而,既然解决方法在于放弃人所担任的角色,那么假使没有一种角色可以放弃,冲突就不能解决。事实上,有些角色是人不能放弃的,父母的角色(人一旦具有了这些角色)与子女的角色就是明显的例子。此外,发生冲突之时,还有一个问题,即两个角色中应该放弃哪一个?在舜的例子中,他选择了放弃天子的角色,只不过是因为这一个可以放弃,而另一个无法放弃。但是,当我们说一个角色不能被放弃的时候,那是什么意思?可以设想,有两类角色是不可能放弃的:一类是与生俱来的,另一类则是在这个世间偶然获得的。前一类的例子是为人子的角色,后一类如公民的身份。

现在很清楚,当两个角色的责任发生冲突时,如果其中一个角色可以放弃,另一个不能,那么不可放弃的角色的责任,就会凌驾于另一方,正如舜所作的决定。由此讨论,我们自然会想,当两个角色中没有一个可以放弃时,真实的道德两难就会出现——无论那是属于以下的哪种情形:① 它们都是与生俱来的;② 它们都是在这个世间偶然获得的;

① MacIntyre(1990),p.368。

③ 其中一个属于第一种情形，另一个属于第二种情形。从下面一段文字中，我们也许可以理解孟子关于道德两难的观点。孟子曰："事孰为大？事亲为大。守孰为大，守身为大。不失其身而能事其亲者，吾闻之矣。失其身而能事其亲者，吾未之闻也……"（《孟子·离娄上》）这里孟子明确主张，"守身"以求免于违背道德，比"事亲"更为重要，这是因为道德是"事亲"的必要条件。尽管侍养双亲是作为人子——这个与生俱来的角色——所应承担的责任，但道德是人之所以为人的本质（至少对自视为人的人是这样）。① 因此，成就道德的自我，是身为人的最基本、最重要的责任。这凌驾于所有其他的责任。

在这一点上可能有人会争辩说，所有道德德性的用意与实践都是为求使人达致更高的道德境界，况且，并没有抽象的"基本责任"，因此，上面提到的"基本的"责任，实际上体现于每一种特定的道德德性的实践。也可以说，实现前者（基本责任）的唯一方法在于后者（实现个别的道德德性）。在这个意义上，正如我们先前所说的，只要能对道德生活有所裨益的话，没有一种德性比另一种德性崇高。如果这是儒家思想的真切描述，那么，对儒家来说，就会有不能解决的道德冲突。

为了阐明儒家的观点，我们必须细察儒家伦理中道德德性的性质和功能。在先前的讨论中，我们假定，道德的责任源于人所具有的角色。我们确实可以找到有力的证据来支持这一主张。举例来说，"事亲"的责任来自人子的角色，"敬弟"是由于他在弟位。然而，来自角色的责任（不管它们是否能够被放弃）仅仅是"初步的"（prima facie）责任。"初步原则"这个概念出自黑尔，这里我特别借用以下的含义：初步原

---

① 参见《儒家对于"为何道德"的证立》，黄慧英（1995）。我在文中指出，将自己视为人（而非禽兽），是儒家关于为何道德之理由。

则会被批判思考层面上的原则所推翻。[①] 那是人在通常情况下必须履行的。一般情况下，我们根据角色与身份地位履行初步的责任，但这些责任并非由角色与身份所决定的；在担当某一角色或某些角色时，我们应该做什么，是人的道德心所决定的，这是儒家自律道德的精要，它显扬于孟子"仁义内在"的主张中。孟子曰："何以谓仁内义外也?"曰："彼长而我长之，非有长于我也，犹彼白而我白之，从其白于外也，故谓之外也。"曰："异于白马之白也，无以异于白人之白也。不识长马之长也，无以异于长人之长与? 且谓长者义乎，长之者义乎?"(《孟子·告子上》)儒家伦理有一个基本的信念：人可以借着道德心的发用，从而订定出初步的责任，以及某一角色应有的道德德性。在面对不寻常的事件时，人还可以运用自己的判断力，作出权变的决定，正如关于"麻冕"和"嫂溺"的讨论中显示的那样。在遇上道德冲突的时候，人同样可以运用自己的道德心进行判断，去决定哪一个初步的责任应该被凌驾，或哪一个角色应该被放弃。这是因为，儒家认为道德心不仅能够为日常实践建立一般的道德准则，它还能够就特定的情况作出个别的判断。特定的情况，就是一个所有的条件已经给定的情况。而两个(或多个)初步责任发生冲突的情况，只是特定情况的一种特例。道德心所关注的，不是一个行为是否符合德性的要求，而是这个行为是否根据道德而作出，这是孟子所倡导的"由仁义行，非行仁义也"的意思。(《孟子·离娄下》)——这只能由道德心自行判断。

我们已经指出，在第一小节的一段引文"孟子曰：'大人者，言不必信，行不必果，惟义所在'"(《孟子·离娄下》)中，"义"并不表示一种德性；现在是时候来阐明该处"义"的含义了。就这段引文的脉络来说，

---

① 参见 Hare(1991)。

"义"相当于"合乎道德"或"道德上合理"。孟子在此明确主张,道德上
合理比满足德性的要求更为重要。《论语》《孟子》中的"义"常有这个含
义。例如:

> 子曰:"君子义以为质,礼以行之,孙以出之,信以成之。君子
> 哉!"(《论语·卫灵公》)
>
> 孟子曰:"……仁,人之安宅也;义,人之正路也。"(《孟子·离
> 娄上》,亦见《孟子·公孙丑上》)

很明显,"义"的这个含义是主要的;"义"的另一个含义——作为德
性的一种——则居于从属的地位。因此,在道德冲突的情况下,人可以
通过道德心的发用,作出合乎道德(是谓"义")的判断,以解决问题。在
这种情况下,即使有一个(甚至多个)初步的责任未能履行,亦不应有什
么过失。这是因为,人会对这个特殊的情况,经深思熟虑,作出应做什
么的判断,并且根据判断去做。最后,我们可以用孔子的一句话来总结
儒家在这一问题上的观点:"求仁而得仁,又何怨?"(《论语·述而》)

参考书目

Gowans, Christopher W.(Ed.)(1987),*Moral Dilemmas*,New York:Oxford University Press.

Gowans, Christopher W.(1994),*Innocence Cost:An Examination of Inescapable Moral Wrongdoing*,New York:Oxford University Press.

Hare, R. M.(1991),《道德思维:其层面、方法与意义》,黄慧英、方子华合译,香港:天地图书公司。

MacIntyre, Alasdair(1990),《道德两难》,载《哲学与现象学研究》,第1卷,增刊。

黄慧英(1995),《道德之关怀》,台北:东大图书公司。

再论儒家对道德冲突的消解之道

——借《公羊传》中"权"的观念阐明

一、引言

孔子据鲁史修订《春秋》的说法,已渐为世公认。[①]孔子之"修订",以《史记》的说法,是"约其文辞而旨博","笔则笔,削则削"(《史记·孔子世家》),其或笔或削,隐含着孔子的刺讥褒讳。孟子谓:"世衰道微,邪说暴行有作,臣弑其君者有之,子弑其父者有之,孔子惧,作《春秋》;《春秋》,天子之事也。是故孔子曰:'知我者,其惟《春秋》乎,罪我者,其惟《春秋》乎!'……孔子成《春秋》而乱臣贼子惧。"(《孟子·滕文公下》)孟子之言,道出了孔子编《春秋》的背景以及孔子的史笔。《公羊传》则特别彰显《春秋》的笔削大义,所以可以说是充分反映孔子的政治思想、文化精神、道德观念的文献,我们可从中见到孔子是如何将上述理念落实于历史现实中而作具体评断的。

《公羊传》解释《春秋》的微言大义,指陈出《春秋》如何以其特有的

---

① 参考林义正的讨论,林义正(2003),pp.1-15。

笔法达致别嫌疑、明是非的目的。从这些曲折隐晦的言辞中,我们见到的不单是昭昭自明的正经大义,还有不寻常的事变中的委曲善恶。因此,虽然太史公对《春秋》推崇备至,谓《春秋》为"礼义之大宗",同时却指出:"……为人臣者不可以不知《春秋》,守经事而不知其宜,遭变事而不知其权。为人君父而不通于《春秋》之义者,必蒙首恶之名。为人臣子而不通于《春秋》之义者,必陷篡弑之诛,死罪之名。其实皆以为善,为之不知其义……"(《史记·太史公自序》)司马迁深切明白,未能因时制宜而固守经事,遇变故又不识行权,不唯非善,更会蒙首恶之名。然而可悲的是:"其实皆以为善,为之不知其义",究竟何以至此? 据何以为"善"? 又何以为"义"?"经"若据仁义而订立,何以会"不知其宜"? 倘遭事变而行权,则权又何以为据?

经权说始于《公羊传》,公羊家提出"反于经然后有善者"为行权之道(桓公十一年),然则此善与"其实皆以为善"之"善"同出一源乎? 守经与反经的智慧是一是二? 其中之睿识是否具普遍性? 本节试分析《公羊传》中之经权说,来看公羊家如何消解道德冲突,并解答上述问题。

二、行权之场境——道德冲突?

从太史公所言遭变事不知其权而死守常道的遗害,可能比不守礼义者为甚,便推知行权的必要性。然而行权不是随意而为,"权"本身有几个预设:① 先有经,然后才有权,这是逻辑上的先后;② 经在某一具体情况下,不足据以作出善恶判断或行为指引;③ 以权变的处理方式,更能达致因应事态的判断。

桓公十一年公羊家对权的阐述,代表着整部《公羊传》经权说的核心观念,故亦常被引用。"权者何?权者,反于经然后有善者也。权之所设,舍死亡无所设。行权有道:自贬损以行权,不害人以行权。杀人以自生,亡人以自存,君子不为也。""权者,反于经然后有善者也",正好道出上述三个预设。经权对举,无经则无所谓权,犹如无"常"不可谓"变"。"反于经",虽然汉儒理解成"反背于经",宋儒则理解成"反归于经",但都显示原来的经的不足或不及。"然后有善"更开宗明义展示其以善为归趣。之后数句,可视为对行权的原则性规定,留待后面再论。在本小节中,希望检视《公羊传》中记载的行权事例,是否都属道德冲突的场景。所谓道德冲突,就是在一个道德体系内,当遇到某些处境时,其中根据某个原则所作出的指令,与根据另一原则所作出的不能同时执行的情况。

(1)隐公三年,经曰:"癸未,葬宋缪公。"

传曰:"葬者曷为或日或不日?不及时而日,渴葬也;不及时而不日,慢葬也。过时而日,隐之也;过时而不日,谓之不能葬也。当时而不日,正也;当时而日,危不得葬也。此当时何危尔?宣公谓缪公曰:'以吾爱与夷,则不若爱女;以为社稷宗庙主,则与夷不若女。盍终为君矣。'宣公死,缪公立。缪公逐其二子庄公冯与左师勃,曰:'尔为吾子,生毋相见,死毋相哭。'与夷复曰:'先君之所为不与臣国,而纳国乎君者,以君可以为社稷宗庙主也,今君逐君之二子,而将致国乎与夷,此非先君之意也。且使子而可逐,则先君其逐臣矣。'缪公曰:'先君之不尔逐可知矣,吾立乎此,摄也。'终致国乎与夷。庄公冯杀与夷。故君子大居正。宋之祸,宣公为之也。"《春秋》借着宋缪公死后五个月下葬而记下日子的笔法暗指当时的危难处境。公羊家则对当时危难的根由加以解释。宣公传位于弟缪公而不传其子,违反礼法;缪公则将其位转让宣公之子与夷,并将自己的两名儿子驱逐出国,终于招致之后宋国历代因夺位而生的杀戮。故谓"宋之祸，宣公为之也"。

宣公传位所面对的处境，可视为下述两项原则的冲突：

甲：遵守父传子的周代礼法。

乙：实现贤者在位的政治理念。

缪公也是不传其子而让位给兄之子，表面看来与宣公的处境相似，但他不视自己为合法之君，只是摄政，既是摄政，则理应将君位交还与夷。因此，他只是对周代礼法的拨乱反正。

公羊家不是仅陈述宣公与缪公的处境，而是对他们在此冲突的处境中所作的判断加以褒贬。在其褒贬当中，亦可见道德冲突的情境。对此董仲舒论之甚详："是故让者，《春秋》之所善。宣公不与其子而与其弟，其弟亦不与子而反之兄子，虽不中法，皆有让高，不可弃也。故君子为之讳不居正之谓，避其后也乱，移之宋督以存善志。此亦《春秋》之义，善无遗也。若直书其篡，则宣、缪之高灭，而善之无所见矣。"（《春秋繁露·玉英篇》）公羊家所见之冲突，在于"保存让国之高尚情操"与"维护正统之传位方式"（君子大居正）二者之价值上。

（2）隐公四年，经曰："卫人立晋。"

传曰："晋者何？公子晋也。立者何？立者不宜立也。其称人何？众立之之辞也。然则孰立之？石碏立之。石碏立之，则称人何？众人所欲立也。众虽欲立之，其立之非也。"卫宣公没有受先君的遗命而接受君位，本是《春秋》所危的（为之忧惧），但在桓公十三年《春秋》以立书葬，没有以之为危，此乃由于卫宣公得民众之心。董仲舒谓："非其位而即之，虽受之先君，《春秋》危之，宋缪公是也。非其位，不受之先君，而自即之，《春秋》危之，吴王僚是也。虽然，苟能行善得众，《春秋》弗危，卫侯晋以立书葬是也。俱不宜立，而宋缪公受之先君而危，卫宣弗受先君而不危，以此见得众心之为大安也。"（《春秋繁露·玉英篇》）

既然卫宣公得民心而即位，为何《公羊传》说是"立者不宜立"，并批评为"其立之非也"？何休释之曰："凡立君为众，众皆欲立之，嫌得立无恶，故使称人……听众立之，为立篡也。"陈柱在《公羊家哲学》中谓："然则公羊家之意，以谓众皆欲立而可以立者，当时之权；而必明其立之非者，恐后世借口以行篡也。是盖于不可之中著其可以明权，于可之中著其不可以明经。"①可见当时卫宣公即位是权，其面对者乃"不受之先君不得即位"与"行善得民众心而即位"两原则间的冲突。然而，公羊家既许其为权，又加以谴责，则其面对者乃"行善得民众心而即位"与"避免鼓吹行权而导致篡位"之间的冲突。

（3）庄公十九年，经载："秋，公子结媵陈人之妇于鄄，遂及齐侯宋公盟。"

传曰："大夫无遂事，此其言遂何？聘礼，大夫受命，不受辞。出竟有可以安社稷利国家者，则专之可也。"所谓"大夫遂事"，依《公羊传》的说法："遂者何？生事也。"（桓公八年）何休注曰："生，犹造也，专事之辞。"意指大夫之独断专行，在君臣各有其权责的规定下，乃僭越之行。故《春秋》以"遂"字明其非，《公羊传》则据经而直接加以贬斥，故言"大夫无遂事"（见桓公八年，僖公三十年，襄公二年、十二年）。然而在上引之庄公十九年中，却许公子结私与齐侯宋公订盟。在此事件中，公羊家乃在"大夫无遂事"的法则与"安社稷利国家"的道德使命二者的冲突中作出取舍。

此外，公羊家所作的经权间的选择（或对行权的褒贬），乃在"诸侯不得专讨"（宣公十一年、定公十三年）、"诸侯不得专封"（昭公四年）、"大夫不得生事专平"（宣公十四年）等经义受到质疑时作出的，且此等

---

① 陈柱（1929），pp.203-204。

经皆有与其并立之原则，因此皆可视为道德冲突的处境。

值得注意的是昭公十一年，经载："夏四月丁巳，楚子虔诱蔡侯般杀之于申。"

传曰："楚子虔何以名？绝。曷为绝之？为其诱讨也。此讨贼也，虽诱之，则曷为绝之？怀恶而讨不义，君子不予也。"楚子虔乃楚灵王，公羊家径呼其名，就是要断绝他的爵位。为什么要断绝他的爵位？乃由于他怀着恶念来诛戮蔡侯般。蔡侯般弑其君为大不义，故人人得而诛之，但因灵王怀着恶念来诛杀，故为《春秋》所唾弃。在此事件中，公羊家的评断便不是在经权间的抉择，但仍然是对单纯据经而作的判断所作的修订。

三、道德冲突的消解之法：西方道德哲学的指引

黑尔在其《道德思维》（*Moral Thinking*）一书《道德冲突》一章内引介西方传统道德体系对道德冲突的情况所提供的消解方法，大略有两种：一是序列法，即根据道德原则的重要性排一个优先序列，当遇到两个原则冲突的特殊事件时，便以其所处之优先性来决定何者被凌驾。另一种是限定法，即对原先相对较一般（general）的原则加以恰当的限定（qualification），使其变得较特定（specific）而可在该特殊的情况中提供指引。

前者较易明白，故不细述。现仅对后者举例说明。兹以柏拉图所举例子来说。有一个人向朋友借了一把刀子，当他准备归还的时候，发觉朋友已经疯了，那么他还应否将刀子归还给朋友呢？这个人面对两个原则的冲突：一是"应该恪守承诺，把借来的东西物归原主"；另一是"应该尽量避免使人受伤"。在一般的情况下，此两原则可以同时得到

遵守,本身并无冲突。但在上述的特殊情况下,便无法同时履行此二原则所指令的行为。当然,这预设了一个关于事实的认知,即"该名疯了的朋友若得到刀子,便极有可能以之伤人或伤己"。于是,根据限定法,我们可对两个一般的原则其中之一加以限定。例如将第一个原则修订为:"应该恪守承诺,把借来的东西物归原主,除非这样做会造成对他人的伤害。"这种做法,既保存了原来的原则,又由于修订后其变得较特定,因而可以在特定的情况下作出相关的指引。

四、《公羊传》对道德冲突的消解之道

上述这两种消解道德冲突的方法,在黑尔看来,都有其弊端,在这里不作详述。①本小节集中讨论公羊家的消解之道。

周室自平王东迁后,封建制度名存实亡,礼乐亦已徒具形式,诸侯大夫甚至陪臣皆争相僭越,各以武力以"尊王攘夷"的旗帜称霸天下。这当然远离孔子的王道理想。孔子作《春秋》,意欲"拨乱世反诸正"(哀公十四年),谴责弑君杀父的乱臣贼子,以期恢复以亲亲尊尊为基础的封建制度。正如李新霖在《春秋公羊传要义》中所言:"孔子生此乱世,悲天下之无道,痛诸侯之不振,乃借春秋揭橥'拨乱反正'之旨,推圣治之隆,以尧舜为依归,俾后世君子,得由乐尧舜之德化治术而行王道焉。《公羊传》本诸孔子之意,畅论拨乱反正之要,并以天道理想之实现,为通贯全经之精义所在。"②孟子以王道作为最高理想,而以霸业视为次于此理想的现实而予以接受,因此尊王黜霸。荀子则尊王而不黜霸,认

---

① 可参考黑尔著《道德思维》。
② 李新霖(1989),pp.25 – 26。

为王霸不相远,相反而相成。① 李新霖认为王霸之分,虽然孔子未尝明言,但孟、荀之论述皆影响《公羊传》的思想。②

李氏清楚地指出:《公羊传》既以"拨乱反正"为宗旨,现实之强权霸道与理想之王道世界如何协调统一,遂成《公羊传》首须面对之课题。综观全"传",现实与理想不同之价值取向,在其时空与褒贬之表达上。大体而言,其对现实之处理态度,近乎荀子;对理想之追求,精神又颇类孟子。③ 不难理解,当有道德冲突的情况时,公羊家会依据上述王霸相关价值的高下标准,对历史事件作出评定。

一般情况下,公羊家均对诸侯之专封与专讨、大夫之专废置君与专执作出贬抑,因此维护王道理想可视为在一个序列上据优先位置的价值。例如,上述隐公三年公羊家对宋宣公、缪公让国之评价,认为宋国之祸始自宣公。可见让国情操虽高,但若违反嫡子继承的王道价值,则亦必须被凌驾。同样,在隐公四年的事件中,公羊家虽然对行善得民心加以肯定,但仍以"众皆欲立而立之"为非,此亦可见其守经的情况。

在前引之庄公十九年所载公子结私自与齐宋结盟的事件中,公羊家对"大夫无遂事"的原则,予以破例的许可,谓"出竟有可以安社稷利国家者,则专之可也"。此可视为对大夫无遂事的限定,被限定后之原则变成:"除非借此能安社稷利国家,否则大夫无遂事。"原来之原则加上限定后,则既能于特殊情况下解决道德冲突的问题,亦不妨害往后继续落实原则之精神。对于此点董仲舒有如下议论:

难者曰:"《春秋》之法:大夫无遂事。又曰:出境有可以安社稷、利国家者,则专之可也。又曰:大夫以君命出,进退在大夫也。又曰:闻

---

① 详见李新霖(1989),pp.26-31。
② 李新霖(1989),p.26。
③ 同上,p.31。

丧徐行而不反也。夫既曰无遂事矣，又曰专之可也，既曰进退在大夫矣，又曰徐行而不反也，若相悖然，是何谓也?"曰："四者各有所处，得其处，则皆是也；失其处，则皆非也。《春秋》固有常义，又有应变。无遂事者，谓平生安宁也；专之可也者，谓救危除患也；进退在大夫者，谓将率用兵也；徐行不反者，谓不以亲害尊，不以私妨公也；此之谓将得其私知其指。故公子结受命，往媵陈人之妇于鄄，道生事，从齐桓盟，春秋弗非，以为救庄公之危。公子遂受命使京师，道生事，之晋，《春秋》非之，以为是时僖公安宁无危。故有危而不专救，谓之不忠；无危而擅生事，是卑君也。故此二臣俱生事，《春秋》有是有非，其义然也。"(《春秋繁露·精华篇》)

在这里，董仲舒甚至将"遂事"理解为"专救"，继而将此凌驾于"不得无危而擅生事"之上。这可视为借着界定特殊事件的性质而重新诉诸序列中价值的优先次序以求消解之法。当然，亦可视为将"遂事"给予不同限定："有危而专救"与"无危而擅生事"，从而订定新的原则以适用于不同的处境。

五、《公羊传》权变之依据

无论是序列法还是限定法，都有一个根本的问题，就是当编排序列中的优先次序时，或者在对一般原则加以限定时，所根据的又是什么?对公羊家来说，一统天下、尊王攘夷、礼义教化、存亡继绝等政治理念固然是序列之根据，但当此等抽象理念下的原则互相冲突时，序列本身便同时受到质疑。因为有时会出现在一个特定情境中，其中一原则凌驾另一原则，但在另一相似的情境中，却作出刚好相反的判断；这反映序列内原则的优先次序并不适用于所有情况。例如：

桓公十一年,经曰:"宋人执郑祭仲。"

传曰:"祭仲者何?郑相也。何以不名?贤也。何贤乎祭仲?以为知权也。其为知权奈何?……庄公死,已葬,祭仲将往省于留,途出于宋,宋人执之,谓之曰:'为我出忽而立突。'祭仲不从其言,则君必死,国必亡;从其言,则君可以生易死,国可以存易亡。少辽缓之,则突可故出,而忽可故返,是不可得则病,然后有郑国。"专废置君本为《春秋》所深责,但在此事件中,祭仲却得到贤者的尊称。可见公羊家乃将"生君存国"置于"不得专废置君"之上。但在定公十三年所载晋国赵鞅驱逐国君身边的坏人荀寅与士吉射的事件中,《春秋》以"反叛"来形容赵鞅。公羊家谓因其"无君命"故,此则将君道尊严置于较重要的地位。最重要的是,在一开始设定序列时,根据什么原则来排列价值的重要性呢?

运用限定法来解决道德冲突,亦有相类的困难。以前面所举受限定之原则为例,"除非借此能安社稷利国家,否则大夫无遂事",当作出此限定时,已有"安社稷利国家"重于"听命于国君"的判断,然而如何得此判断,则是解决冲突的关键所在,此并不能由限定法所提供。

在"宋人执郑祭仲"的记载中,公羊家颂扬祭仲的决定,并谓祭仲知权,更于此阐明"权"的观念:"古之人有权者,祭仲之权是也。权者何?权者,反于经然后有善者也。权之所设,舍死亡无所设。行权有道:自贬损以行权,不害人以行权。杀人以自生,亡人以自存,君子不为也。"(桓公十一年)上引的说法可视为行权的总原则。可分析如下:

(1)"权者,反于经然后有善者也"。无论将"反"字理解为"反背"(汉儒如董仲舒)还是"反归"(宋儒如程颐、朱熹)的意思,都包含经有所不及之意。程颐认为经所不及处,便权量轻重,使之合义;才合义,便是经。(《河南程氏遗书》)因此,若将权变后的原则纳入经中,便是扩大了经的系统。而提出"反背于经"者,只是着眼于经之不足。二者没有本质上的差别。故以权来补足,以至于善。问题是如何去达致"善",以及更根本的,何者为善?

(2)"权之所设,舍死亡无所设"。意指倘非涉及生死大事,亦不会轻易行权。而所谓生死大事,特指关乎君国存亡之大事。[①] 这是行权许可的范围。

(3)"自贬损以行权,不害人以行权"乃行权的基本原则。以祭仲的事例来说,祭仲屈从于宋人的胁逼,废嫡立庶,并违犯了专废置君的君臣之义,虽然保有生命,但背负着被世人非难的后果,故他的选择是不计个人利害的"自贬损"行为。听从宋人的做法,不会有人为此牺牲,就算被逐之太子忽亦能因此保存生命,所以这是符合"毋杀人以自生,亡人以自存"原则的。

然而,上述行权原则由于太一般,在不违背此等原则的前提下,仍有甚为广大的空间,容纳极端不同甚至相矛盾的判断,因此,这些原则并不能为判断提供较确切的指引。譬如说,若以"死君难"为臣道的要求,则祭仲的决定可能被认为是苟且偷安的行径(如《谷梁传》所论)。又例如成公二年传记齐与晋鲁交战,齐师大败。齐顷公的车右逢丑父面貌与他相似,于是逢丑父以己替代齐顷公,使后者得以逃脱。逢丑父为晋所获,以欺三军罪被斩。逢丑父此举乃设权牺牲个人生命,以保卫国君,这原涉死亡大事,故属行权范围;逢丑父所为,亦符合"自贬损、不害人"的原则,但《公羊传》并无一赞辞,亦不许之为行权,此乃因传以为逢丑父措其君于人所甚贱以生其君,不单使国君蒙羞,更使齐之宗庙蒙羞之故。《春秋繁露·竹林篇》将《公羊传》对祭仲与逢丑父两种做法的截然不同评价,作出非常详细的阐释:"逢丑父杀其身以生其君,何以不

---

① 见李新霖(1989),pp.201-202。

得谓知权？丑父欺晋，祭仲许宋，俱枉正以存其君，然而丑父之所为，难于祭仲，祭仲见贤，而丑父见非，何也？曰：'是非难别者在此，此其嫌疑相似，而不同理者，不可不察。夫去位而避兄弟者，君子之所甚贵；获虏逃遁者，君子之所甚贱。祭仲措其君于人所甚贵，以生其君，故《春秋》以为知权而贤之；丑父措其君于人所甚贱，以生其君，《春秋》以为不知权而简之。其俱枉正以存君，相似也，其使君荣之，与使君辱，不同理。故凡人之有为也，前枉而后义者，谓之中权，虽不能成，《春秋》善之，鲁隐公、郑祭仲是也；前正而后有枉者，谓之邪道，虽能成之，《春秋》不爱，齐顷公、逢丑父是也。夫冒大辱以生，其情无乐，故贤人不为也，而众人疑焉，《春秋》以为人之不知义而疑也，故示之以义，曰："国灭，君死之，正也。"正也者，正于天之为人性命也，天之为人性命，使行仁义而羞可耻，非若鸟兽然，苟为生，苟为利而已。是故《春秋》推天施而顺人理，以至尊为不可以加于至辱大羞，故获者绝之；以至辱为亦不可以加于至尊大位，故虽失位，弗君也；已反国，复在位矣，而《春秋》犹有不君之辞，况其涊然方获而虏邪！其于义也，非君定矣，若非君，则丑父何权矣！故欺三军，为大罪于晋，其免顷公，为辱宗庙于齐，是以虽难，而《春秋》不爱。丑父大义，宜言于顷公曰："君慢侮而怒诸侯，是失礼大矣；今被大辱而弗能死，是无耻也；而复重罪，请俱死，无辱宗庙，无羞社稷。"如此，虽陷其身，尚有廉名，当此之时，死贤于生，故君子生以辱，不如死以荣，正是之谓也。由法论之，则丑父欺而不中权，忠而不中义，以为不然，复察《春秋》，《春秋》之序辞也，置王于春正之间，非曰：上奉天施，而下正人，然后可以为王也云尔！今善善恶恶，好荣憎辱，非人能自生，此天施之在人者也，君子以天施之在人者听之，则丑父弗忠也，天施之在人者，使人有廉耻，有廉耻者，不生于大辱，大辱莫甚于去南面之位。而束获为虏也。曾子曰："辱若可避，避之而已；及其不可避，君子视死如归。"

谓如顷公者也。'"(《春秋繁露·竹林篇》)依董仲舒的看法,《春秋》以逢丑父不知权而简之,以祭仲知权而贤之。逢丑父之不知权,在于不知道"国灭,君死之,正也"(出自《公羊传》襄公元年)的道理,因此以为舍己救君,却陷君于不义。从公羊家对两件事件的一褒一贬,并未见得此中的评断可由上述行权的原则推导出来,因此该等原则是否足够成为行权的指引,甚为可疑。

似乎无论序列法还是限定法,都需要一个最高的原则,作为编排序列以及加以限定的依据,例如康德的普遍性法则,又或效益主义的效益原则。《公羊传》在行权的问题上,是否亦预设了相类的最高原则?

六、《公羊传》中的善

"权者,反于经然后有善者也。"此中的善应如何理解?

桓公二年,经曰:"宋督弑其君与夷及其大夫孔父。"

然在隐公三年之传中则言"庄公冯杀与夷"。事实是宋国大宰督弑其君与夷(宋殇公),传这样说,是因庄公回来做了国君后,明知弑殇公的是宋督,而不加罪于督之故。而经不书庄公冯杀与夷,表面上是为庄公讳,其实是为宣公、缪公讳。前曾论述宋宣公让位于缪公的事,《春秋》为了颂扬他们让国的高尚情操,故将日后引致宋督杀与夷的篡位后果,隐而不书,以免令篡位的恶掩盖了原初让国的善意,此之谓"为贤者讳"。在传中,一向会指出为贤者讳的做法,但唯在此不言,乃因在公羊家看来,宣、缪其意虽善,但导致不善的后果故(见前隐公三年葬宋缪公的论述)。陈柱云:"经书宋督而传特言庄公冯者,明经亦善其让而为之讳也。非为庄公讳也。为宣缪讳也。为宣缪讳,所以成宣缪让国之高也,然而为贤者讳,传亦娄言矣。为宣缪讳独不言者,为其让非正经也。

其意虽善,而事不成其为善,倘以为法则,好名者法之,亦是致乱。故隐之而不言,唯出庄公以微见经之意而已。"①庄公十九年公子结私自与齐、宋结盟的事件,公羊家不对公子结的行为加以贬斥,亦是由于他的做法可以安社稷利国家;祭仲被许为贤者,亦是因能够生君存国之故。

从这些事例中看,公羊家不单以善意评断一事之善,而亦从后果来决定。然而,在很多事例中,《公羊传》中有所谓"如其意""成其意""致其意"的说法,显示公羊家非常重视行为的动机。② 例如:

桓公元年,经曰:"春,王正月,公即位。"

传曰:"继弑君,不言即位,此其言即位何? 如其意也。"鲁桓公有弑兄即位之意,并实行之,故不依《春秋》"继弑君,不言即位"之例,径书桓公即位,这便是"如其意",乃为了彰显其恶。

隐公元年,经曰:"春,王正月。"

传曰:"公何以不言即位? 成公意也。"鲁隐公本为摄代而立,其让国之心,虽终因被弑而不显,但公羊家基于扬善之义,不书其即位,以成全他的好意。

僖公二十八年,经曰:"春,晋侯侵曹,晋侯伐卫。"

传曰:"曷为再言晋侯? 非两之也。然则何以不言遂? 未侵曹也。未侵曹,则其言侵曹何? 致其意也。其意侵曹,则曷为伐卫? 晋侯将侵曹,假涂于卫。卫曰不可得,则固将伐之。"晋侯有侵曹之意,但尚未付诸行动,公羊家却仍书其侵曹,以致其意。

上述三个事例都说明了公羊家强调动机,甚至恐怕动机为事实所掩,故借特殊之书法,以彰显其志。此种不问行为结果,但问动机之立场,发展至极端,便成"君亲无将,将而必诛"的主张。

---

① 李新霖(1989),p.200。
② 李新霖对此有很细微的分析。李新霖(1989),pp.211-212。

昭公元年,经曰:"春,王正月,公即位。"

传曰:"此陈侯之弟招也,何以不称弟?贬。曷为贬?为杀世子偃师贬,曰:'陈侯之弟招杀陈世子偃师。'大夫相杀称人,此其称名氏以杀何?言将自是弑君也。今将尔,词曷为与亲弑者同?君亲无将,将而必诛焉。然则曷为不于其弑焉贬?以亲者弑,然后其罪恶甚。《春秋》不待贬绝而罪恶见者,不贬绝以见罪恶也;贬绝然后罪恶见者,贬绝以见罪恶也。今招之罪已重矣,曷为复贬于此?著招之有罪也。何著乎招之有罪?言楚之托乎讨招以灭陈也。"公羊家认为杀害国君是严重的罪行,若国君同时是亲人,则更加严重。陈哀公的同母弟招打算杀害太子偃师,但因其罪行深重,故虽未杀,传中用语,却与亲自杀君相同,还认为若有杀害亲人国君的打算,就算只是打算,亦要受到惩处,杀之以绝此念的萌生滋长。(庄公十三年亦有相类的说法。)从《公羊传》这方面的立场看来,善良的动机是获得良好评价的必要条件。因此,"反于经然后有善"中的"善",并非必指行为所带来的善的结果的事实,而可理解为期求达到善的后果的良好意愿,所谓"自贬损以行权,不害人以行权"都可作如是理解。

七、实与而文不与——双重标准?

《公羊传》中在多处以"实与而文不与"的论说方式对历史事件进行褒贬。所谓"实与",是面对当时的实际处境而接受其为无可奈何的处理手法;"文不与"是就该手法违反理想的"应然"要求,故不予赞许。在《公羊传》中提及"实与而文不与"的情况有六次,分别是僖公元年、二年、十四年,宣公十一年,文公十四年与定公元年。所评论的事件都属于诸侯或大夫的僭越行为,如专封、专讨、专废置君、专执等。现仅举其中一例说明。

宣公十一年,经曰:"冬,十月,楚人杀陈夏征舒。"

传曰:"此楚子也,其称人何?贬。曷为贬?不与外讨也。不与外讨者,因其讨乎外而不与也,虽内讨亦不与也。曷为不与?实与而文不与。文曷为不与?诸侯之义,不得专讨也。诸侯之义,不得专讨,则其曰实与之何?上无天子,下无方伯,天下诸侯有为无道者,臣弑君,子弑父,力能讨之,则讨之可也。"依《春秋》礼法,上有天子方伯,诸侯无专杀大夫之权,故公羊家对楚子的行为加以贬斥。然而为何又"实与"呢?因见及当时是"上无天子,下无方伯"的非常时期,对于弑君父之乱贼,诸侯力能讨之,则不妨讨之,这是因应现实环境,无可奈何的做法。既是如此,为何"文不与"?乃因此非经所允许,也就是说,纵使在特殊处境下"专讨"是当时最好的做法,但仍是不得已的恶,不能据以修改经法,也就是不能将之普遍化而提升到经的地位。

公羊家这种想法,乃承认经在特殊情况下不足以提出指引(如:在上无天子,下无方伯的情况下,是否应惩处杀君之贼臣),于是,在经以外寻求特殊的解决之道,这就是权(接受专讨在此一处境的做法),这便是"实与"。然而,公羊家始终将该特殊的做法保留在单一的判断(singular judgment)的位置,而不容许它成为一个普遍的原则。

公羊家这种固执,用意当然是恐防道德价值的滑坡,这与限定法的理念不同。根据限定法,原来不足的原则加上限定而成为较特定的原则后,即具普遍性。公羊家把权变的施行限于个别事件上,也许认为这些个别事件是极反常的,因而罕有雷同的情况。这想法看来与处境伦理学(situation ethics)观点相近:后者认为没有两个事件完全相同,所以适用于某一特定事件的判断并不适用于另一事件。然而,单就公羊家"实与而不文与"的事例来说,即使有六宗,亦难以用上述解释来理解。那么,"实与而文不与"究竟反映公羊家什么思想呢?

原来,"实与"和"文不与"分属对不同对象的判断。"实与"的对象是在历史事件中某些人的所为,就那些行为来说,公羊家认为是当时最适当的做法。但"文不与"的对象还包含了公羊家所作的判断自身,"文不与"所不接受的不是历史事件中的所作所为,而是"实与"这个判断可能带来更严重的僭越风气,因此"文不与"的贬抑,与其说是针对事件中的行为而作的规限,毋宁说是对自身的褒贬行为的诚慎检束。"实与"所与者是"实","文不与"所不与者除了"实"外,更是"文"。

公羊家对自身褒贬行为的醒觉,固然源自其对《春秋》"拨乱反正"的使命之认同,更是对历史评价在历史上发挥的作用("乱臣贼子惧")的肯定,因而以"如临深渊、如履薄冰"的心态对事件作出"不客观"的判断。试看以下一例:

宣公十一年,楚庄王杀了夏征舒,《春秋》以其专讨贬庄王为"楚人";但昭公四年,楚灵王也是专讨,《春秋》却称灵王为楚子而不贬为楚人。对此董仲舒有所议论:"楚庄王杀陈夏征舒,《春秋》贬其文,不予专讨也。灵王杀齐庆封,而直称楚子,何也?曰:庄王之行贤,而征舒之罪重。以贤君讨重罪,其于人心善,若不贬,孰知其非正经?《春秋》常于其嫌得者,见其不得也……《春秋》之辞多所况,是文约而法明也。"(《春秋繁露·庄王篇》)楚庄王是贤君,而夏征舒罪重,贤君讨重罪之人,人皆以为善,故《春秋》要明确地加以贬斥,以彰显专讨之不是;楚灵王也是专讨,但因予以讨伐的庆封之罪不大为人知晓,所以《春秋》称作"楚子"而去讨伐。所以董仲舒说:"《春秋》之用辞,已明者去之,未明者着之。今诸侯之不得专讨,固已明矣,而庆封之罪未有所见也,故称楚子以伯讨之,着其罪之宜死,以为天下大禁。"(《春秋繁露·庄王篇》)

可见因应特定的目的而作出评价是《春秋》笔法("常于其嫌得者,

见其不得也""《春秋》之辞多所况"），而《公羊传》更将此笔法大加发扬。例如前引之隐公四年卫人立晋一事，公羊家认为虽然卫宣公得民心而立，但因恐后世以"众皆欲立"为借口以篡位，故清晰地评为"其立之非也"。由此可理解公羊家为何一方面重视得民心，另一方面却又批评众皆欲立而立之之非。

另一例是桓公二年宋督弑其君与夷之事件，公羊家知《春秋》书宋督弑其君，其实是为贤者（宣公、缪公让国，故贤）讳，但不明言，董仲舒论曰："难者曰：'为贤者讳，皆言之，为宣缪讳，独弗言，何也？'曰：'不成于贤也，其为善不法，不可取，亦不可弃。弃之则弃善志也，取之则害王法。故不弃亦不载，以意见之而已。'"（《春秋繁露•玉英篇》）"其为善不法，不可取"，即指宣、缪二公之让国的做法不能引以为法，但就其善意来说则不可弃，公羊家乃在取与弃之间为微妙之笔法，表明其兼取善意与良好后果，而不作出非此则彼的选择。

定公十三年秋冬的事件，《春秋》恐后世以清君侧为名而叛变，故以"叛"名之，亦是此理。由是观之，实与而文不与乃兼重理想与现实的结果，亦是将历史判断融入道德判断的褒贬形式。

八、普遍与特殊

历史判断表述各事态的相关关系，笼统地说，涉及一件事件所出现的原因及其所导致的后果，于此被决定的意味较重；道德判断则强调事件的共通性质，故可由对已发生的事件的判断提供对未来相似事件的指引，较重自主性。历史判断讲求特殊性，道德判断讲求普遍性；前者偏重于事，后者强调人。

上一小节论述了《公羊传》实与而文不与的评价形式，所谓实与，并不是单从事件中行为的后果来作评论,而是考虑现实可行的条件后对个别事件作道德判断,并且在作判断时,进一步将此判断可能引起的历史意义与作用纳入考虑范围,故判断本身既是道德判断,也是合乎道德的判断。公羊家深许权变的智慧,但对于行权的动机与方式,十分严格,因而有"杀人以自生,亡人以自存,君子不为也"的告诫。然而,一如上面所论,"自贬损""不害人"等准则皆不足以在具体处境中提出当为与不当为的指引。那么,究竟公羊家有没有一个最高的道德原则,既符合经,又可指示如何作出权变呢? 试看以下一例:

宣公十五年,经曰:"夏,五月,宋人及楚人平。"

传曰:"外平不书,此何以书? 大其平乎己也。何大乎其平乎己? 庄王围宋,军有七日之粮尔,尽此不胜,将去而归尔。于是使司马子反乘堙而窥宋城,宋华元亦乘堙而出见之。司马子反曰:'子之国如何?'华元曰:'惫矣。'曰:'何如?'曰:'易子而食之,析骸而炊之。'司马子反曰:'嘻! 甚矣惫! 虽然,吾闻之也,围者柑马而秣之,使肥者应客。是何子之情也?'华元曰:'吾闻之,君子见人之厄则矜之,小人见人之厄则幸之。吾见子之君子也,是以告情于子也。'司马子反曰:'诺,勉之矣,吾军亦有七日之粮矣,尽此不胜,将去而归尔。'揖而去之,反于庄王。庄王曰:'何如?'司马子反曰:'惫矣。'曰:'何如?'曰:'易子而食之,析骸而炊之。'庄王曰:'嘻,甚矣惫! 虽然,吾今取此,然后而归尔。'司马子反曰:'不可。臣已告之矣,军有七日之粮尔。'庄王怒曰:'使子往视之,子曷为告之!'司马子反曰:'以区区之宋,犹有不欺人之臣,可以楚而无乎? 是以告之也。'庄王曰:'诺,舍而止。虽然,吾犹取此,然后归尔。'司马子反曰:'然则君请处于此,臣请归尔。'庄王曰:'子去我而归,吾孰与处于此? 吾亦从子而归尔。'引师而去之。故君子大其平乎己也。此皆大夫也,其称人何? 贬。曷为贬? 平者在下也。"楚庄王围困宋国,楚国的司马子反与宋国的华元同时在窥探对方军情,在土山上相遇,司马子反得悉宋国军民极度疲惫,因不忍见宋民易子而食,于是便与华元讲和,并胁逼庄王接受。本来两国交战,不应互通国情,更不应以大夫身份私自讲和,但公羊家却深善之,何以故?李新霖谓:"兵法有言:知己知彼,百战百胜。故两军对阵,莫不以隐瞒实力、刺探敌情为第一要务。且《春秋》大义:'卿不得忧诸侯。'(《公羊》襄公三十年《传》)政不在大夫。今司马子反为其君使,而废君命、与敌情。并从宋所请,不复其君,擅与敌平。是内专政而外擅名,显违常道,然而《公羊传》大之,何哉?曰:遵奉君命,固大夫之义,常久之经。然子反往视宋,闻人相食,析骸而炊,乃矜而哀之。身为楚臣而恤宋民,废君命而与之平,非夺君而不忠于楚也,乃因恻隐之心生,惨怛之思萌也。故宁蒙轻君之恶名,而不忍饿一国之民,使之相食。此所谓置个人利害于度外,唯有牺牲之道义精神盘于胸际,故《公羊传》贤其处变而大之也。"[1]可见司马子反的权变,乃基于恻隐之心而发的,完全符合"自贬损""不害人"的原则。

恻隐之心并不属于抽象的道德原则,它是针对特定的处境而萌发的,故可避免抽象的道德原则不能应用于具体情境的困难,此乃反理论者(anti-theorists)之观点,有关讨论详见《道德原则之建构与意义——以生命伦理之方法论为例》(见本书第一章第二节)。它兼且可解决道德冲突的问题。例如在上述"宋人及楚人平"的事件中,司马子反作出行权的决定,乃凌驾当时经所指令的种种制约,但亦没有因而推翻经的规定。当然,对具体情况的全面掌握与感受,如华元与子反的惺惺相惜,亦为议和立下可行的根基。

公羊家虽然推许子反的仁心,但仍以为这种做法不足为常法,故贬

---

① 李新霖(1989),pp.204-205。

称子反及华元为"人"。可见对公羊家来说,重要的问题不是某一特殊
(反常)做法是否需要普遍化,而是深信仁心本身,正可作为能于具体处
境中发用以决定具体行事方针的根据,便已足够。仁心的普遍性不单
在于其"可普遍地应用",更在于其普遍于人心之中。由是观之,仁心可
谓融合普遍性与特定性的道德根据。尤有甚者,仁心究其实乃设经与
行权的共同根据。经与权同为道德原则。经所对应的是常态,权所行
使的处境是异于常态的变态,然而是常是变,道德根源并无二致。常是
变中的共相,常中亦有变异,常与变都是人为的刻意区分,事件本无所
谓常与变也。我们若相信有能力为一般情况制定常规,经是凭依仁心
而制定的,故当其违反仁道时亦可废止。为何不相信此能力亦可于个
别事件中作出应然的判断? 甚至可以设想,没有个别的判断便不可能
定出普遍的原则。伊川谓:"夫临事之际,称轻重而处之,以合于义,是
之谓权。岂拂经之道哉!"(《河南程氏粹言》)合于义即经之道,义无别
于道,义与道俱内在于仁心,因此,行权纵然反背于经,只要其依于经之
道,则自合于义,亦不必反归于经也。

参考书目

王维堤、唐书文(1997),《春秋公羊传译注》,上海:上海古籍出版社。

李新霖(1989),《春秋公羊传要义》,台北:文津出版社。

林义正(2003),《春秋公羊传伦理思维与特质》,台北:台湾大学出版中心。

赖炎元注译(1984),《春秋繁露今注今译》,台北:台湾商务印书馆。

邓红编著(2001),《董仲舒的春秋公羊学》,北京:中国工人出版社。

陈柱(1929),《公羊家哲学(全)》,台北:台湾大通书局。

Hare, R. M. (1981), Moral Thinking: Its Method, Level and Point, Oxford: Oxford University Press.

儒家形上学形态的再思

——境界形上学？实有形上学？

一、引言

牟宗三先生以"道德的形上学"概括儒家的道德哲学以至形上学的基本形态，以"观照的形上学"或"境界的形上学"标示道家哲学，这是众所习知的，当中实有超卓的慧识。牟先生的贡献，不仅为儒道二家定性，分判二者的差异，更为"道德的形上学"与"境界的形上学"的内涵作出明澈的阐释，因此，他的分疏工作，不单让我们更准确地了解儒道二家的性格，更为形上学的讨论开辟了广阔的空间。

本节并非质疑上述的区分，相反，是在牟先生所开创的基础上，作出进一步的思考。

在开始讨论之前，先引述牟先生对两种形上学形态的说明，当有助于下面的讨论。在《中国哲学十九讲》中，牟先生对境界形态形上学作出了如下的阐述：实有形态的形上学就是依实有之路讲形上学(metaphysics in the line of being)。[1] 但是境界形态就很麻烦，英文里边没有相当于"境界"

---

[1] 在《四因说演讲录》中译作"Being-form metaphysics"，见 p.77。

这个字眼的字。或者我们可以勉强界定为实践所达致的主观心境（心灵状态）。这心境是依我们的某方式（例如儒道或佛）下的实践所达致的一种心灵状态。依这心灵状态可以引发一种"观看"或"知见"（vision）。境界形态的形上学就是依观看或知见之路讲形上学（metaphysics in the line of vision）。① 我们依实践而有观看或知见；依这观看或知见，我们对于世界有一个看法或说明。这个看法所看的世界，或这个说明所明的世界，不是平常所说的既成的事实世界（如科学所说的世界），而是依我们的实践所观看的世界。这样所看的世界有升进，而依实践路数之不同亦有异趣……而所谓有升进有异趣的世界则都属于价值层的，属于实践方面之精神价值的；而若在此实践方面的精神价值之最后归趣总是定在自由自在，则有升进有异趣的世界总是一，虽有升进而亦有终极之定，虽有异趣而亦有同归之同，而此世界中的万物即"物之在其自己"之物，此则终极的决定者，也就是绝对的真实者或存在者，而不是那可使之有亦可使之无的现象。依此，普通所谓定者实是不定，而依上说的观看或知见而来的普通视之为主观而不定者，终极地言之，实是最定者，最客观者，绝对的客观者——亦是绝对的主观者——主客观是一者。② 关于道德的形上学，牟先生在《心体与性体》中论述宋明儒之课题时析论甚详，兹引其中一段如下：宋明儒之将论孟中庸易传通而一之，其主要目的是在豁醒先秦儒家之"成德之教"，是要说明吾人之自觉的道德实践所以可能之超越的根据。此超越根据直接地是吾人之性体，同时即通"于穆不已"之实体而为一，由之以开道德行为之纯亦不已，以洞彻宇宙生化之不息。性体无外，宇宙秩序即道德秩序，道德秩

---

① 在《四因说演讲录》中译作"Vision-form metaphysics"，见 p.80。
② 《中国哲学十九讲》，pp.130 - 131。

序即宇宙秩序。① 在"'道德的形上学'之完成一节",更有以下的解说：儒家唯因通过道德性的性体心体之本体宇宙论的意义，把这性体心体转而为寂感真几之"生化之理"，而寂感真几这生化之理又通过道德性的性体心体之支持而贞定住其道德性的真正创造之意义，它始打通了道德界与自然界之隔绝。这是儒家"道德的形上学"之彻底完成。② 本节不拟讨论关于道家是境界的形上学的诠释，关于道家哲学是境界形上学的诠释，历来甚有争议③，只是借用境界形上学的观念，来审视儒家的道德形上学在哪一意义或方面可视为境界形上学，又在哪一方面应视为实有形上学。

二、儒家也是境界形上学？

牟先生在《中国哲学十九讲》中谓：道家式的形而上学存有论是实践的，实践取广义。平常由道德上讲，那是实践的本义或狭义。儒释道三教都从修养上讲，就是广义的实践的。儒家的实践是道德（moral），佛教的实践是解脱，道家很难找一个恰当的名词，大概也是解脱一类的，如洒脱自在无待逍遥这些形容词，笼统地就说实践的。这种形而上学因为从主观讲，不从存在上讲，所以我给它个名词叫"境界形态的形而上学"；客观地从存在讲就叫"实有形态的形而上学"，这是大分类。中国的形而上学——道家、佛教、儒家——都有境界形态的形而上学的意味。④ 牟先生承认，儒家也具有境界形态的形而上学的意味；儒家的境界形态的

---

① 《心体与性体》第一册，pp.37。
② 同上，pp.180-181。
③ 详见袁保新（1991），刘笑敢（1997）。
④ 《中国哲学十九讲》，p.103。

形上学意味，可从两方面说，一是从用上说，二是从实践上说。

（一）从用方面说

道家以"冲虚玄德"而发挥其妙用，如此物自然而生，自然而济，自然而长足。牟先生对王弼注《道德经》第四章有如下申论：道以何方式而为万物之宗主？道非实物，以冲虚为性。其为万物之宗主，非以"实物"之方式而为宗主，亦非以"有意主之"之方式而为宗主，乃即以"冲虚无物，不主之主"之方式，而为万物之宗主。冲虚者，无适无莫，无为无造，自然之妙用也。虚妙于一切形物之先，而不自知其为主也。此即为"不主之主"。故《老子微旨例略》云："夫物之所以生，功之所以成，必生乎无形，由乎无名。无形无名者，万物之宗也。"其注第十章"生而不有，为而不恃，长而不宰，是谓玄德"云："不塞其源，则物自生，何功之有？不禁其性，则物自济，何为之恃？物自长足，不吾宰成。有德无主，非玄而何？凡言玄德，皆有德而不知其主，出乎幽冥。"有"不塞其源，不禁其性，不吾宰成"之冲虚玄德，则物自然而生，自然而济，自然而长足。此即冲虚玄德之妙用也。[1] 道之玄德以"不主之主"而为万物之宗主，道固然先于天地而存在，但此存在唯有通过其冲虚无迹之妙用，以致天地自成其覆载之功，才得以显明，舍此无所谓道也。于形物而无所主，无所适，则冲虚朗现，而天地自成其覆载之功。此亦即冲虚玄德之先于天地也。此境界形态之先在性乃消化一切存有形态之先在性，只是一片冲虚无迹之妙用。此固是形上之实体，然是境界形态之形上的实体。此固是形上的先在，然是境界形态之形上的先在。此是中国重主体之形上心灵之最殊特处也。[2] 万物各在其位，各适其性，各遂其生，各正

---

[1]《才性与玄理》，p.140。
[2] 同上，p.143。

其正，便是万物的真正存在，此是玄德之道的妙用，在庄子，物与道（造物者）皆消融于玄冥中。牟先生于"罔两问景"一节之注有如下按语："故明众形之自物，而后始可与言造物耳。"此即将超越之造物翻上来而消掉矣。消掉者，消融于玄冥之中，而即就自尔独化以言造物也。故云"造物者无主，而物各自造"。此无主、自造、自尔、独化之境，即主体境界形态下之道、无、自然、与一也。① 主体境界形态下之道与物，都不是外在客观的存在，而仅仅呈现于主观虚一而静的心境中，用牟先生的话说，乃"收于主体上而一起浑化之"②。庄子所向往的逍遥齐物等均已包含在老子的基本教义里，庄子再把它发扬出来而已。当主观虚一而静的心境朗现出来，则大地平寂，万物各在其位、各适其性、各遂其生、各正其正的境界，就是逍遥、齐物的境界。万物之此种存在用康德的话来说就是"存在之在其自己"，所谓的逍遥、自得、无待，就是在其自己。只有如此，万物才能保住自己，才是真正的存在；这只有在无限心（道心）的观照之下才能呈现。③ 因此，不生之生是道的冲虚妙用，而万物在此妙用中得成物之为物，冲虚玄德之道与各得其自生自济之物皆是主体观照的境界，此乃从用方面说之境界形上学。

儒家所谈本体的用，也是妙用，如在《系辞》中所言："范围天地之化而不过，曲成万物而不遗，通乎昼夜之道而知，故神无方而易无体。"（《系辞·上传》第四章）"神无方"的神就是指无限的妙用，牟先生指出，根据儒家观念，这个世界之"然"的超越根据，可借《易传》中"神"的观念来解释。儒家从《诗经》下来，讲"维天之命，于穆不已"。《中庸》讲"诚"，然后《易传》讲"神"。《易传》讲神从哪里讲呢？"神也者，妙万物

---

① 《才性与玄理》，p.204。
② 同上，p.205。
③ 《中国哲学十九讲》，p.122。

而为言者也。"(《周易·说卦传》)"易,无思也,无为也,寂然不动,感而遂通天下之故。非天下之至神,其孰能与于此?"(《周易·系辞·上传》)《易传》言"神"是从寂感这个地方显,神才有寂感。①

中国人了解的神就是这个意思。这个神的意思从无限的妙用理解。"妙万物"就是它在万物后面运用。这个运就是阴阳变化,就是阴阳不测,阴阳不测是气,不测就是无穷无尽,永远可以生生下去。这句话就显出神的本质的意义……所以,这个妙用就是无限的用……这个神的意义在道家更显明,这个神的意义,道家通过无来表示。所以《道德经》说:"无名天地之始,有名万物之母。"儒家是从正面讲,通过阴阳不测来了解,道家通过无来了解,更玄。但它都是无限妙用……儒家的道德形上学,儒家的玄理,玄在什么地方,这个要好好讲。② 儒家的玄理展现于什么地方? 就是在"即寂即感"的说法上:寂非死寂,感亦非动而无归,寂同时也是觉。"寂然不动,感而遂通天下之故"。这个就卜筮讲,把这个观念用在我们的本心上来,譬如说用在王阳明所讲的"良知",用在孟子所讲的四端之心,这个寂然不动的"寂"就指良知明觉讲。寂然就等于良知本心的明觉,"寂然不动"就用在良知本心的虚灵明觉。"感而遂通",这个良知不是挂在那里,不是抽象的,它在现实生活里面,它随时是寂然,随时在感应之中。所以,在"感而遂通"这个地方讲就是良知明觉的感应。这个良知明觉的感应跟良知本心的虚灵明觉是一个东西,那就是说它即寂即感。③

"寂然不动,感而遂通"。这个地方说起来虽然是分寂分感,但实际上寂就是感,感就是寂。它那个感就是"不疾而速,不行而至"!"不疾

---

① 《周易哲学演讲录》,p.113。
② 同上,pp.90 - 91。
③ 同上,p.141。

而速,不行而至"的这个感好像是动,实际上是静,就是寂然不动。即寂即感,不是分成两面的。① "寂然不动,感而遂通"的神就是妙万物的神,神以其感通而妙运万物,使万物变化,生生不息。妙是个运用,它是个主动,万物是个被动。万物要后面有个神在运用才能够变化,生生不息,有千变万化,无穷的复杂。② 不疾而速,不行而至,动而无动,寂而非寂,都不是对现实世界的客观描述,而是呈现于主体的境界中,牟先生说:"'变而通之以尽利,鼓之舞之以尽神。'总起来表示一个意境。"③同理,神之妙用无方也是一种境界。

就物言,动是动,静是静;就神言,则动而无动,静而无静。但神不是隔离(超绝)的神,却须在具体之感应中显,此即牟先生就向、郭之注庄所显发之迹冥圆融义。④ 然迹冥圆融之真人境界亦即"大而化之"之圣的境界。《庄子·大宗师》云:"其一也一,其不一也一。其一也,与天为徒;其不一也,与人为徒。天与人不相胜也,是之谓真人。"此真人之境界亦可说"大而化之"之圣的境界。⑤ 体用不二之圆融境界乃儒家最高之圣境,非道家可得而专。能不滞执于相,故亦能妙此相而使相亦不死。能使相亦不死,故能妙之而使其动了又静静了又动而生化不穷也。若是泯相归己,则虽相而无相;此时一切即一,全体是神,全用是体。若是物各付物而不滞执,则一即一切;此时无相而亦相,全体是迹,全体是用。此种圆融之境即"大而化之"之圣境,宋明儒中唯明道最能默识而雅言之。尧之不为许由,即全体是迹,而亦全体是神也。孔子之与人为徒,亦全体是迹,而亦全体是神也。郭注已盛发之矣。

---

① 《周易哲学演讲录》,p.200。
② 同上,p.130。
③ 同上,p.154。
④ 详见《才性与玄理》第六章第四节。
⑤ 《心体与性体》第一册,p.361。

彼虽用道家词语以明之，然此种圆融之思理固是儒道之所共，非是道家所可得而专也。① 因此，从用边言，可将儒家的形上学理解成境界形上学。

（二）从实践方面言

在本节第二小节开始的引文中，牟先生已明白指出，儒释道三教都是实践的形上学，因而皆是境界形态的形而上学。三教的差异乃在于其实践的形态：儒家是道德的，佛教是解脱的，道家是（姑名之为）无待逍遥的。

道家的冲虚境界，必靠主体之修证而得以呈现，此乃"境界形上学"之本义。此冲虚玄德之为宗主实非"存有型"，而乃"境界型"者。盖必本于主观修证（致虚守静之修证），所证之冲虚之境界，即由此冲虚境界，而起冲虚之观照。此为主观修证所证之冲虚之无外之客观地或绝对地广被。此冲虚玄德之"内容的意义"完全由主观修证而证实。非是客观地对于一实体之理论的观想。故其无外之客观的广被，绝对的广被，乃即以此所亲切证实之冲虚而虚灵一切，明通一切，即如此说为万物之宗主。此为境界形态之宗主，境界形态之体，非存有形态之宗主，存有形态之体也。以自己主体之虚明而虚明一切。一虚明，一切虚明。而主体虚明之圆证中，实亦无主亦无客，而为一玄冥之绝对。然却必以主体亲证为主座而至朗然玄冥之绝对。② 根据牟先生对向、郭注庄中有关逍遥义的三层说的分析，形式上说，逍遥显于破除依恃的限制中，但就万物言，因不能作虚一而静的修养功夫，故不能得真正之逍遥，只有圣人能以虚静之心达此逍遥之境。故此境界实乃一修养境界。"惟

---

① 《心体与性体》第一册，p.362。
② 《才性与玄理》，p.141。

圣人与物冥而循大变,为能无待而常通"。此即明标"惟圣人"始能超越
或破除此限制网,而至真正之逍遥。然则真正之逍遥绝不是限制网中
现实存在上的事,而是修养境界上的事。此属于精神生活之领域,不属
于现实物质生活之领域。此为逍遥之真实定义,能体现形式定义之逍
遥而具体化之者。此圣人修养境界上之真实逍遥,即支遁所明标之"逍
遥者,明至人之心也"(道家作"致虚极、守静笃"的功夫,自然是"心"上
的事)。然人能自觉地作虚一而静之功夫,以至圣人或至人之境界,而
大鹏尺,乃至草木瓦石,则不能作此修养之功夫。故"放于自得之场,逍
遥一也",此一普遍陈述,若就万物言,则实是一观照之境界……就万物
之自身言,此是一艺术境界,并非一修养境界。凡艺术境界皆属于主体
之观照。随主体之超升而超升,随主体之逍遥而逍遥。所谓"一逍遥一
切逍遥",并不能脱离此"主体中心"也。① 除了观照下之艺术境界言之
逍遥外,亦可借圣人之功化使众生同达逍遥之境。而道家之功化则为
道化之治。道化之治重视消极意义之"去碍"。无己、无功、无名。"我
无为而民自治。""生而不有,为而不恃,长而不宰。"……在去碍之下,浑
忘一切大小、长短、是非、善恶、美丑之对待,而各回归其自己。性分具
足,不相凌驾。各是一绝对之独体。如是,"则虽大鹏无以自贵于小鸟,
小鸟无羡于天池,而荣愿有馀矣。故小大虽殊,逍遥一也"(郭象逍遥游
注语)。芸芸众生,虽不能自觉地作功夫,然以至人之去碍,而使之各适
其性,天机自张,则亦即"使不失其所待",而同登逍遥之域矣。此即所
谓"不失,则同于大通矣"。"同于大通"者,无论圣人之无待与芸芸者之
有待,皆浑化于道术之中也。此即谓圣人之功化。功化与观照一也。
在"去碍"之下,功化即观照,观照即功化。观照开艺术境界,功化显浑

---

① 《才性与玄理》,p.182。

化之道术。① 无论是艺术境界还是浑化之道术,都须靠主体的自觉修养才能开显。因此境界不离实践,亦唯通过实践,始获得其意义,因为"境界"并非"客观地对于一实体之理论的观想"。②

在儒家学说中,心性之学亦即内圣之学,亦曰成德之教,其目标是通过道德实践使个人生命由有限通于无限。有限而可无限,此依道德实践才可能;依道德实践,即有限即无限,此乃一主观的境界。此"内圣之学"亦曰"成德之教"。"成德"之最高目标是圣、是仁者、是大人,而其真实意义则在于个人有限之生命中取得一无限而圆满之意义。……在儒家,道德不是停在有限的范围内,不是如西方者然以道德与宗教为对立之两阶段。道德即通无限。道德行为有限,而道德行为所依据之实体以成其为道德行为者则无限。人而随时随处体现此实体以成其道德行为之"纯亦不已",则其个人生命虽有限,其道德行为亦有限,然而有限即无限,此即其宗教境界。③ 儒家亦有如道家的观照境界。孟子曰:"万物皆备于我矣,反身而诚,乐莫大焉。""万物皆备于我",可从"本体论地圆顿言之",在圆照之下,万物皆圆具天理,而表现为物质结构之性,此种观照亦成就一艺术的境界。牟先生说:但在物处,虽本体论地圆顿言之,艺术性的圆照言之,亦皆完具此理,亦皆可以是"万物皆备于我",然彼因气昏,推不得,实不能起道德之创造。故分解地、实践地言之,彼实不能彰显地"完具此理",亦实不能彰显地"万物皆备于我"④圆顿言之,"万物皆备于我";然而分解地言之,物因不能起道德之创造,故实不能彰显此境界。在人而言,本心唯有通过道德实践,才能赋予此

---

① 《才性与玄理》,pp.183-184。
② 《心体与性体》第一册,p.361。
③ 同上,p.6。
④ 《心体与性体》第二册,p.64。

境界一真实意义(即道德的意义)。孟子提出尽心知性知天,展示借由道德实践所通往存有之路;存有之无限性即显现于充其极之无限本心中。在孔子,存有问题在践履中默契,或孤悬在那里,而在孟子,则将存有问题之性即提升至超越面而由道德的本心以言之,是即将存有问题摄于实践问题解决之,亦即等于摄"存有"于"活动"(摄实体性的存有于本心之活动)。如是,则本心即性,心与性为一也。至此,性之问题始全部明朗,而自此以后,遂无隔绝之存有问题,而中国亦永无或永不会走上西方柏拉图传统之外在的、知解的形上学中之存有论,此孟子创辟心灵之所以为不可及也。而实则是孔子之仁有以启之也。仁之全部意蕴皆收于道德之本心中,而本心即性,故孔子所指点之所谓"专言"之仁,即作为一切德之源之仁,亦即吾人性体之实也。此唯是摄性于仁、摄仁于心、摄存有于活动而自道德实践以言之。[①] "尽心知性"便是将心性的道德创造性发用以至于极致。孟子曰:"霸者之民虞如也。王者之民皞皞如也,杀之而不怨,利之而不庸,民日迁善而不知为之者。夫君子所过者化,所存者神,上下与天地同流,岂曰小补之哉!"(《孟子·尽心下》)牟先生于此案曰:所过者所以能化,所存者所以能神,即因其心性之道德创造性之纯亦不已也。以"王者之民皞皞如也"为例作具体的征验。皞皞纯洁自得之貌,与"皡皡"同。……此盖是王者之德化也。何以而能有此德化耶?盖君子以其德行之纯亦不已,故能所过者化,所存者神,上下与天地同流,与天地无心而成化同一极致……这种具体的征验即示程明道所云:"只此便是天地之化,不可离此个别有天地之化"为不虚妄。[②] 牟先生进一步指出,非独孟子有此义理,程明道能透辟说出,即朱子亦有相类的体证。其实亦不只孟子义理原有此含义,程明道

① 《心体与性体》第一册,p.26。
② 《圆善论》,p.138。

能透辟说出之，即朱子注亦云："君子，圣人之通称也。所过者化，身所经历之处，即人无不化，如舜之耕于历山，而田者让畔，陶于河滨，而器不苦窳也。所存者神，心所存主处，便神妙不测，如孔子之'立之斯立，导之斯行，绥之斯来，动之斯和'，莫知其所以然而然也。是其德业之盛乃与天地之化同运并行，举一世而甄陶之，非如霸者但小小补塞其罅漏而已。"如朱子所引，孔子即有此境界，舜之事例亦表示此境界。孟子所说即本此已有之境界而言也，吾人如想了解何以有此境界，则孟子之义理规路不可不知也。此并非无端而降之神秘。心性道德创造之极致本应如此。① 过化存神，与天地同流，是本心道德创造所实现之最高境界，亦即主体实践道德的主观境界。儒家形上学之为境界形上学，可从道德实践所达致的境界来说明。

三、儒家不是境界形上学？

牟先生在《中国哲学十九讲》中承认儒家也有境界形态的形而上学意味那段说话之后，随即指出：儒家的形上学不只是境界，它也有实有意义。但儒家不只是个境界，它也有实有的意义；道家就只是境界形态，这就规定了它系统性格的不同。② 在《四因说演讲录》中，也有相类的肯断：儒家从实践理性进入，所以讲心性，讲功夫，这样，也有境界，也有实有。道家纯粹是境界形态，没有实有意义。③ 儒家的形上学不是思辨的形上学。但它又不光是境界，也肯定实有。儒家的实有可从下面数方面来说。

---

① 《圆善论》，pp.138－139。
② 《心体与性体》第一册，pp.180－181。
③ 《四因说演讲录》，p.79。此义亦见于《心体与性体》第一册，p.464。

（一）从心性之体说

上节已讨论从实践所建立之境界，然"所"必预设一"能"，而在儒家，道德实践所以可能之先验根据乃在心性上，此义至孟子"心即性"之观念而显明，故牟先生说至孟子人之主体性始得以挺立而朗现。在孔子，仁与性未能打并为一，至此则打并为一矣。在孔子，存有问题在践履中默契，或孤悬在那里，而在孟子，则将存有问题之性即提升至超越面而由道德的本心以言之，是即将存有问题摄于实践问题解决之，亦即等于摄"存有"于"活动"（摄实体性的存有于本心之活动）。如是，则本心即性，心与性为一也。……仁之全部意蕴皆收于道德之本心中，而本心即性，故孔子所指点之所谓"专言"之仁，即作为一切德之源之仁，亦即吾人性体之实也。此唯是摄性于仁、摄仁于心、摄存有于活动，而自道德实践以言之。至此，人之"真正主体性"始正式挺立而朗现。[①] 心性既是道德可能的先验根据，故可曰"心体"与"性体"，因为"体的解释就是说明道德的先验性"。儒家的道德的形上学，便是对道德之体作出解释。道德之形而上学的解释就是道德之体的解释，体的解释就是说明道德的先验性。因此，只是对先验的东西才可以作形而上学的解释，经验的东西不能作形上学的解释，因为它明明从经验而来，不是先天而有。先验的本有的东西，就是孟子所说"仁义礼智，非由外铄我也，我固有之也"（告子章句上）的四端之心。这个四端之心可以对它作形而上的解释，作形而上解释就是说明它的本性是先验的，不是从外面来的，从外面来就是经验的。[②] 道德的形上学之解释说明的是道德的先验性，更说明成圣之可能性，而在儒家此可能必须扣紧道德的实体，才得以保证。

---

① 《心体与性体》第一册，p.26。
② 《四因说演讲录》，p.54。

牟先生认为,道德之心不只是用,必须同时是道德实体,此用才能通于无限,而成为无限的妙用。牟先生在讨论周濂溪《通书》第九章"无思,本也。思通,用也。几动于此,诚动于彼。无思而无不通为圣人"一节时指出,只言之通化而忽略心之作为实体性的存在,使得"几动于此,诚得于彼"的圆用不能挺立起。故思之用必须与诚之体合而为一,即用即体,即功夫即本体,才能达致圆用之境。"几动于此,诚动于彼",在诚动处,即诚思之合一。然此只是当然如此说,而若心只是思用,则不必真能至此。此犹是两者之偶然地凑泊,而不是必然地即为一事者。吾之提出此义,旨在表示就体现诚体之功夫而注意及心而言,此时之心即不能只注意其思用,必须进一步更内在地注意其道德的实体性之体义,此即"其圆用能本质地挺立起"之关键,亦是"其圆用即是此诚体寂感神用"之关键。此道德的实体性之体义的心就是孟子由之以说性善的心,即所谓本心,其所以为体之内容即所谓恻隐、羞恶、辞让、是非等等者。由此开功夫更是真切于挺拔之道德践履者,更是切近于先秦儒家所表示的道德的创造之阳刚之美者。而不是只从思用以言也。而濂溪所妙契之思用之"无思而无不通"之睿境亦正在此而充实起而挺立起,因而亦有其必然性。[1] 以仁心为仁体、心性亦曰"心体"与"性体",皆就其起道德创造之妙用而言,故其为体,虽是先验的,然却非超绝的。心体以道德创造为用,而所谓道德创造,一方面固就其使现实存在的人成为价值的存在与真实的存在而言,另一方面则就其使有限转成无限而言,即此二义而言创造。现实的人是一个已有的存在,而此已有的存在之所当有而现实上尚未有的一切行事既可由此心性而显发(创造)出来,则此心性即可转而润泽此已有的存在而使之成为价值性的存在,真实的

---

[1]《心体与性体》第一册,p.343。

存在,而且可使之继续存在而至于生生不息。此"转回来润泽已有的存在"之能返润者与那在此已有的存在身上向前起创造而能显发应有之德行者是同一本体。由其返润而扩大之(因其本有无限性)而言其广生、大生之妙用,即创生天地万物之广生、大生之妙用,这是实践地体证地说,同时亦是客观而绝对地无执的存有论地说,即对于天地万物予以价值意义的说明,即无执的存有论的说明,因此,凡由其所创生者亦皆是一价值的存在,真实的存在,此是基于德行之纯亦不已而来的诚信,实践上的一个必然的肯断。此亦即《中庸》所谓"诚者物之终始,不诚无物",亦即王阳明所谓"有心俱是实,无心俱是幻"①。在此可见道德创造与创生的关联在于,道德创造乃创生了价值世界中的事事物物,也就是说,价值世界乃由道德心的创造性所塑造(或挺立)。所谓创生价值世界中事事物物无他,不过是对天地万物予以价值意义的说明,再确切点说,就是在道德心"为道德立法"的意义下对天地万物如何能各尽其性分而彰显其价值的说明。而此说明非外在的、知性的、分解的说明,而是实践地使其实现。"诚者物之终始,不诚无物"亦是指诚之发用可创生价值世界之事物,故诚是体,牟先生喜谓之诚体,而诚体亦即心体、性体、仁体也。此"纯亦不已"之心即仁心。以此为体,即曰仁体。故天命之不已亦即仁体之不容已也。天命、天道、太极、太虚、诚体、神体、中体、性体、心体、仁体,乃至敬体、义体,其义一也。② 将创生之实体规定为仁体,乃欲凸显其生生不息的性格,唯有当道德本心(仁)纯亦不已时,其道德之创生才能无间(明道谓:"纯则无间断。")。同上。然仁是生德,明道即由此生德之仁提起来而言其绝对义,故仁体就是天道诚体之具体之说,即道德创生之诚体。仁有二特性,一曰觉,二曰健。综

---

① 《圆善论》,pp.140-141。
② 《心体与性体》第二册,p.115。

此二特性而识仁体,则仁以感通为性,以润物为用,故仁就是道德的创造性之自己也,故曰仁体。此则仁由其相对的(偏属的)德目义解放而为形上的实体义(虽亦是道德的)。① 儒家既然以仁体等为形上实体,且肯定此实体是一切价值之先验根据,以之说明道德界之存在及现象,在此意义下它是实有的形上学;对比于道家,后者则可以无须肯定此等形上实体,而达圆用之境。②

(二)从实事实理说

儒家既肯定心性作为道德本体,则由心体发用而呈现之理当是实理,所谓实理,是就其具有普遍性、客观性与必然性而言。此乃为超越而普遍之人性所蕴含。由道德本心发用而得之理不是由气性或感知所决定者,故不是随经验而为偶然者。此等义理早由孟子本心即性、心同理同等观念所著明。儒家自孔孟立教,讲本体(道德哲学中之基本原则)必含着讲功夫,即在功夫中印证本体;讲功夫必预设本体,即在本体中领导功夫。依前者,本体不空讲,不是一套悬空的理论,而是实理,因此,即本体便是功夫。依后者,功夫不飘浮而无根,而有本体以领之,见诸行事,所有行事都是实事,因此,即功夫便是本体。功夫与本体扣得很紧,永远存在地融一以前进。③ 有本体以实之理是实理,见于行事,便是实事。反过来说,本体亦须借着道德践履而使本体得以具体而真实,免沦为悬挂而虚浮之体,此乃即功夫便是本体之义。牟先生在论罗近溪时,指出使体不流于光景,须以实事使其具体化。吾人在分解立纲维中,是反显以立体。但即此在分解之反显中,体亦被置

---

① 《心体与性体》第一册,p.346。
② 参看《心体与性体》第一册,p.343。
③ 《圆善论》,p.153。

定在抽象的状态中,此一步置定是抽象地显示体之自己,是使体归于其自己,即使体在其自己,是显体之为纯普遍性之自己。此步固是必要,但若只停于此,则是抽象的体,而非具体而真实的体。……吾人之意识停滞于体之抽象状态中是"执念",剋就此执念言,亦曰光景。停滞于此而不出,即入于"鬼窟",言入于幽而不反也。是以在道德践履之体现"体"而使之成为具体而真实的体,使之成为天明天常的体,以成道德之实事,成具体的道德行为之"纯亦不已"中,拆穿此光景而消化之,把那投置于抽象状态中的体,悬挂的体,拖下来而使之归于具体而真实的体。①

事有变化流行,气有变化流行,而体无变化流行,言流行者托事以现耳,与事俱往而曲成之耳,亦是遍在之意也。抬头举目是事,启口容声是事,捧茶童子之捧茶亦是事。事之所在,体即与之而俱在以曲成之。乃至视听言动俱是如此。故曰当下就是或眼前就是也。"就是"者即体之呈现也。事因体而曲成,则事有理而为实事,事非幻妄。体在事上着见,则体具体而真实,体非空挂。此所谓浑沦顺适,一体而化也。② 在儒家,体是实体、理是实理、事是实事,即活动即存有、即存有即活动,故儒家的形上学是实有形态的形上学。

四、儒家是实有形态的形上学?

儒家肯定的实体,不单指内在于人的道德实体,还有作为宇宙生化原则的天、天道、天命。此实体是一切然的所以然,不仅仅说明万物的存在,也说明了人之作为道德主体的存在,是性体、心体的总根源。此

① 《心体与性体》第二册,p.124。
② 同上,pp.126 - 127。

体牟先生称之为"于穆不已"之真体。"天命于穆不已"之真体是理、是神,亦是心。故凡言本心、言知体、言仁体者,皆义同于此"于穆不已"之真体也。此皆是能起道德创生的实体,本体宇宙论的,即存有即活动的实体。理是从此实体说,性亦从此实体说,心即理、心即性,亦从此实体说。此是一立体创造的直贯之实体。① 此立体创造的直贯之实体,即《易传》所言的"神",亦即本节第二小节所言之寂感。在第二小节中专就神之妙用而言,其实神不只是用,它也是体。"神也者,妙万物而为言者也。"这个妙是个动词……这个神是就着它在万物后面而能妙万物。妙当动词用。这样一来,这个神就显出超越的意义,这个本体的意义就在这个地方,这个神有本体的意义。② 神能妙运万物、曲成万物,因为它就是创造性自己。此道即生化之道,道德的创生之道也。此创生之道,就天地而言之,由阴阳变化之不测、不息而见。就人而言之,由仁义之精熟与配合而见。张横渠《正蒙·神化篇》云:"义以反经为本,经正则精。仁以敦化为深,化行则显。义入神,动一静也。仁敦化,静一动也。仁敦化,则无体。义入神,则无方。"此即义精仁熟而见道德的创生实体之沛然不御也。天地之道之为物不贰生物不测亦不过即此实体之沛然也。至乎此,则真至"顺性命之理"矣。盖由阴阳不测与义精仁熟所见之道德创生之实体即吾人之性也。③ 在天为阴阳,在人为仁义,是同一实体,对存在而言,是健行不息地创生万物的生化原则,对人而言,则命给人为其性,为其道德创造之真几。如果"天"不是人格神的天,而是"于穆不已"的"实体"义之天,而其所命给吾人而定然如此之性又是以理言的性体之性,即超越面的性,而不是气性之性,则此"性体"之实

---

① 《心体与性体》第二册,p.131。
② 《周易哲学演讲录》,p.130。
③ 《心体与性体》第二册,p.96;另在页191亦有此意。

义(内容的意义)必是一道德创生之"实体",而此说到最后必与"天命不已"之实体(使宇宙生化可能之实体)为同一,绝不会"天命实体"为一层,"性体"又为一层。[①] 此体既与天命实体为一,则道德秩序即为宇宙秩序,宇宙秩序即为道德秩序。此乃儒家道德的形上学的内容。对于此天命的体证,可有下面数个进路:

(1)从"天之所与我者"去体证,即从性体的根源处体证。

(2)从"性体无外,心体无外"去体证,在道德实践中,仁心觉润而起道德之创造,在此创造中,反证本心即有限而通无限,使万物成为有意义有价值的存在,从而彻悟天之创生万物亦是如此。本心真性是就人说,这是因为唯有人始能凸显此道德创造之心性。既显出已,此道德创造之心性便不为人所限,因为它不是人之特殊构造之性,依生之谓性之原则而说者,它有实践地说的无外性,因而即有无限的普遍性,如此,吾人遂可客观而绝对地说其为"创造性自己",而此创造性自己,依传统之方便,便被说为"天命不已",或简称之曰"天"。此则便不只限于由人所显的道德创造、所显的德行之纯亦不已、所显的一切道德的行事而已,而且是可以创生天地万物者。其可以创生天地万物之创生乃即由其于人处所特显的道德创造、德行之纯亦不已而透映出来,而于人处所特显的道德创造乃即其精英也。[②] 从心之道德创造性体证天之创生性,从心外无物、心性之无边功化体证天地之化。为什么存心养性是事天的唯一道路呢?盖因存心养性始能显出心性之道德创造性,而此即体证天之所以为天:天之创生过程亦是一道德秩序也。此即宇宙秩序即道德秩序、道德秩序即宇宙秩序也。天之所以值得尊奉即因它是心性之道德创造性所体证之天命不已之道德秩序也。最后,心性之道德

① 《心体与性体》第一册,p.30。
② 《圆善论》,p.140。

创造性即天道之创造性。故程明道云"只心便是天",又云:"只此便是天地之化,不可离此个别有天地之化。'只此'之此字即指心性之道德创造性之显为'德行之纯亦不已'言。心外无物,性外无物,心性之创造说到其最具体之无边功化即天地之化。"①

(3) 从心之道德创造中涌发出定然的理则与普遍之律则,从而照见此理既是道德之律则,同时也是实现与生化之理。寂感一如不只是神用,且即在其寂感神用之创生中涌发出定然之理则,此就是理。圆而神中即含着方以智。圆神是用、方智是理,此谓圆方一如,心理一如,心就是理。此理是理则之理,所谓普遍的律则也。此是诚体的内容之一。……"此心神理是一"之诚体对生化之事言亦为理——此理是其动态的超越的所以然,即实现之理。② 以上的进路都是互为补足,才能成全儒家道德的本体宇宙论。从性体之根源说的天道的内容,必须以道德实践中心体的创造性与创生性予以充实,如此才能打通道德界与自然界。这样,"是什么",或"发生什么",或"应当发生什么"的那"超越的必然性"全部透彻朗现,而不是一个隔绝的预定、无法为我们的理性所了解者。这样,实然自然者通过"定然而不可移",便与那超越的动态的"所以然而不容已"直下贯通于一起而不容割裂。儒家唯因通过道德性的性体心体之本体宇宙论的意义,把这性体心体转而为寂感真几之"生化之理",而寂感真几这生化之理又通过道德性的性体心体之支持而贞定住其道德性的真正创造之意义,它始打通了道德界与自然界之隔绝。这是儒家"道德的形上学"之彻底完成。③

---

① 《圆善论》,p.137。
② 《心体与性体》第一册,pp.350-351。
③ 同上,pp.180-181。

五、境界还是实有？

讨论至此，我们可以重新对儒家的境界与实有，作出较确切的检视。

依牟先生对"境界"意蕴的说明，"境界"非泛指由人的主观心境所投射出的意境，如文学境界或音乐境界等。因此等境界乃感触知觉所营造的，并非自觉的及反省的。若以牟先生的说法，境界是实践所达致的主观心境，实践有深刻有浮泛，自觉性有强有弱，由是所达致的心境亦有高下之别，依不同的实践所开显的形上学亦因此有不同的形态。

儒家借着道德实践开启了价值意义的世界，在此世界中，道、天、地、人、物皆生趣盎然，各自以"物之在其自己"存在，若由是观照，就是一个无限的、自足的境界，道家"一逍遥一切逍遥"的境趣，在儒家，则表现为"（本心）一（明）觉一切觉（润）"。同是境界，只是内容不同，实践的进路不同而已。

牟先生特别强调，儒家除了境界之外，还肯定实有，因此是实有形态的形上学。但依上面的解析，心体与性体不是客观外在的实物，其存在只是超越的存在，仅借由上述的体证而挺立，其具有的客观意义不是现象界存在的客观意义，其体现或可称为主客合一。更重要的是，其为实有意义的存在，不是思辨而得，而是从实践所证，故不同于西方的客观形态的形上学。至于实事实理，亦不是客观孤立的事与理，而必须通过主体的道德实践才得以彰显，故皆收摄于功夫中。

我们可以借道德心发用而起的道德创造而体证天道的生化，天道的内容即道德的内容，舍道德的生化之理，我们对天道别无所知。离开道德意义的"生"只能置于观照之下而成一艺术境界加以体会，如"万物皆有春意"者是。牟先生在对天命不能内在于物而为其性的解说中指出，物因不能推，故天命只能超越地为其体；若说物具有天命之体而为其性，则此"性"字只有本体宇宙论的意义。同样，对天命超越地作为物之体的体证，只是一本体宇宙论的体证，与由"万物皆有春意"而悟天命无所不在一样，都是观照式的体证。程明道谓其"具有"是体用圆融之说，亦是带点观照的意味，亦是由"万物皆有春意"而见。但由"春意"而见，只见天命流行之体（生德）之无所不在，"万物之生意最可观"亦是由此可悟生德之无所不在。生德之体之无所不在，乃至体用之圆融，与个体是否能具有此体以为性，与性体之名与实之所以立，似乎尚有一点距离。若只形上地或形式地谓此无所不在之体即其所在处之性，则此性字即只有本体宇宙论的意义，并无道德实践上的意义，亦即并不能道德实践地以为其所在处之性，此即性之名与实之不能真实地被建立。只可说此无所不在之体是呈现地为其体（因皆是天道之所生化故，皆是天命流行之所流命故），而潜能地、潜存地为其性。① 道家在虚一而静的心之观照下，照见冲虚玄德之道以其不生之生而造物，而实无造物者，此即牟先生所谓"将超越之造物翻上来而消融于玄冥中"，此是道家的境界。儒家通过道德践履而体证道德创造的妙用及过化存神的境界，并由此体悟超越之本体，故其形上学确有对于实有的肯定。有此肯定而使境界不沦为光景，亦使万物万事不成为幻妄。盖儒者之言太虚神体，之言天道性命，目的乃在明：宇宙之生化即道德之创造。故言虚言神，不能离气化。气化是实事，不可以幻妄论。实理主实事，乃立体直贯地成其道德之创造，非只主观的偏枯之境界。② 儒家即有限而无限的境界，使万物不拘限于现实的存在，凸显出人成为价值的与真实的存

---

① 《心体与性体》第二册，p.158。
② 《心体与性体》第一册，p.473。

在、世界转成为真实世界的图像，从而使其实有的形上学不是"客观地对于一实体理论的观想"①。境界依修养功夫而呈现，故必含主体的自觉升进的努力。

反复论辩至此，儒家既言境界亦言实有，究其实它属于境界形上学抑或实有形上学？倘说其是境界形上学，则断不是偏枯的境界形上学；倘说其是实有形上学，则亦并非静态之实有形上学。只要明白儒家心性之学的要旨，当会了悟儒家的特性：即功夫即本体，即本体即功夫；即活动即存有，即存有即活动；即用即体，即体即用。同理，若我们必须对儒家形上学之形态有所说明，是否可谓之即境界即实有，即实有即境界？

参考书目
牟宗三(1968)，《心体与性体》，台北：正中书局。
牟宗三(1974)，《中国哲学的特质》，台北：学生书局。
牟宗三(1983)，《中国哲学十九讲》，台北：学生书局。
牟宗三(1963)，《才性与玄理》，台北：学生书局。
牟宗三(1985)，《圆善论》，台北：学生书局。
牟宗三(1990)，《现象与物自身》，台北：学生书局。
牟宗三(1997)，《四因说演讲录》，台北：鹅湖出版社。
牟宗三(2003)，《周易哲学演讲录》，台北：联经出版事业公司。
刘笑敢(1997)，《老子》，台北：东大图书公司。
袁保新(1991)，《老子哲学之诠释与重建》，台北：文津出版社。

① 《心体与性体》第一册，p.361。

第二章

人禽之辨

孔孟学说之偏重

——从"人禽之辨"出发

孔子创仁说,孟子言性善,皆强调人的道德可能性,以此建立道德之基础,且为"为何道德"提供了一个有力的说明。[①] 更重要的是,儒家凭借这些论说,确立了人的尊严与尊贵的地位。在这个课题上,"人禽之辨"可说是最具代表性的论说。本节试图从人禽之辨来看孔子与孟子学说的各自偏重,及由此所引申的理论内涵。

一、孟子的"人禽之辨"

孟子所明白彰显的人禽之辨,见于《孟子·离娄章句下》:"人之所以异于禽兽者几希,庶民去之,君子存之。舜明于庶物,察于人伦,由仁义行,非行仁义也。"从此部分看,仁、义是人禽之间的关键区分,此应是无异议的;仁、义都是道德品质,因此孟子明显地以道德来区分人与禽兽。然而最重要的,还是要了解"由仁义行,非行仁义也"的意义。既然

---

① 关于儒家对"为何道德"所提供的解答,详见《儒家对"为何道德"的解答》,黄慧英 (1995)。

仁、义是道德品质,为何说人与禽兽之别不在于是否履行仁义呢?

"行仁义"表示遵守仁义的道德规范,这里仁义就是道德规范,是一些既定的规则或指令,它们不必由行为者订定,甚至有些人在不经反省、没有自觉地认同的情况下,也可"行仁义"。由于禽兽或某些动物在受过训练后,亦可服从命令、遵循所指示的模式,所以并不能以此来区别人与禽兽。有些动物甚至可以作出违反自然本能的行为,在这方面,人也许连禽兽不如,更遑论人优越于禽兽、尊贵于禽兽了。在此情况下遵守的仁义,是外在于行为主体的,它可能是一种社会戒律或礼俗习惯,虽然戒律或礼俗都有一定的意义与作用(详见下文),但总不能承当分判人禽的准则,孟子在"嫂溺"的事例中,充分说明顽固地、一成不变地坚守戒律,反会使人沦为禽兽! 淳于髡曰:"男女授受不亲,礼与?"孟子曰:"礼也。"曰:"嫂溺,则援之以手乎?"曰:"嫂溺不援,是豺狼也。男女授受不亲,礼也;嫂溺,授之以手者,权也。"(《孟子·离娄上》)豺狼乃禽兽中之残暴者,依孟子意,只有残暴如豺狼的禽兽才会见死不救。

除了上引之《孟子·离娄上》一节外,在《孟子》中有很多相类的言论,散见于各篇章。如孟子曰:"大人者,言不必信,行不必果,惟义所在。"(《孟子·离娄下》)

"今有同室之人斗者,救之,虽被发缨冠而救之,可也。"(《孟子·离娄下》)被发缨冠本于敬有失,但在救人的逼切处境中,是容许的。以下一节也有有关的讨论,其为有趣。任人有问屋卢子曰:"礼与食孰重。"曰:"礼重。""色与礼孰重?"曰:"礼重。"曰:"以礼食,则饥而死;不以礼,食则得食,必以礼乎? 亲迎,则不得妻;不亲迎,则得妻,必亲迎乎?"(《孟子·告子下》)一般来说,守礼应重于食色的满足,任人的提问,举出一些特殊的情境,令人怀疑礼的凌驾性,因此孟子的弟子也无法回答。孟子知道了,于是作出如下的响应。"紾兄之臂而夺其食,则得食;

不绐,则不得食。则将绐之乎？逾东家墙而搂其处子,则得妻;不搂,则不得妻。则将搂之乎？"(《孟子·告子下》)在孟子的回应中,显示任人所指的礼,只属于仪节,纵使仪节的订定原亦有其象征意义,但在关乎道德的抉择上,是可以被凌驾的。能够凌驾礼仪的是仁义,因为礼仪都是依据仁义而订定的。不合于仁义也就谈不上守礼了,所以基于仁义的礼必定凌驾于食色之上。孟子反驳屋庐子谓:"取食之重与礼之轻者而比之,奚翅食重？取色之重者与礼之轻者而比之,奚翅色重？"(《孟子·告子下》)看来好像孟子承认礼有轻重,其实在他的哲学中,只有依据义理之礼与没有根据的礼之别而已。所以舜之不告而娶,由于合乎仁义,故是可接受的。万章问曰:"诗云,娶妻如之何？必告父母。信斯言也,宜莫如舜。舜之不告而娶,何也？"孟子曰:"告则不得娶。男女居室,人之大伦也。如告,则废人之大伦,以怼父母,是以不告也。"(《孟子·万章上》)依礼节而行的人,未必是真仁者。有些礼数,虽然以仁义之名出之,却反而戕害仁义,如此则非有德者所为。孔子所厌恶之乡愿,便是表面上履行仁义、忠信廉洁,实质上却无仁义之实的人,故他称之为"德之贼"。"孔子曰:过我门不入我室,我不憾焉者,其唯乡愿乎！乡愿,德之贼也。"曰:"何如斯可谓之乡愿矣？"曰:"何以是嘐嘐也？言不顾行,行不顾言,则曰,古之人,古之人。行何为踽踽凉凉？生斯世也,为斯世也,善斯可矣。阉然媚于世也者,是乡愿也。"万章曰:"一乡皆称愿人焉,无所往而不为愿人,孔子以为德之贼,何哉？"曰:"非之无举也,刺之无刺也,同乎流俗,合乎污世,居之似忠信,行之似廉洁,众皆悦之,自以为是,而不可与入尧、舜之道,故曰德之贼也。……孔子曰:恶乡愿,恐其乱德也。"(《孟子·尽心下》)由此可见,孟子并不从一个人之言行进退是否合乎道德规范,举手投足是否信守礼俗仪节,来评定他是否一位优胜于禽兽的君子;一个人称得上君子,乃在于他是"由仁义行"。

所谓"由仁义行",即以仁义之心出发,指导行为。仁义之心就是道德本心,只有凭借道德本心,才可超越个人利害的计较,订定善恶的标准,作出无私之道德判断。依孟子的说法,"恻隐之心""羞恶之心""辞让之心""是非之心"便是道德心发用的端倪(孟子称为"四端"),亦即判定善恶的能力,假若一个人没有这四种善端,便不可以为善,道德亦变成不可能;而既然道德是分判人禽的准则,那么没有四端的人,就是"非人"。"……由是观之,无恻隐之心,非人也;无羞恶之心,非人也;无辞让之心,非人也;无是非之心,非人也。恻隐之心,仁之端也;羞恶之心,义之端也;辞让之心,礼之端也;是非之心,智之端也。"(《孟子·公孙丑上》)这里所言之"仁""义""礼""智",并不是外在的德行,故与"行仁义"中的"仁""义"不同义,而是道德本心在各方面的表现。因此有所谓"非礼之礼""非义之义"之说。孟子曰:"非礼之礼,非义之义,大人弗为。"(《孟子·离娄下》)"非礼之礼,非义之义"就是不合乎道德本心所判断的义理之礼节或德行。

最重要的,孟子强调道德本心是人皆有之的,"人皆有不忍人之心""人之有是四端也,犹其有四体也"(《孟子·公孙丑上》),人皆有之而禽兽无之,故可作人禽之分野。有德之君子与一般人(庶民)之不同,仅是由于前者保育并扩充此道德心,后者则不儆醒而让其流失而已。"非独贤者有是心也,人皆有之,贤者能勿丧耳。"(《孟子·告子上》)孟子曰:"君子所以异于人者,以其存心也。君子以仁存心,以礼存心。"(《孟子·离娄下》)若令良心丧尽,便与禽兽无异。"虽存乎人者,岂无仁义之心哉?其所以放其良心者,亦犹斧斤之于木也,旦旦而伐之,可以为美乎?其日夜之所息,平旦之气,其好恶与人相近也者几希,则其旦昼之所为,有梏亡之矣。梏之反复,则其夜气不足以存,夜气不足以存,则其违禽兽不远矣。人见其禽兽也,而以为未尝有才焉者,是岂人之情也哉!"(《孟子·告子上》)基于道德本心或良知所行的仁义,便非外铄的,故曰"我固有之"。"仁义礼智,非由外铄我也,我固有之也。"(《孟子·告子上》)因此驳斥告子"仁内义外"之说。

"义内"之说,正好是"由仁义行"的注脚:一种行为是否当为,是否合理,并非决定于外在的环境,也非取决于施与受者的关系、各方的身份地位,虽然这些都是我们作道德判断时所考虑的因素,但对具备这些因素与性质的特殊处境作判断所依据的原则,则由道德心所订定,也就是说,道德心在考虑各种客观因素后,作出应然的判断。用现代的道德观念来说,就是单从实然的描述并不能推论出应然的判断。

孟子"仁义俱内在"之主张,不单为"由仁义行"之可能性提供了基础,更借着对道德心之肯定,揭示人比禽兽尊贵之处。孟子曰:"欲贵者,人之同心也。人人有贵于己者,弗思耳。人之所贵者,非良贵也。"(《孟子·告子上》)人有仁心而得以尊贵,故誉之为"良贵"、为"天爵"。"夫仁,天之尊爵也,人之安宅也。"(《孟子·公孙丑上》)

孟子曰:"有天爵者,有人爵者;仁义忠信,乐善不倦,此天爵也;公卿大夫,此人爵也。"(《孟子·告子上》)由此可见,人与禽兽的区分,既然以道德心为分水岭,且以具此道德心者为尊为贵,那么,人禽之辨不是一种类别上的分判,而是价值上的判别,因此,在与告子辩论"性善"之旨时,便断然以提问方式否定人之性犹动物之性:"然则犬之性犹牛之性,牛之性犹人之性与?"(《孟子·告子上》)告子所倡论之"生之谓性"中之性,是普遍存在于各种动物的,并且是就不同动物的特殊性而可加以类分的性,在此类分下,人与禽兽不同,就正如某类禽兽与另类的不同,各类之间的差异是平铺的,各物有其长处,亦有其短处,然无论其优劣何在,都是相对的。然而,孟子所彰显之人与禽兽之分别,乃基于人有分辨善恶之能力,此孟子称为性善,以此人是绝对地优胜于其他动物,如此才得以言"尊贵"。

人生而有道德心以辨别善恶,所谓辨别善恶,即为善恶制定准则,并发用而为仁义礼智,因而可以"由仁义行"。孟子曰:"人之所不学而能者,其良能也,所不虑而知者,其良知也。孩提之童,无不知爱其亲者,及其长也,无不知敬其兄也。亲亲,仁也;敬长,义也;无他,达之天下也。"(《孟子·尽心上》)道德心除了能辨别善恶外,兼且好善恶恶。"诗曰:天生蒸民,有物有则。民之秉夷也,好是懿德。孔子曰:为此诗者,其知道乎!故有物必有则,民之秉夷也,故好是懿德。"(《孟子·告子上》)人不单能知善知恶,好善恶恶,更能为善去恶。在"鱼与熊掌"篇中,孟子清楚表明人会肯定某些价值是比生命更重要的,而不惜付出生命的代价,且加以维护,这就是"为善去恶"的真谛。"生,亦我所欲也,义,亦我所欲也。二者不可得兼,舍生而取义者也。"(《孟子·告子上》)唯独人类,才可超越保存生命、繁衍族类的本能,坚持道德心所认定之道德价值。最重要的,这种知善知恶、好善恶恶、为善去恶的能力(即善性)是每个人都具备,且若加以存养,便能发用出来的,因此,尧舜等圣人与一般庶民的分别,不是类别上的分别。"舜,人也;我,亦人也。舜为法于天下,可传于后也,我由未免为人也。是则可忧也。忧之如何?如舜而已矣。若夫君子所患则亡矣。非仁无为也,非礼无行也。如有一朝之患,则君子不患矣。"(《孟子·离娄下》)只要一旦醒觉己之不如圣人,而兴起见贤思齐之心,则可望成为圣人了。前引之"庶民去之,君子存之""君子所以异于人者,以其存心也"都是这个意思。此外,在其他篇章中亦有类似的说法:

　　颜渊曰:"舜何人也?予何人也?有为者亦若是。"(《孟子·滕

文公上》）

　　圣人，与我同类者。（《孟子·告子上》）

　　舜，人也；我，亦人也。（《孟子·离娄下》）

　　由于只要凭借自觉的努力，将仁义之心实践于日用伦常中，便可臻圣人之境，故圣人与庶民之分界，并不是牢不可破不能逾越的围墙，所以不能视二者为不同类。然而，要使仁义得以扩而充之，除了使之觉醒的自我修为外，还有赖于教化。"人之有道也，虽饱食暖衣，逸居而无教，则近于禽兽。圣人有忧之，使契为司徒，教以人伦：父子有亲，君臣有义，夫妇有别，长幼有序，朋友有信。"（《孟子·滕文公上》）人伦之道，发乎内心，源自良知良能，既非外铄于我，也非以杞柳为杯棬，扭曲人性。因此，一方面不应跟从耳目之官而被物欲障蔽，成为小人或饮食之人（《孟子·告子上》），"体有贵贱小大"及"或为大人或为小人"二节。使得表现趋近禽兽。孟子曰："食而弗爱，豕交之也，爱而不敬，兽畜之也。"（《孟子·尽心上》）于是人要讲求礼义规矩，却警惕不要流于"行仁义"。所以孟子于上节接着强调："恭敬者，币未将者也。恭敬而无实，君子不可虚拘。"（《孟子·尽心上》）圣人便是发自内心，充分体现人伦之理的人。孟子曰："规矩，方圆之至也，圣人，人伦之至也。"（《孟子·离娄上》）唯有圣人，才能亲亲而仁民，仁民而爱物。孟子曰："君子之于物也，爱之而弗仁，于民也，仁之而弗亲。亲亲而仁民，仁民而爱物。"（《孟子·离娄上》）另一方面，"亲亲而仁民，仁民而爱物"，是以仁义之心，广被亲属、路人及草木，然而既因发自自然的天性，故是有差等的，由是孟子痛斥杨墨。"杨氏为我，是无君也，墨氏兼爱，是无父也。无父无君，是禽兽也。"（《孟子·滕文公下》）

　　孟子曰："鸡鸣而起，孳孳为善者，舜之徒也。鸡鸣而起，孳孳为利者,跖之徒也。欲知舜与跖之分,无他,利与善之间也。"(《孟子·尽心上》)杨朱依功利原则行事,所有考虑都是利害的计较,故无道德可言;至于墨翟,则漠视人与父母的亲爱之情适足以作为仁的始点的现实。

关于爱有差等的主张,从孟子之"老吾老,以及人之老;幼吾幼,以及人之幼"(《孟子·梁惠王上》)中充分表达出来。以孝侍奉父母,儒家认为是道德践履的第一步,因为源自血缘关系的爱,加上感受父母恩典而产生的恭教,使"孝"既以个人与其所亲者之感情作为基础,复超越个人的利益,将"应然"落实于对个人欲望的限制上,于是"孝"便成了最合乎人情的道德规范。儒家以孝悌为道德践履的始点,却不是终点,因儒家的道德理想是推己及人、及物,希冀万事都在仁德广被之下,此即儒家所言之"仁心无外"。相反,墨子提倡的"兼爱",却因为背离人情,使其"道德"不是"人的道德",因此孟子加以贬抑,甚至斥之为禽兽。在此脉络下,"禽兽"不是指无道德心的非人,只是罔顾人伦及人性之常而履行的"超人道德"而已。

综上所言,孟子是根据人的道德性来辨别人与禽兽,换句话说,人必须作为道德的存有,并自觉其为道德人,才能异于禽兽,拥有尊贵的地位。

二、孔子的"人禽之辨"

众所周知,孔子并没有借着将人与禽兽作出严正的区分,来凸显人的尊贵地位,但是明显地,他将具备某些品质的人,与另一些没有具备该等品质的人,分辨开来,前者值得众人敬重、尊崇,他们便是孔子教育之目标,他称之为君子。

孔子以前,君子小人之分是一种阶级的划分,君子指世袭的贵族,如在《尚书》中的"呜呼君子,所其无逸"(《无逸》),便是此意。孙星衍《尚书今古文注疏》中引郑注《礼器》也说:"君子,谓大夫以上。"到了孔子,便将这种阶级身份的意义扭转为道德的意义,所以出现于《论语》中的"君子",主要指有道德修养的知识分子。

孔子所言之君子,不是与生俱来的,而是经过自觉的品德方面的修养所达致的成就,在各种修养中,最核心者便是"仁";欠缺仁德的人,便不能称之为君子。"君子去仁,恶乎成名?君子无终食之间违仁,造次必于是,颠沛必于是。"(《论语·里仁》)

"君子义以为上。"(《论语·阳货》)

子曰:"君子义以为质,礼以行之,孙以出之,信以成之。君子哉!"(《论语·卫灵公》)因此要培养君子,便须诱发其仁心。"仁"的内容与实践方法,孔子虽因应弟子之才质而随机指点,然重点乃在于以无私之心去成全他人。"夫仁者,己欲立而立人,己欲达而达人。能近取譬,可谓仁之方也已。"(《论语·雍也》)"立己立人""达己达人"就是积极的尽己之力去成全他人;避免将自己也不接受的东西加于他人身上,便是消极的成全。仲弓问仁。子曰:"出门如见大宾,使民如承大祭。己所不欲,勿施于人。在邦无怨,在家无怨。"(《论语·颜渊》)

子贡问曰:"有一言而可以终身行之者乎?"子曰:"其恕乎!己所不欲,勿施于人。"(《论语·卫灵公》)宋儒以"尽己"诠释"忠",以"推己"诠释"恕",如此孔子一贯之道可以"己欲立而立人"与"己所不欲,勿施于人"来概括,亦即以仁作为核心。

无论尽己或推己,都必须凭借仁心体察他人的需要、感受、痛苦、渴求,并感同身受,此之谓"感通"。在表现上,对于他人所受到的不合理对待,会生起"不安"之感;孔子与弟子宰我讨论三年之丧时,便点出应该基于心之安不安,去决定是否坚持三年之丧。(《论语·阳货》)借着感通,对世间苦难,生起不安之感,即力求消除这些苦难,使众生万物得以润泽滋长。子贡曰:"如有博施于民而能济众,何如?可谓仁乎?"子曰:"何事于仁,必也圣乎!尧舜其犹病诸!"(《论语·雍也》)因此君子之使命,乃从修养自己出发,以至于"安百姓"。子路问君子。子曰:"修己之敬。"曰:"如斯而已乎?"曰:"修己以安人。"曰:"如斯而已乎?"曰:"修己以安百姓。修己以安百姓,尧舜其犹病诸。"(《论语·宪问》)宋儒将仁诠释为"以感通为性,以润物为用"就是这个意思。

孔子进一步肯定仁心是每个人都有的,只要有意让其呈现,便可呈现出来。子曰:"仁远乎哉,我欲仁,斯仁至矣。"(《论语·述而》)孔子除了将是否着意培养仁心视为君子小人之判别外,还将仁视为礼的精神价值及内在意义。例如丧礼之意义,主要在于追念死者,表达哀思,其他仪节上的铺排反不是最重要的。林放问礼之本。子曰:"大哉问!礼,与其奢也,宁俭;丧,与其易也,宁戚。"(《论语·八佾》)

子曰:"居上不宽,为礼不敬,临丧不哀,吾何以观之哉?"(《论语·八佾》)

子路曰:"吾闻诸夫子:丧礼,与其哀不足而礼有余也,不若礼不足而哀有余也。祭礼,与其敬不足而礼有余也,不若礼不足而敬有余也。"(《礼记·檀弓上》)可见礼是表达仁心敬意的一种外在形式,如失去敬意,便只剩下一个空壳;这就是著名的"礼云礼云,玉帛云乎哉"(《论语·阳货》)以及"人而不仁,如礼何"(《论语·八佾》)的中心思想了。

孔子不单重视礼的内在精神价值,他更以这些精神内容,来审度仪节的合理性,而不盲目跟随社会之风俗。子曰:"麻冕,礼也;今也纯,俭,吾从众。拜下,礼也;今拜乎上,泰也;虽违众,吾从下。"(《论语·子罕》)孔子虽然特别着重礼的精神内容,但他同时肯定礼作为一种外在规范的意义:在一般情况下,遵守道德规范就是对个人自然欲望的限定,使自然欲望不致无节制地泛滥,以至伤人害己,所以孔子在颜渊问仁时,提出"克己复礼"的观念。"颜渊问仁。子曰:克己复礼为仁。一日克己复礼,天下归仁焉。为仁由己,而由人乎哉?"(《论语·颜渊》)重要的是,是否愿意克己,是否愿意复礼,都是个人道德意志的决定,而非外在横加的强制。在这个前提下,礼能辅助自我的修养,以成就仁德。此外,在充分意识礼的精神意义的基础上,礼是道德心的客观化。如此,礼制的订定,不仅必须反映其精神意义,而且能起监察、警惕作用,叫人反省其行为是否发自道德心,这样,才是合理的礼制。子曰:"知及之,仁不能守之;虽得之,必失之。仁能守之,不庄以莅之,则民不敬。知及之,仁能守之,庄以莅之,动之不以礼,未善也。"(《论语·卫灵公》)意思就是,就算知道当行的道理,若不以道德意志去维护实行,也如同不知。即使能把道理实行出来,但不以庄重恭谨的态度处理事务,百姓便不能体会到你是在实行仁道,他们也就不会生敬慎之心。假若上述三者都办到了,但行为不符合道德规范,始终未最理想,因为道德不只是内心善恶的判断,还要借着行为将判断实践出来,实践出来的行为更成为客观的表现,得接受他人的评价;然而他人对行为所作的评价,很多时候只能根据其是否遵守规范,这就是上面所引的"君子义以为质,礼以行之"的意思。在这部分中,明显地,孔子一方面肯定仁是道德所以成为道德的主体方面之条件,然而另一方面,他认为纵使符合这方面的条件,却未能在客观世界中恰当地实现仁所断定的道理,亦不能称得上善。而恰当地体现仁心所断定的道理者无他,礼而已。由此可见孔子对道德心之客观化的重视,同时可见他对礼之作为客观化之道德心而言,对道德的重要性之肯定。基于此我们便能理解下一部分的意思。子曰:"恭而无礼则劳,慎而无礼则葸,勇而无礼则乱,直而无礼则绞。"(《论语·泰伯》)由仁所发用而生的德性,若不以同样是基于仁心所制定的礼的调适，则可能失去节度，在表现方面或流于过分，或失于不及而生弊端。《礼记》中有一段说话，反映礼的重要："……是故圣人作，为礼以教人，使人以有礼，知自别于禽兽。"(《礼记·曲礼》)"有礼"并非人与禽兽的客观区别，而是人要自别于禽兽的努力，此节充分反映儒家对"为何守礼"或"为何道德"的解答。礼除了上述的意义之外，孔子认为，对于酝酿风气，起着人文化成之作用来说，仪节是有积极的功效的。因此特别强调文质兼备的重要。子曰："质胜文则野，文胜质则史，文质彬彬，然后君子。"(《论语·雍也》)虽有义作为礼之质，亦须有庄严肃穆的仪节，使义理得到社会的尊重，亦使尚未自觉者有所依循。《论语正义》谓："礼，有质有文。质者，本也。礼无本不立，无文不行，能立能行，斯谓之中。"实在是适当的注释。棘子成曰："君子质而已矣，何以文为？"子贡曰："惜乎，夫子之说君子也！驷不及舌。文犹质也，质犹文也。虎豹之鞟，犹犬羊之鞟。"(《论语·颜渊》)依子贡之言，倘若专注于个人的内心修养，而忽视行为表现是否合乎法度，便会使人无法分辨君子与小人。因为礼文(理想上)本当反映合理的人际关系，以及人与人间相互的要求与期待，故不守礼文会令人觉得背离了人情之常，以至与小人无所区别。子曰："先进于礼乐，野人也，后进于礼乐，君子也。如用之，则吾从先进。"(《论语·先进》)所谓先进于礼乐者，就是文质得宜，而后进于礼乐者，则是文过其质，故孔子赞成先进礼乐的做法。

礼既是道德之客观体现，故虽然以义为其实质内容及依据，本身亦有确定的形式及规定。不同的身份地位便须遵守不同的规范，所谓：践其位，行其礼，奏其乐，敬其所尊，爱其所亲。(《中庸》)孔子虽然没有像孟子般明显示出人禽之辨，但他正如孟子一样，以"是否有德"判别君子与小人：二者在生物上同属人类，但小人却是单单计较利益，不能固守原则的人。

子曰："君子怀德,小人怀土;君子怀刑,小人怀惠。"(《论语·里仁》)

子曰："君子喻于义,小人喻于利。"(《论语·里仁》)

子曰："君子固穷,小人穷斯滥矣。"(《论语·卫灵公》)

是故隆礼由礼,谓之有方之士;不隆礼,不由礼,谓之无方之民。(《礼记·经解》)

所谓有德,不仅指循规蹈矩,而须发乎不安之心,以忠恕之道成己成物。除此之外,君子是以建设文化秩序为己任的,孔子本人便是在这方面身体力行的人,他对学生的培养,不单令他们生起道德的自觉,更借六艺来陶养他们的文化;因此君子是一个除了有道德品格之外,还兼具文化修养的人。既然孔子肯定礼在道德修养方面,以至在建设文化秩序方面,都有着正面的作用,因此,他对礼——不光是作为空泛的规范概念,而是有具体内容的礼制仪文——所赋予的地位,远较孟子为高。孟子在论及礼时,很多时都是"仁、义、礼、智"四者并举,又或合"礼""义"而立说,如:"此惟救死而恐不赡,奚暇治礼义哉?"(《孟子·梁惠王上》)

"万钟则不辨礼义而受之,万钟于我何加焉?"(《孟子·告子上》)这都显示,对他来说,礼是道德心的一种表现,故曰:"夫义,路也;礼,门也。礼惟君子能由是道,出入是门也。"(《孟子·万章下》)亦即将礼的意义,聚焦于道德的层面。此点可视为孔孟思想上各自的偏重之一面。

三、孔子对礼文之认同

上一小节指出,孔子肯定礼对道德修养的积极意义,本小节将论述他认为礼在文化秩序之建立方面,也扮演着举足轻重的角色。关于这点,必须联系到具体的礼文规定来讨论。不少记载都显示,孔子是欣赏并支持周朝遗留下来的礼制及仪节的。子曰:"周监于二代,郁郁乎文哉!吾从周。"(《论语·八佾》)

子曰:"吾说夏礼,杞不足征也。吾学殷礼,有宋存焉。吾学周礼,今用之,吾从周。"(《中庸》)据《史记》与《礼记》中的记载,显示孔子认为周礼是对夏殷两代之礼,加以损益而制定,而夏殷两代之礼的特性,可谓一文一质,周礼则结合二者而为文质兼备。曰:"夏礼吾能言之,杞不足征也。殷礼吾能言之,宋不足征也。足,吾能征之矣。"观夏殷所损益,曰:"后虽百世可知也,以一文一质,周监二代,郁郁乎文哉!吾从周。"(《史记·孔子世家》)

子曰:"虞夏之质,殷周之文,至矣。虞夏之文,不胜其质,殷周之质,不胜其文;文质得中,岂易言哉?"(《礼记·表记》)孔子所推崇之周礼,其精神可概括于"亲亲"与"尊尊"这两方面。《中庸》谓:"亲亲之杀,尊贤之等,礼所生也。""亲亲"是一种以仁心出发,由亲至疏、爱人及物的相待原则,故孟子说:"亲亲,仁也。"(《孟子·尽心上》),《中庸》则言:"仁者,人也,亲亲为大。义者,宜也,尊贤为大。""尊尊"则是出自敬谨之心,与不同身份地位的人应对的规定。关于"亲亲"与"尊尊",牟宗三曾有清晰的解说:我们要知道,周公制定的礼虽然有那么多,它主要是分成两系,一个是亲亲,一个是尊尊。所谓亲亲之杀、尊尊之等。亲亲是就着家庭骨肉的关系说。亲其所亲,子女最亲的是父母,父母最亲的是子女,往横的看,就是兄弟,这就是属于亲亲的。亲亲之礼有亲疏,叫作亲亲之杀,从自己往上追溯:自己、父亲、祖父、曾祖、高祖,就是这五世,所谓五服。另外还有一系是尊尊,尊其所应该尊的。为什么我要尊他呢?因为他的地位是客观的。尊尊是属于政治的,它也有等级。尊尊下面又分为两系,一系是王、公、侯、伯、子、男;另一系是王、公、卿、大夫、士。① 根据《中庸》,无论"亲亲"或"尊尊",都是以仁、义作为基础的,那就是周礼的"质"。孔子认为,周朝的典章制度及仪节形式,都能适切地表现这种质,故甚表赞同。

在亲亲方面,由于发自仁心,故推扩出去,仁德能广被天下,实现了"亲亲而仁民,仁民而爱物"的理想。在实践上来说,则以最亲的父母、子女之亲爱之情作起点,符合了孔子注重的孝悌之道,他曾谓:"孝悌也者,其为仁之本与?"(《论语·学而》)因此,周礼基本上体现了孔子的哲学思想。

至于尊尊,是维系社会秩序的制度:任何人处于某一地位,都应受到某种对待与尊重,不是基于那人有德,或与我有何特殊关系,而是地位本身需要得到尊重。我们对社会上每个岗位的人都有一定的要求、一定的期待,因为任何岗位都有其职能与任务,就是这种职能与任务赋予在位的人一种责任与权力,我们希冀任职岗位的人能发挥其作用,就要对该岗位及其主事者信任、支持与尊敬。我们可以怀疑某人是否能履行该职位所赋予他的任务,甚至可以根本上推翻任人的程序,或者检讨该职位的权力,但在这一切都没有受冲击的前提下,岗位及岗位中人便应获得上述意义的尊敬。值得注意的是,那人是在岗位中人的身份上受尊重,他同时有可能在其他身份(如作为一名父亲或邻居)的表现上受到鄙视,这点在现代社会亦会得到接受的。

既然我们因应某人的客观社会地位而尊重他,而不是根据其道德表现而给予尊敬,则这种尊重不是道德意义的,而"尊尊"所蕴含的"义",只表达出"适宜"或"合适",而非道德意义的"义",它最多可理解

---

① 牟宗三(1983),pp.57-58。

为具有社会功能。由此可见礼作为客观制度的社会意义。我们亦可借此了解"君君,臣臣,父父,子子"一节中,孔子所关注的重点。他针对当时诸侯大夫等各种僭越行为,作出各人应守本分的呼吁,以维持社会安定,所以与他对话的齐景公接着说:"善哉!信如君不君,臣不臣,父不父,子不子,虽有粟,吾得而食诸?"(《论语·颜渊》)亦基于这个缘故,他斥责鲁大夫行天子的礼乐。孔子谓季氏:"八佾舞于庭,是可忍也,孰不可忍也?"(《论语·八佾》)客观礼制的其中一个功用,就是维系社会秩序,人们若能遵守礼法,各安其分,社会便会安定;我们可从孔子对于安分的要求,去理解他对周礼中"尊尊"精神的认同。当然,表现尊尊精神的周礼,必定具备具体实质的内容,关于这些内容,孔子概以"仁"加以审度,若没有违背仁的原则,孔子认为周代的礼法仪文都应得到遵守。所以,上述对八佾舞于庭的指斥,一方面固然在于该种行为属于僭越,另一方面是否僭越是就一套对礼乐的具体规定来说——如天子八佾、诸侯六佾、大夫四佾、士二佾——因此关于安分的要求表面看来是形式的要求,但实际上这项要求是落实到行为层面的,并且以周礼作为具体内容上的依归,因此有实质的规范意义。除了上引之"八佾舞于庭"外,孔子也曾谴责"季氏旅于泰山"(《论语·八佾》),并且坚持"服周之冕"(《论语·卫灵公》),这些事例在表明孔子对周礼之维护。

上面曾说,对于有争论的礼节,孔子会依据"仁"的原则来审视其合理性,然后决定应该保留,还是该修订或废除,这是他认为礼需要有所损益的理由。例如,他反对死者用生人之器和以俑为殉的制度,因那是人殉制度复辟的先声,而以人殉葬是违背仁义的。

> 仲尼曰:"始作俑者,其无后乎!"(《孟子·梁惠王上》)
>
> 死者而用生者之器也,不殆于用殉乎哉!(《礼记·檀弓下》)

为俑者不仁,殆于用人乎哉!(《礼记·檀弓下》)

此外,孔子与宰我讨论应否废除三年之丧时,也是以如何方能充分表达仁爱之情为准则,去作决定的,而非如宰我一样,提出自然规律或社会规律为理由,来加以考虑。

在尊尊方面,虽然周礼对于为人君、为人臣等所遵行的礼节,都有所规定,但是孔子将这些规定视为相互的要求与期望,而不是单方面借礼之名来对他人的钳制与压逼。定公问:"君使臣,臣事君,如之何?"孔子对曰:"君使臣以礼,臣事君以忠。"(《论语·八佾》)

季康子问:"使民敬,忠以劝,如之何?"子曰:"临之以庄,则敬;孝慈,则忠;举善而教不能,则劝。"(《论语·为政》)孔子虽然崇尚周礼,但在他的年代,周礼已经僵化,变得徒具形式,甚至到达礼崩乐坏的局面;孔子毕生的抱负,就是要恢复礼制,但所谓恢复,不单是指令人们遵守,而是重申他认为周礼本来具有的精神意义。整体地说,周礼的精神在上述的"尊尊"与"亲亲",个别地说,则例如祭礼的意义是"追养继孝"(《礼记·祭统》);朝觐之礼的目的是"明君臣之义";婚姻之礼的目的是"明男女之别"等(《礼记·经解》)。孔子叫人们在认同这些意义下履行规范,借此为那些僵化的仪节重新注入真生命(牟宗三语)。进一步来说,他认为只有认识礼的精神意义,才能知所损益,亦方能因应当代社会的实际情况作出修订与调整,而不流于过分迁就现实,这便为前述有关"麻冕"与"拜上"等讨论与决定提供了依据。《礼记》中云:"故礼也者,义之实也。协诸义而协,则礼虽先王未之有,可以义起也。"(《礼记·礼运》)人们不但可以调整既定的礼文,更可作前所未有的创新,所根据的就是义——礼的精神意义,而此最终须以仁作为准则。"义者,艺之分、仁之节也。协于艺,讲于仁,得之者强。仁者,义之本也,顺之

体也,得之者尊。故治国不以礼,犹无耜而耕也;为礼不本于义,犹耕而
弗种也;为义而不讲之以学,犹种而弗耨也;讲之以学而不合之以仁,犹
耨而弗获也;合之以仁而不安之以乐,犹获而弗食也;安之以乐而不达
于顺,犹食而弗肥也。"(《礼记·礼运》)《礼记》中指出礼的作用,在"定
亲疏,决嫌疑,别同异,明是非"(《礼记·曲礼》),尤其是尊尊的精神,当
落实推行于社会上,便会使上下有序,对于治理国事,更起着正面的功
效,故孔子主张"为国以礼"(《论语·先进》)。古圣先贤也都以礼治国。
"礼义以为纪,以正君臣,以笃父子,以睦兄弟,以和夫妇,以设制度,以
立田里,以贤勇知,以功为己。……禹、汤、文、武、成王、周公,由此其选
也。此六君子者,未有不谨于礼者也。以著其义,以考其信,著有过,刑
仁讲让,示民有常。"(《礼记·礼运》)刚引述的一节中,"示民有常"一语
可概括孔子关于礼的性质及作用的核心观念。"常"就是礼要表现的要
旨:在一般情况下,礼体现了常理,并且符合一般人的常情。关此的保
证,来自"礼是基于仁心而订定"的信念,同时"礼是道德的客观化"的设
计。当礼果真体现了常理常道,便能视之为客观规范,使人们有所依
循;不然的话,"礼乐不兴",民亦"无所措手足"了(《论语·子路》)。

　　当人们认同了礼的精神意义,而自觉地以之作为规范(克己复礼)
之时,那么他便将本来彰显道德客观面之制约,转化成内在道德心的呈
现,于是礼便从社会功能方面的"合宜",变成道德内涵的"义"。这是孔
子教育学生成就道德人格的进路之一,因为对于孔子来说,义乃是君子
自我完成的最终目标。

　　从上面的论述,我们不但发现孔孟思想的偏重——孔子较着重道
德的客观面,以及礼义的社会意义——还可见到孔子关于礼义在成德
方面的意义的肯定,因而在道德实践上,除了引导学生行其所当行之
外,尚要他们在履行礼义的同时,培养出遵守仪节应有的态度,如恭、敬

等。子谓子产:"有君子之道四焉:其行己也恭,其事上也敬,其养民也惠,其使民也义。"(《论语·公冶长》)

子张问行。子曰:"言忠信,行笃敬,虽蛮貊之邦行矣。言不忠信,行不笃敬,虽州里行乎哉?"(《论语·卫灵公》)

孔子曰:"君子有九思:视思明,听思聪,色思温,貌思恭,言思忠,事思敬,疑思问,忿思难,见得思义。"(《论语·季氏》)恭、敬、忠、信等要求,可视作基于对仪义精神意义的自觉而发自内心的尊重与认同,因此是客观规范"道德化"的第一步,进而可对自己作为道德主体的觉醒,而发展出主体道德观。这就是为何孔子屡次在学生问仁时,用恭敬等守则来回答的原因了。樊迟问仁。孔子曰:"居处恭,执事敬,与人忠,虽之夷狄,不可弃也。"(《论语·子路》)

子张问仁于孔子。孔子曰:"能行五者于天下,为仁矣。"请问之。曰:"恭、宽、信、敏、惠。"(《论语·阳货》)因此,对于孔子而言,恭、谨、敬、敏等德行可以作为攀越客观礼制与主体道德间的桥梁:它们既可为礼注入道德意义,复使道德之呈现有一初步的规格。

对于孟子来说,恭、敬等并非在下位者对在上位者在态度方面的要求,他借着对之赋予新的诠释,使得责难国君不仅不是不恭的表现,反而是人臣应尽之责。"故曰:责难于君谓之恭,陈善闭邪谓之敬,吾君不能谓之贼。"(《孟子·离娄上》)对比孔子,孟子所特别强调的是道德本心的创发性,甚至对于固守仪节的负面作用,分外警惕。在道德践履上,孟子更是自指本心,叫人不假外求。如谓:"仁,人心也;义,人路也。……学问之道无他,求其放心而已矣。"(《孟子·告子上》)这就是孔孟哲学各自偏重的其中一个重要面向。当然他们二人倡论仁学,开创中国的主体道德哲学,其同者实远超其异者,此当无异议。在这种理解下,他们的偏重可视为互相补足,而非互相抵消,此理应不辨自明。

参考书目

牟宗三(1983),《中国哲学十九讲》,台北：学生书局。
黄慧英(1995),《道德之关怀》,台北：东大图书公司。

价值与欲望
—— 孟子"大体"与"小体"的现代诠释

一、第二序欲望与第二序意志

没有人会(或可能会)否定"人拥有欲望",当然欲望不是人类独有,但是似乎生物学上愈高级的动物,愈能意识到自己的欲望,至于人类,甚至能够对自己的欲望加以反省,并作出评价,继而兴起一种第二序之欲望(second-order desire 或 desire of the second order)。所谓第二序之欲望,就是想(宁愿)去拥有或想(宁愿)不拥有(即消除)某一种欲望的欲望,故第二序之欲望的对象乃欲望。由于只有人才会形成第二序之欲望,因此有些哲学家更将"个人"(person)或"自我"(self)的概念,通过"第二序之欲望"这概念来诠释,并进一步揭示意志自由之意义及道德责任之根源。

法兰克福(Harry Frankfurt,1929—)在他的《自由意志与个人之概念》一文中,借着一个人是否拥有第二序之欲望,来决定他是否有意志之自由可言。① 首先,他分辨:当一个人想拥有某一欲望时,他是

————————
① Frankfurt(1982).

希望该欲望能发动他的行为,故此他想拥有一种欲望,并非单纯想将之作为他所拥有的众多欲望之一来拥有,而是想以它成为他的意志。法兰克福更以此作为一个人之成为一"个人"的关键。我将拥有第二序之意志(second-order volition),而非一般地拥有第二序之欲望,视为成为个人的关键。① 据我对法兰克福的了解,意志与欲望的分别在于:能有效地发动行为的欲望才是意志。但法兰克福有时又用"第二序之意志"来指谓想拥有某一第一序欲望并希望这第一序欲望能有效地发动行为的第二序欲望。根据后一意义,"第二序意志并非经常等同于实际上发动行为的意志"。在这观点下,他将那些只拥有第一序欲望而没有第二序意志的人,亦即不足以成为"个人"的人,称为"纵欲者"(wanton)。纵欲者并不关心自己的意志,一任欲望推动他行动,他既非想被那些欲望推动,也没有特意宁愿受另外的欲望推动。纵欲者不是缺乏作出高序欲望的理性能力,来分辨出自己所拥有的欲望是否可欲,他只是对这问题,以及什么要成为他的意志,毫不关心。基此,法兰克福认为:"成为一个个人的本质不在于理性而在于意志。"②

当第一序的欲望之间发生冲突时,个人会作出第二序之欲望——想其中一种冲突的欲望占优势或者宁愿没有拥有另一欲望——最重要的是,他将这第二序之欲望视为他的意志,希望有效地付诸行动。于是,个人借着形成第二序之意志,将自己认同于冲突中的其中一种欲望,在此认同下,冲突中的另一欲望便被视为一种与自己意志对抗的,不是真正属于自己的欲望。另一方面,由于纵欲者对于自己的欲望,并不作出反省及评价,故当欲望间发生冲突时,只是随较强的欲望之牵引而行动,因而他并没有经历任何的挣扎或争斗。

---

① Frankfurt(1982), p.86.
② 同上,p.87。

法兰克福跟着指出,只有当形成了第二序之意志,才可以谈论个人是否享有意志之自由的问题。因为据法兰克福的理解,个人享有意志自由乃意谓他能自由地想拥有某些他想拥有的欲望,更确切地说,当且仅当他能自由地想以某些欲望作为能发动行为的意志,亦即自由地拥有第二序之意志,则他便享有意志之自由。在对意志自由作如此的界定下,则当一个人不能自由地想以什么欲望作为他的意志之时,我们可以说,他没有意志上的自由,其中一种情况,就是他不能不想以某欲望作为他的意志。但是,有意志自由未必能自由地运用意志,理由如下:假若一个人自由地选择拥有某一第二序之意志,并且该第二序欲望的对象真的成为发动行为的意志的话,则他便是在欲望的层面上实现了自由;相反,假若他的第二序欲望的对象并不与其意志相符,则纵有意志自由,也没有体现出来。然而,在意志不自由这问题上,法兰克福混淆了意志不自由与意志自由不能体现的两种情况,因而将他例中不甘愿的吸毒者与甘愿的吸毒者都同视为意志不自由。这混淆乃基于一开始对自由意志的界定出现歧义所造成:根据界定,假若一个人能够自由地想某些欲望作为他的意志,则他便有意志的自由,这是从人的先验能力作为意志自由的条件所下的界定,没有这方面的能力当然"不能够自由地想……"但具备能力并不保证能发挥出来,亦即自由地想的有可能不能够成为事实,此即某些欲望不能够如他所想的成为他的意志,这亦可是"不能够自由地想……"的另一含意,故被误认为是意志的不自由。假使辨别出造成意志上不自由的两种根源——① 在根本上没有意志自由的先验条件;② 在经验上实现自由意志的抉择遇上阻力——便不会将后者也看成意志不自由。将"意志自由"与"意志上的自由"(或"意志不自由"与"意志上不自由")区分开来的优点是:容许一个人享有前者但在特定的时刻不具备后者,并且避免了"有时有意志自由有时没有"的离奇结论。作出区分后,并不影响我们对法兰克福所作的理论引申。对于纵欲者而言,什么要成为他的意志,他并没有特殊的欲望,所以无论遵从哪一种欲望都没有违反他的意志,就是说,纵欲者根本不具备意志自由的条件。

二、"r-p 欲望"与"r-f 欲望"

拥有第二序意志既然是成为个人的必要条件,并且在第二序意志的对象(第一序欲望)真正成为他的意志之时,才有意志上的自由,也就是说,当我们要决定应跟从哪一个第一序欲望时,必须符合第二序之欲望,意志上才能有自由。然而,为什么要意志上自由,我们便必须听令于第二序之欲望呢? 正如沃森(Gary Watson)在他的《自由之主体性》一文中指出,既然同为欲望,为何较高序的欲望较具权威? "但是为何一个人必须关心他的高序意志?"[1]假若我们回答:"此乃由于个人将自己认同于第二序的意志所拣选的第一序欲望。"那么此答复是窃题的,因为我们正受到的质疑是:为何第二序意志方可代表自我,而第一序欲望却不能。"这困难所显示的,就是欲望或意的序级这概念并不能做到法兰克福想它做的。它不能告知我们,为何或如何一特殊的欲望,在一个人的所有欲望之中,能够具有使之独特地成为他'自己的'特质。"[2]对应于此质疑,法兰克福本人从"一个人所下之决定使人之意见得以整合"之观点来说明为何高序的欲望反映自我的同一性。[3] 这个问题,早在孟子与公都子讨论大人小人时已提出,公都子问曰:"钧是人

---

[1] Watson(1982),p.108.
[2] 同上。
[3] 见 Frankfurt(1988)。

也，或为大人，或为小人，何也?"孟子曰:"从其大体为大人，从其小体为小人。"孟子的答复显示，大人与小人的区别，决定于一个人跟从"大体"所指示的，还是受"小体"所牵引而行事，至于大体与小体的含义可从下面的答问中看出，曰:"钩是人也，或从其大体，或从其小体，何也?"

曰:"耳目之官不思，而蔽于物，物交物，则引之而已矣。心之官则思，思则得之，不思则不得也。此天之所与我者，先立乎其大者，则其小者弗能夺也。此为大人而已矣。"(《孟子·告子上》)所谓"大体"，就是指"心"，而"小体"，则指"耳目之官"。耳目等官能有一定的功能，亦有一定的欲望，如耳喜听乐音而非噪声，目喜视美色，口喜尝佳肴。心本是官能之一，故亦可说有其欲望，如孔子曾说:"七十而从心所欲不逾矩"(《论语·为政》)，孟子在"鱼与熊掌"篇中亦指出心有其欲望，既然心与耳目之官皆是官能，亦同样有其欲望，那么，为何一些官能必须从属于另一些官能，一些欲望必须受另一些欲望指导，才能成为大人呢?

要解答上述问题，也许有需要重新考察第二序欲望的特性。例如:第二序欲望的形成，是否一如第一序欲望一样呢? 沃森怀疑，将自己认同于某一欲望的行动本身，是否有可能仍旧是第一序的呢?[1] 我们发觉，所谓第二序之欲望，乃对第一序欲望作出判断或评价后而形成，它表现出一种选择。明显地，这选择不是依第一序的欲望而作出，更非决定于本有的第一序欲望之强度。所以，第二序之欲望虽然名为"欲望"，却与第一序之欲望迥异，其分别并不只在于对象方面，而在于第一序之欲望可以独立于任何理由，但第二序之欲望则是依于某些理由而作出的。

---

[1] Watson(1982)，p.109.

　　对于上述观点，我们必须作出进一步的说明。在第一序的层面，我们纵使有不同的第一序欲望，只要它们间没有冲突，便可以相安无事、和平共存，此时我们无须形成第二序之欲望。但假若它们之间有冲突的话，便必须作出选择。我们有关欲望的选择，有时决定于欲望的强度，但有时却不能由强度决定，而只是不根据强度所作出的选择，才可产生第二序之欲望。在这里，需要引介一组概念——被发动的欲望（motivated desire）与非被发动的欲望（unmotivated desire）——以方便论证。这组概念是由内格尔提出的，前者相当于希弗（Stephen Schiffer, 1940—　）的"提供理由的欲望"（reason-providing desire，即 r-p 欲望），后者相当于他的"服从理由的欲望"（reason-following desire，即 r-f 欲望）[1]，r-p 欲望与 r-f 欲望的重要分别在于：r-p 欲望所欲对象之为可欲，乃完全由于其为某人所欲，所以是一种能够提供行动理由的欲望，换句话说，欲望本身构成行动的理由，在此意义下，它是自我证立（self-justifying）的。据希弗分析，且正因为所欲对象之为可欲乃由那人拥有该欲望的事实所造成，所以，他无须欲求去拥有或维系该欲望，即不必有一欲望去想所欲的对象成为可欲。"他预期它（所欲的事态）对他来说在某方面是可欲的，而不必欲求它在那方面是可欲的。"[2] r-p 欲望不必借着"欲求拥有或维系原来欲望"之欲望去维系，其实也无法产生此一欲望，因为原来欲望的对象不是独立于欲望而为可欲的，所以不能凭对象的可欲性而产生维系欲望的欲望。这就是说，r-p 欲望不能产生第二序的欲望。至于 r-f 欲望所具有的特性，就是当我们欲求一对象，我们认为该对象是可欲的，而此可欲性独立于我们的欲望之外，故

---

① Nagel(1970)，Schiffer(1976)；有关的详细论述亦可参考《不理性的欲望》，黄慧英(1995)。
② Schiffer(1976)，p.200.

就算我们没有此欲望，我们也相信有理由去拥有它。故此欲望的对象（基于其可欲性）构成行动的理由，并可以之证立行动。此外，当我们认取了对象的可欲性，则我们会形成第二序之欲望，希望去拥有与之相关的第一序欲望。对欲望作出上述的区分，可帮助解释上段所言"第一序欲望可以独立于任何理由，但第二序之欲望则是依于某些理由而作出的"意思。由于第一序欲望可能是 r-p 欲望，也可能是 r-f 欲望，若是前者，则可以独立于任何理由，但本身不能形成第二序之欲望；另一方面，第二序之欲望则一定是 r-f 欲望，它根据某些理由去希望拥有（或消除）某些欲望，并且由该等欲望的可欲性而得到证立。假若我们借着 r-p 欲望与 r-f 欲望的不同特性，说明第一序欲望与第二序欲望的分别，则应可消解沃森的疑虑，即第二序之意志的形成并非一如第一序欲望的形成，因而将自己认同于第二序意志的行动非属于第一序的。解决他的另一疑问——为何第二序之欲望较具权威——的关键也正在于：第二序欲望非单纯是一种欲望，起码并非一 r-p 欲望。

至此，我们可以重新考虑，如何解决第一序欲望间的冲突问题。假若相冲突的同为 r-p 欲望，则它们既然不能形成第二序之欲望，同时该等欲望只是由于为人所欲因而具备可欲性，故其可欲性的程度乃决定于其为人所欲的程度，因此我们应满足较强的欲望。若相冲突的是 r-p 欲望与 r-f 欲望，则根据希弗的分析，r-f 欲望以其对象的可欲性，可以生出第二序之欲望，希望拥有、维系，甚至加强原来的 r-f 欲望使之可以成为我们的意志，但 r-p 欲望在这一方面却无能为力，故理性的选择，应服从冲突中的 r-f 欲望。至于 r-f 欲望与另一 r-f 欲望相冲突的情况，相当于两个理由间的冲突，唯一可能的处理方法，将仍是诉诸理性。总结上述解决方法，我们便可说明上文所说的"我们有关欲望的选择，有时决定于欲望的强度，但有时却不能由强度决定,而只有不根据强度所作出的选择,才可产生第二序之欲望"的意思。

三、欲望之价值

第二序欲望既然不是一种 r-p 欲望,而是对诸欲望判断及选择的结果,并且判断与选择乃基于理性而作出,故依从第二序欲望的决定,是合乎理性的。然而,在一非窃题的意义下,我们可以问:"为什么我们要顺从理性的指挥去行动?"依上面的论述,在 r-p 欲望与 r-f 欲望冲突时,由于 r-p 欲望不能产生第二序的欲望,亦即不能借着欲望对象的可欲性而提供去欲求该欲望的理由,因而没法与 r-f 欲望竞争,这里是"无理由"输给"有理由",但其实此结果是预设了我们只接受理性的理由作为理由,单纯拥有 r-p 欲望这事实并不能作为想拥有这欲望的理由。从另一方面去展示这问题,就是:为什么源自欲望的可欲性应受到薄待呢? 也就是说,我们可否不考虑可欲性的来源而给予相同的分量,于是对任何欲望都可能形成第二序之欲望呢?

第二序欲望有别于第一序欲望之重点是,前者必定是 r-f 欲望,而后者则没有这方面的限定。第二序欲望是反省的结果,所有价值上的反省都预设一价值系统,但我们有什么理由必须将由 r-p 欲望所产生的可欲性排除出价值系统之外? 换一种说法,假若我们的价值系统内包容了"尊重欲望"这一价值,则可以产生维系某一 r-p 欲望的第二序欲望。假若第二序欲望在上面的含义下,包容 r-p 欲望,则已将原来只接受 r-f 欲望的可欲性为维系欲望的理由的"理性"意义扩阔,而在此较广义的理性下,要人们遵照第二序之欲望,这要求因没有预设重视理性而贱视欲望,所以无须作出额外的证立。

四、"简单的衡量者"与"坚定的评价者"

希弗试图借着 r-p 欲望与 r-f 欲望的特性去解决欲望间的冲突,但假若上文的分析是对的,则从两类欲望特性的分别并不能提供有关选择的指引,那么,要是我们不愿意当一名"纵欲者",任由欲望去决定我们的意志的话,则我们如何去处理它们呢? 当我们说"不愿意当一名纵欲者"的时候,已假定了我们有不成为"欲望的奴隶"的可能,然而实际上是否真的如此?

法兰克福认为拥有第二序欲望是意志自由的先决条件,亦是一个人是否能成为"个人"的关键:除了人之外,没有任何动物看来拥有自我评价的反省能力,该能力乃表现于第二序欲望的形成。[①] 但是,就算作为"个人",亦会有"浅薄的"或"深邃的"之分别,在当代哲学家泰勒(Charles Taylor, 1931—)看来,后者是能够作出强式评价(strong evaluation)的人,而前者则只能作出弱式评价(weak evaluation)。[②] 第二序欲望亦可能是弱式评价的结果,故是否成为有深度的人,端赖其反省的评价模式。强弱评价的重要区别,见于以下两点:① 对于弱式评价来说,一事物被欲求是它被判断为好的充分条件,但在强式评价当中,有时我们不会单纯由于一事物被欲求而称它为好。我们可以将一些欲望判断为坏的、低俗的或下流的,等等。② 在作弱式评价时,可能遇上欲望间的冲突,那是基于欲望之偶然的不相容而发生的。假若我们所作的是强式评价,则意识到的欲望间的冲突并非一定由偶然的因素造成,而是来自我们对该等欲望所作的特殊评价。这种特殊的评价

---

① Frankfurt(1982),p.83.
② Taylor(1982),p.117.

是借着使用一种评价语言,令到不同的欲望被描述成互相对立(contrastive)而作出的。①

欲望之互相对立,不是由欲望的可欲性之差异造成的,例如假若我们在两种欲望间作出选择时,是基于其中一种欲望带来较大的快乐因而选择了它,那么我们并不是将该两种欲望描述成互相对立的。更确切点说,欲望的可欲性并非独立于欲望的拥有者而客观存在于欲望的对象之中,它全依于拥有者的描述。这意思相当于:对于同一事态,我们可作截然不同的描述,不同的描述乃彰显它对我们的意义。我在一篇论文中指出:"对于同一事态,可以有极不同的理解,即分析本身,均基于不同的观点及价值系统而作出。"此与泰勒的看法不谋而合。② 明显地,这是一种"价值为主体赋予"的观点。

一个只能将冲突的欲望以非对立的语言来描述,即只能作出弱式评价的人,泰勒称之为简单的衡量者(single weigher of alternatives),能运用对立的语言对欲望作出评价的人,他称为坚定的评价者(strong evaluator)。简单的衡量者其实亦会反省自己的欲望,即如法兰克福所提到的,能够形成第二序的欲望,泰勒同意由于他反省、评价及有意志,所以他是"个人"或"自我",但他的反省是最低度的,对比于坚定的评价者,他欠缺了深度。

根据泰勒的理论,简单的衡量者所以只能作出弱式的评价,主要由于他没有一套丰富的语言来分辨欲望的等级,尤其是面对具有不可共量(incommensurable)之性质的欲望时,便无能道出所选出者的优胜之处,而只会将它们各自的优点同时化约为同质的性质(如有利、可欲等)来加以比较。另一方面,坚定的评价者对欲望进行反省,并非单独反省

---

① Taylor(1985),pp.18-20.
② 见《商业伦理上的后设伦理学设定》,黄慧英(1995)。

及选择欲望，他兼且对于要成为怎样的人，要成就什么样的生命，作出抉择，因为选择拥有哪些欲望，便代表他选择作哪一类人、成就哪种生命，此点正显示坚定的评价者所提示问题的深度。

五、自我的同一性

至此，我们应回顾一直所讨论的问题。假使我们不愿意成为一名纵欲者，则必须关心我们认取了什么作为我们的意志，及是否获得意志上的自由等问题，这预设了我们已形成第二序之意志，对第一序的欲望作出选择；然而选择所依据的准则是什么呢？除了 r-p 欲望与 r-p 欲望冲突的情况，我们可以根据欲望的强度来选择之外，r-p 欲望与 r-f 欲望冲突时，r-p 欲望必须让位于 r-f 欲望这一结论，其实相当于一种"理性应支配欲望"的建议。但是，我们发觉以理性来作准则不是自明的。进一步的分析显示，冲突中的欲望究竟属于哪一类，并非决定于欲望的对象，亦非决定于欲望本身的特性，而是在于我们如何诠释他们，在某种诠释下，可以看成可以仅依强度来解决的诸如 r-p 欲望之争，而在另一种诠释下，则可以看成是互相对立的 r-f 欲望之间的冲突。

一名有深度的坚定的评价者，不需要时刻都要作出强式的评价，例如他不必将如何欢度周末的选择，提升为相对立的欲望，但是亦不能严格规定，何者当作强式何者当作弱式的评价，因为归根结底，如何看待他面对的冲突，由他自己来诠释。一个人所作的这方面的诠释正反映出他的价值体系：什么对他来说是重要的，某一欲望在哪一方面对他来说意义深远，某一欲望只是他的偶然所好而（他认为）无须执着，等等。我们亦可见到，当我们要衡量及证立 r-p 欲望的重要性之时，必须给予一理由，就算是"尊重欲望"（此亦容许各种不同的修饰使之凸现欲望对我们的意义)本身,亦是一理由,换句话说,当对 r-p 欲望形成第二序欲望之时,我们已将原来的 r-p 欲望转成 r-f 欲望,如此便解释了为何欲望须服从理性,但此解释并没有预设没有理由的欲望必须排除出价值体系之外,反而是将之纳入价值体系中,使其可以与其他 r-f 欲望较量,并且没有预先决定其结果必定是 r-f 欲望获胜。

在上述的意义下,价值体系构成一个人之为一个特殊个体的特质,也就是说,我们借着价值体系来界定"自我",故自我的同一性(self-identity)乃建基于我们所拥有的价值体系之上。同一性这概念指涉某些具关键性的评价,这是由于这些评价是不可或缺的基础,我们在其上以"个人"的身份来作反省及评价。[1] 泰勒在这里说的"关键性评价"相当于上文说的"价值体系"。

我们可以说因此我们的自我诠释是我们的经验的部分构成要素。[2] 问题的关键是,对于这构成自我的价值体系,并不是固定不变的,我们可以检讨我们本有的价值体系,并进而作出与前不同的模塑。虽然有过往经验的限制,使我们难以理解或接受崭新的观念,但事实上,我们的价值体系时常受到挑战,新的观念有时真的能够改变我们自己,因此,我们总可以对自己的价值体系重新评价。这种尖锐的评价是一种深入的反省,同时是一种特殊意义的自我反省:它是对自我及其最根本的事件的反省,并且是最全面与最深刻地牵涉自我的反省。[3] 由此可见,我们作为个人,必须对自己的欲望进行反省及评价,但由于有关欲望的讨论在自我的观念的脉络下才具意义,我们更须对自己的价值体系作出深刻的反省,只有不断重新评估及更新(有必要

---

[1] Taylor(1982),p.35.

[2] Taylor(1985),p.37.

[3] 同上,p.42。

时)自己的价值体系,才能使欲望的选择不流于随意或没有基础。

六、孟子的"自我"概念

耳目之官能只会产生倾向与欲望,它不能作出反省,不对它们加以反省和判断,便只有根据强度来作选择;我们顺着耳目之官的牵引,而不能鉴别出哪些欲望是我们当追求的,也不能为"我们追求满足某些欲望而必须放弃什么"定出规限,这样的话,我们只是小人——法兰克福意义上的"纵欲者"——而已。与耳目之官相对者就是心,心的职能就是反省,对各种欲望作出评价。孟子没有说欲望是不好的,因而必须压抑或弃绝,他只是强调,我们若要作为一个主宰自己生命的人,便必须自觉地作出判断,将欲望定位。饮食之人,则人贱之矣,为其养小以失大也。饮食之人无有失也,则口腹岂适为尺之肤哉?(《孟子·告子上》)可见口腹之欲本身并不是坏的,但我们必须对之作出诠释,把它安放于生命的价值体系中,所以其为善或不善,端视我们作出怎样的诠释,及拥有怎样的价值体系。孟子曰:"人之于身亦兼所爱,兼所爱,则兼所养也,无尺寸之肤不爱焉,则无尺寸之肤不养也。所以考其善不善者,岂有他哉?于己取之而已矣。"(《孟子·告子上》)故小体、贱体、口腹、尺寸之肤、身等等,不是不应照顾(养)的,只需不以小害大,即不应顺其要求而不作反省。孟子曰:"拱把之桐梓,人苟欲生之,皆知所以养之者。至于身而不知所以养之者,岂爱身不若桐梓哉?弗思甚也。"(《孟子·告子上》)不单是欲望,甚至生命本身,亦由我们赋予价值,假若在某一价值体系中,某些东西有甚于生命,则可牺牲后者。"是故所欲有甚于生者,所恶有甚于死者。"(《孟子·告子上》)正显示人有超越生理欲望(爱生恶死是其极致)的要求,而订定人生的价值的可能。

　　人生的价值固然由作为价值主体的个人所赋予,诸种价值都通过人的诠释而确立其轻重大小,所根据的是人的价值体系,这价值体系建构出自我。故人的自我概念便是价值判断的根源。

　　然则孟子拥有怎样的自我概念? 他的自我概念可体现于"仁义礼智根于心"(《孟子·尽心上》)、养浩然之气而期能充塞宇宙、尽心知性的肯定上。基于这肯定,他将自己与禽兽区别开来,并且将此区别视为价值上的区别;基于这肯定,他不视耳鼻口目等之所好所欲为性。他的自我概念其实等同于他对人的概念。孟子既然拥有上述自我概念,他会建构怎样的价值体系呢? 当然,任何促进自我实现者都是善的及应该追求的,任何阻碍自我实现者都是不善的。欲望与官能的地位于是可由此规划,在某些情况下,欲望的满足可被诠释为与实现自我的目标对立的,因此必须加以节制,这就是"养心莫善于寡欲"(《孟子·尽心下》)这主张的价值脉络。另一方面,生理官能亦可有正面作用,因为价值很多时候必须通过官能去落实及展现,这就是"践形"的观念,能践形的圣人,呈现出来,就是:"其生色也,然见于面,盎于背,施于四体,四体不言而喻。"(《孟子·尽心上》)

参考书目

Frankfurt, Harry G. (1982), "Freedom of the Will and the Concept of a Person", Free Will, Watson, Gary (Ed.), Oxford: Oxford University Press.

Frankfurt, Harry G. (1988), "Identification and Wholehear-tedness", The Importance of What We Care About, Cambridge: Cambridge University Press.

Nagel, Thomas (1970), The Possibility of Altruism, Princeton, N.J.: Princeton University Press.

Schiffer, Stephen (1976), "A Paradox of Desire", American Philosophical Quarterly.

Taylor，Charles（1982），"Responsibility for Self"，Free Will，Watson，Gary
(Ed.)，Oxford：Oxford University Press.

Taylor，Charles（1985），"What is Human Agency"，Human Agency and
Language：Philosophical Papers I，Cambridge：Cambridge University Press.

Watson，Gary（1982），"Free Agency"，Free Will，Watson，Gary（Ed.），Oxford：
Oxford University Press.

黄慧英(1995)，《道德之关怀》，台北：东大图书公司。

理性的欲望
——儒家关于内在转化的睿智在道德上的意义

一

我曾在别处指出,^①儒家虽然严辨义利,但并不盲目反对利,其所认为须加以限制的乃私利私欲而已,公利是可以并且应该追求的,尧舜的抱负就是要使天下百姓得到安顿。这抱负对于尧舜来说,是将非个人立场内在化成为个人立场,甚至取代了后者,然而我们不该将这种状态视为对个人欲望的压抑,却可看成是个人充分认同了非个人立场的价值,而最终以实现该价值为个人的终身目标,是时个人欲望与非个人立场二者合而为一,于此乃体现出圣者的胸怀。^②

尧舜以至中外圣人为我们展示出私利(个人欲望)等同于公利,亦等同于当行之义的境界。然而不必每个人都担负尧舜之志,正如内格

---

① 见黄慧英(1988),第 5 章。
② 关于个人立场与非个人立场应有关系的讨论,见《无私与偏私的调和》,黄慧英(1995)。

尔所见到的,以非个人立场完全取代个人立场是不可欲的[1],对于寻常百姓来说,每个人都有他的个人目标,这些个人目标亦不必是公而忘私、以公为私的尧舜抱负,只要世上每人顺应其才情,尽量打破才具上的局限,努力实现个人目标,人文世界便会兴勃旺盛,处处尽见生机。因此,卑微如曾点的志愿,由于乃根植于他的性情,更由于其在容纳各式意愿的文化氛围中方能萌发,以致圣人纵有安顿天下之抱负,亦禁不住向往其实现之美,由此可见,虽然很多时私利不相当于公利,但亦不必与义不相容。

"义"就是道德准则,我们固然不能从行为是否带来私利来决定其对错,甚至也不能由其是否带来公众利益断其是否当为,因为人之所欲者未必尽符理性,是以公利之与义,始终不能等同。这点本就是反效益主义者的重要理据。一般理解,效益主义以人的欲望为已知,而只以谋求在众人欲望冲突时的公正处理,目标是务要实现最多的公利。普遍效益主义哲学家黑尔亦承认,个人可能有些欲望,是与将来的欲望冲突的[如现时为届时的欲望(now for then desire)与届时为届时的欲望(then for then desire)冲突],那么,我们是否在考虑应如何做时,将所有欲望的满足都计算在内呢? 如果是的话,则"这不一定是导致我们得到最大幸福的行动(所谓'最大幸福',是意指所有我们'现时为现时'及'届时为届时'的好恶取舍,在总和上得到最大满足);因为我们也许有强烈的先存的'现时为届时'的好恶取舍,结果导致一些行动,是我们在届时十分宁愿自己没有采取过的,因为这些行动导致了我们'届时为届时'的好恶取舍得不到满足"[2]。在这问题上,黑尔提出了"为己精明打

---

① Thomas Nagel, Equality and Partiality, p.47.
② R. M. Hare, Moral Thinking: Its Levels, Method and Point, p.105.

算的要求"(principle of prudence)。这要求就是：我们应当经常在当下具备一占优势的或凌驾性的好恶取舍——宁愿使我们"现时为现时"及"届时为届时"的好恶取舍，得到最大满足。[①] 这就是说，假使一个人是为自己将来设想的话，便会根据所预见的届时为届时的欲望，对现时的欲望加以调整。然而，这符合为己精明打算的要求是否理性抉择的必要条件呢？黑尔并没有明确说明，但当他谈到那些不为自己精明打算(即容许强烈的先存的"现时为届时"的好恶好舍，凌驾于经完全展现的"届时为届时"的好恶取舍)的人时，称他们为"为己方面的狂热分子"(auto fanatics)[②]，这名称似乎意味着他们是不理性的。黑尔更提出，当我们在作道德判断时，需要普遍化的他人的好恶取舍，只包括那些当他们是为自己精明打算的情况下具有的，当然现实上我们不一定具有关于这方面(什么才是一个为己精明打算的人所具有的取舍)的知识，理论上唯有依赖全知的天使长去说明这种认知方面的理想条件。

上面显示出，在个人的选择方面，顺应自己(当下的)欲望不一定是理性的，所以我们要提出为己精明打算的要求，加以限制，然而，在道德方面，当狂热分子出现时，奇怪的是，黑尔承认有"为己方面的狂热分子"的存在，却不认为现实上有纯粹的狂热分子。其他人的欲望都要让步，而这样做乃符合道德的可普遍化要求，甚至这普遍化经过设身处地的角色互换程序，亦会由于尊重事实而得出以上的结论。狂热分子出现的事例，是以极端的形式展现出问题，所以纵使一如黑尔相信的，现实上纯粹的狂热分子真的不存在，则问题不会因此而消失。例如，在一普遍事件上，在多人轻微地不希望某事发生(举例来说，30 人以 2 单位

---

① R. M. Hare, Moral Thinking: Its Levels, Method and Point, p.105.
② 同上。

强度不希望 A 发生),同时少数人颇强烈地希望该事发生(5 人以 8 单位强度希望 A 发生)的情况下,道德要求我们指令该事不发生,因为这样做能使最大的欲望得到满足。我们说这与狂热分子的问题同属一类,因为二者建立道德判断的方法如出一辙,就是以最大的欲望满足来作道德的依据,也就是比较各种做法的人数与欲望强度的乘积,最终是少数服从多数。狂热分子的事件,只是显示出当人数极少而欲望极强的特殊情况。由此可见,黑尔的计算方法,仍不出以质化约为量的方法。

二

黑尔的效益主义被认为较传统的效益主义革新的地方,就是前者是以普遍指令论为其重要组成部分,尤其普遍论方面,以普遍化原则为道德判断之必要条件,但这原则在他的效益原则中扮演什么角色呢?普遍化原则要求道德判断必须为各方接受,这要求我们在作判断时,要将各人的欲望强度作比较,而所谓作比较,必须设身处地将自己置于他人境况,向自己呈现出他人的欲望,并形成与他人欲望相同的自己的欲望,这种做法,就是将人际的比较化约为个人内部的比较,既然全都是"自己的"欲望,只以欲望的强度决定道德判断,结果肯定保证了该判断为各方接受。事实上,我们可以清晰见到,设身处地的普遍化程序只是提供了"认识事实"的途径[1],确定所得资料正确后,根据同一的计算程式,算题的答案当会一致。我们就整体而言所宁愿的,乃决定于在没有外在压迫的情况下,权衡所有好恶取舍所得出来的结果;我们从整体考

---

[1] R. M. Hare, Moral Thinking: Its Levels, Method and Point, p.88.

虑,结果得出来的好恶取舍,是我们个别的(也许还是冲突的)好恶取舍及其各自强度的函数,再没有别的了。[①] 很多伦理学者都认为,普遍化的规定是使得道德原则(或判断)成为公平的原则的一项要求;就算对黑尔来说,上述的规定是一种逻辑要求,但他也明确指出:"道德判断只是在一个意义之下可普遍化,这就是:它们涵衍对于所有在普遍特性方面等同的事件的等同判断。"[②]且认为符合此条件的道德判断是大公无私的。[③] 然而,究竟普遍化的道德判断在什么意义下是公平的呢?在上述分析下,我们发觉,经过角色互换程序以后的道德判断,乃因其在假设事件中同样可接受,在此意义下而为公平。换句话说,当我具有他人的好恶取舍时,我仍会接受该道德判断,这点在上文已反复申明,完全由计算程式所订定,问题是,事实上我并不具备他人的好恶取舍,例如在牵涉狂热分子的事件中,当(且仅当)我在假设情况中,具备狂热分子的极端好恶取舍时,我才会作出满足狂热分子的欲望的道德判断,但现实上我并非狂热分子,单纯因为我并非狂热分子而需要顺从狂热分子之所欲并且为此而压制我个人的欲望,是否公平呢? 从这问题,我们亦可见到,"普遍化"在作道德判断的过程中,不属于计算程序的一部分,只是获得资料的必需步骤,计算的方法始终是已知好恶取舍的总和,因此,道德原则并不因通过普遍化而变得更公平。此外,关于好恶取舍的事实,是否一不可变易的因子呢? 假如是的话,应然判断是否应该与现实——无论多坏——妥协呢? 在制定个人生活方针的问题上,理性要求我们为自己作精明的打算,根据预见的未来取舍来调整现时的好恶好舍,这是以"未来之我"的观点来指导"现今之我"。但是,为何

---

① R. M. Hare, Moral Thinking: Its Levels, Method and Point, p.225.
② 同上,p.108。
③ 同上,p.129。

在道德问题上,我们只让他人的好恶取舍呈现出来,甚至自己形成相当于他人的好恶取舍之自己的好恶取舍,却没有要求在呈现他人的好恶取舍之后,以此作根据,修订自己原来的好恶取舍? 黑尔的看法可能是,除了全知的天使长以外,没有人能够肯定他人的好恶取舍是不理性的,纵使其强度达致狂热分子的程度,加之,他认为虽然人们在作道德判断时,应模仿天使长的无私以及全知,但在现实上没有人是天使长(更没有人有权声称自己是天使长),所以没有人可以根据自己的观点来贬斥他人的取舍,必须如如地接收事实,并据此来作道德判断。

有些好恶取舍,甚至是在为己精明打算的领域内,亦可以是比其他的较为理性,但在最低限度上,仍是有颇多绝对自主的好恶取舍,是不能化约的,对于它们现在或将来的样子,理性只有接受而已。在此程度上,休谟是对的(1739;Ⅱ,3,Ⅲ)。可普遍化特性的效果,就是强制我们去找寻一些原则,是可以用来公正无私地使这些好恶取舍得到最大满足的;可普遍化特性并不拘限好恶取舍本身①,这一方面可看成是对狂热分子的纵容。

另一方面,假定人的好恶取舍并非不可变易的,正如黑尔也承认:"我们的好恶取舍可以改变;其他人的也可以。我们必须记着,好恶取舍不是固定的,而是会变的。这表示,我们以及其他人都有自由去宁愿一切我们所宁愿的。"②那么,在作道德判断时,人们可能会为了成功地满足自己的好恶取舍而得到道德的证立,而将原来的好恶取舍之强度加强,但由于道德并不拘限或制约好恶取舍,所以亦不会谴责这种做法。假若循此方向,是否鼓励人们皆成为狂热分子?

上述的问题,可以这样的方式概括阐明:根据黑尔,普遍化的道德

---

① R. M. Hare, Moral Thinking: Its Levels, Method and Point, p.226.
② 同上。

判断必定会为各方接受，包括受害的一方，因为该判断乃经过（双方）设身处地将自己置于对方地位、具有对方的好恶取舍后，依据效益原则而建立的，但它为受害者接受，只由于效益原则被设定为最高的道德原则，当受害者的取舍强度较弱时，他便应当接受，假如他是效益主义者的话。由此看来，借着道德判断同时为各方接受（包括受害者）这情况，去证明效益原则是公平的道德原则，这样是在根本上窃题的。这里出现的窃题，是指假使所依据的是效益主义原则，则必须服从原则所导引的结果，而我们所以选取效益主义原则，乃预设了该原则是公平的，故以效益原则为各方（其实只限于效益主义者）接受来证明效益原则是公平的，则是窃题。更严重的是，效益主义借着这"普遍的接受性"而强制应用于非效益主义者身上，则会出现非个人立场压制个人立场的问题，一如内格尔见到的。

三

假若我们肯定好恶取舍是可以变动的，又假若我们肯定变动须有一应然方向，则黑尔提出的普遍化程序其实可发挥一积极作用。譬如说，在将自己置于受害位置，深切体会到他的好恶取舍后，可以转过来调整自己的好恶好舍。调整的要求是双方面的，于是，借此双方都会获得一新的好恶取舍，看来这做法是设身处地考虑他人感受的真正意义，因为这是将自己的好恶取舍置于事实之前（他人具有相关的好恶取舍的事实），然后给予理性的引导。黑尔对于道德判断合乎理性的条件，是将我们本身的欲望置于事实与逻辑之前，前者指关于他人好恶取舍的事实，后者指道德判断具备普遍性及指令性的逻辑要求，可惜他赋予普遍化的意义，只局限于认知方面，而理性的要求，亦只限制于对道德判断的要求，而非对好恶取舍本身的要求。

上面简略指出对原初欲望作出调整的需要，但并没有提供调整的方法、方向、幅度或限度，理由是，调整好恶取舍——不管对其强度还是对其内容——就正好像形成一种好恶好舍一样，我们最多只能加以引导、培养，却不能模塑。人们纵使在种族、宗教、年代、生活背景等方面都相同，对于事物的认识都一致，仍会产生差异颇大的好恶取舍，这就是人之为人所具有的独特性，亦就是根据个人立场所缔造的目标或价值可以多姿多彩的地方，道德要求我们调整自己的好恶取舍，同时又不应抹煞个人的独特性，是否令人进退两难呢？

四

在这方面，中国儒家为我们展示出一种可行的实践形态。关键全在"仁"的观念上，"仁"以感通为性。举例来说，当感受他人的悲痛时，除了形成一种相当于他人悲痛的悲痛（这就是黑尔的普遍道德原则命令我们去做的，目的是认识事实以及将欲望的人际比较化约为自己内部的比较）之外，还生起一种不忍之心或不安之感，前者是将自己置于假设处境中形成的，那时的我不再是原来的我，但后者仍然来自原来与他人无涉的我，只是基于我对他的关切之情，因而不忍见他受苦。没有逻辑或任何道德原则可以逼使我兴起关切之情。道德判断就在我的原初欲望、他人不愿悲痛出现的欲望以及我之不忍见他人受苦的欲望之上作出。三者同为或可化约为个人的欲望，所以遇有冲突的时候，应不难解决。这不是实践方面而是理论方面的"容易"。三者对比于内格尔认为道德所必须包括的三方面：个人对自己的偏私、对他人大公无私以及尊重他人对他们自己的偏私，甚为近似，因为：① 要求满足原初欲望,就是对自己偏私;② 满足他人不愿悲痛出现的欲望,就是对他人大公无私以及尊重他人对自己的偏私;③ 不忍见他人受苦的欲望亦属于个人的欲望,但却不能算是对自己的偏私,因为显然价值主体仍是我(在此义上是主体相关的价值),但价值却通过他人来实现(在此义上是主体中立的价值),亦即以非个人立场肯定的价值内在化为个人立场。于是,我们见到,个人立场与非个人立场的冲突,可通过此第三者(即不忍之心)加以缓冲,亦可见到,感受他人欲望后兴起之欲望,理论上也可能使冲突更趋尖锐,所以在这里须讲究的是忠恕之道。

我们从孔、孟文献中可以见到,儒家对于人的欲望本身,是相当尊重的,孔子自己说过:"富而可求也,虽执鞭之士,吾亦为之。"(《论语·述而》),并明言治国者的首要之务,是使人民富裕;孟子更清楚指出,"货""色"等私利并不须禁绝,"好货""好色"等私欲亦不须放弃,只要求作为一个统治者,"与百姓同之"而已。"与百姓同之"即将谋取私利的个人欲望扩大为"令每个人的私利都得到满足"的欲望,亦即除了肯定自己的个人欲望外,同时尊重他人的欲望,这便是儒家"立己立人""成己成物"的道德理想。当然,儒家对于欲望,不是单纯的接受,因为儒者意识到,欲望本身是没有方向,亦没有止境的,孟子的大体小体之分,已充分辨明此义。"耳目之官不思而蔽于物,物交物,则引之而已矣。"(《孟子·告子上》)假若只以当下的欲望的满足为依归,在为己方面可能出现整体欲望得不到最大满足的情况,亦即成为"为己方面的狂热分子";另一方面,在牵涉他人的事件时,会出现为求利益,不择手段的情况,严重的造成弱肉强食的野蛮局面。儒家提倡的是将欲望加以引导,引导的方向,乃借着非个人价值内在化而为个人价值,而使个人欲望自动收敛,但这并不是以非个人立场压制个人立场,因为终止他人痛苦的要求与对他人痛苦所生之不忍之心二者根本并不对立,内格尔提出的对个人动机的转化，大抵接近此意；儒家所鼓吹的克己复礼等修己功夫，庶几亦建基于这种内在转化的可能性之上，当然这一切都要预设人本具仁义之心，此则恐怕非内格尔所能了悟的了。

参考书目

Hare R. M. (1981), Moral Thinking: Its Levels, Method and Point, Oxford: Oxford University Press.

Thomas Nagel (1991), Equality and Partiality, Oxford: Oxford University Press.

《论语》。

《孟子》。

黄慧英(1988),《后设伦理学之基本问题》,台北：东大图书公司。

黄慧英(1995),《道德之关怀》,台北：东大图书公司。

里查德·黑尔(1991),《道德思维》,黄慧英、方子华合译,香港：天地图书公司。

第三章

践仁尽性

儒家伦理各层面的实践

一、儒家伦理各层面的划分

当社会学者、人类学者、哲学家等对儒家伦理作出评论时,往往得出很不相同的结论,有谓"儒家的道德戒律残害人性、扭曲人情、压制人的欲望",有谓"儒家的道德践履使人呈现无私的胸怀",有谓"儒家维护及巩固社会的不平等"等。但在我们检视这些论说之前,必须先澄清"儒家伦理"这个概念的内容,它是指中国人长期依循的习俗呢,还是统治者所订立及推行的社会规范,抑或是有关角色所界定的责任及德性的规定? 上述论说是否成立似乎决定于(至少部分地)我们如何诠释"儒家伦理"。从这观点出发,我们大概可以一方面既接受韦伯对于中国没有出现资本主义乃由于儒家不像加尔文教(Calvinism)一样使人产生焦虑的论断,同时又接受晚近一些学者认为亚洲四小龙之经济勃兴乃由儒家伦理中"勤"之德性所导致的推断。虽然儒家伦理具有如何的特性及兴起如何之作用,实在取决于我们对它的诠释,但这不是说我们可以随意作出诠释;任何诠释,都必须根据理论上及历史上的证据才能得到证立。

不少当代中国哲学的学者都意识到"儒家"含义之广，因而作出不同的区分。例如，劳思光曾一再强调，儒家作为一个文化系统而言，有其开放要素，也有其封闭要素，后者如典章制度，前者则是其文化精神。对任何一系统内部的组成要素而言，都有其开放与封闭的区分，这是就一理论的效力而言。所谓一文化系统的开放要素，意即这些要素虽然出现在特定文化系统中，但应用到其他文化系统，仍有一定效力。相对地，如果有些要素离不开特定系统，一旦抽离这个系统就没有意义了，那就是封闭要素。[1] 在阐释文化活动时，劳教授划分了几类表现文化精神的活动：① 观念；② 生活态度；③ 制度；④ 习俗。[2] 我们也许可以推想，他会同意将此种划分应用到儒家上。刘述先同样认为，对于儒家的了解可以有不同层次：① 把儒家当作哲学睿识；② 把儒家当作传统典章制度的概括；③ 把儒家当作民间价值的储存。他感叹："五四"以来，"儒家"一向背负恶名，其实它有僵死过时的部分，也有与时推移、万古常新的部分，有待我们认取。如果我们分开对于儒家了解的不同层次，也许很多误解和混淆就可以得到澄清。[3] 林安梧亦提出了类似的观点，他认为儒学传统并不是单元的，而是多元的，以其多元性，所以自成一系统而发展。今人常忽略了儒学传统内在的多元性，这是值得检讨的。当然，是在一个什么样的状况下，使得当代的中国知识分子无视于儒学的多元性传统，或者说，在一个什么样的情境下，使得儒学成为单元化的传统，这是值得注意的。[4] 他建议将儒学分成"帝制式的儒学""批判性的儒学"与"生活化的儒学"。"帝制式的儒学"是从汉董仲

① 劳思光(1992)，pp.184 - 185。
② 劳思光(1987)，p.718。
③ 刘述先(1989)，p.265。
④ 林安梧(1993)，p.265。

舒以后所开展的一种历史常态,这样的儒学为帝皇专制所吸收,而成为帝皇专制者统治的工具。"批判性的儒学"则秉持着尧舜之治的理想,格君心之非,与帝皇专制形成对立面的一端。至于"生活化的儒学"则强调人伦孝悌与道德教化,它与广大的生活世界结合为一体,成为调解"帝制式儒学"与"批判性儒学"的中介土壤,它缓和了帝制式儒学的恶质化,也长养了批判性儒学的根芽。"帝制式的儒学""批判性的儒学"与"生活化的儒学"三者形成一体而三面的关系。[①] 以上对儒学的各种区分,都是针对儒学的多面表现而作出,它们之间的优劣(假如有的话),只是对应于特定的研究目的与对象而言,本文不打算作深入的比较,只想指出,为儒家作出适当的内部区分,不单可以深入地展示儒家各方面的特性,及其分别与现实世界中各层面的关系,更可能涉及"道统"的建构问题,其中或有关乎判教的工作。[②] 由于儒家源远流长,"儒家"一词涵盖又甚广,要达致无异议或令人信服的结论,必须有待进一步探究。然而本节要处理的,并不是这个庞大的课题,而是集中于讨论儒家伦理的"定性"问题。

如上所论,在儒家伦理方面,我们须作出不同层面的划分,我建议将之分成四层:儒家的终极道德原则;儒家的德目与道德规条;制度化的儒家伦理规范;礼俗习惯。兹分别阐明如下。

(1) 儒家的终极道德原则是"仁"。"仁"在此不是指谓在众多德目中的一种,而是在作道德决定时,与他人感通无碍,视人如己的要求,倘若符合这种要求,便能辨别善恶,作出大公无私的道德判断。在这种理解下,"仁"看来不像西方道德系统中的道德原则,至少与"效益主义"这

---

① 林安梧(1993),p.94。
② 在这个课题上,出现一些争论。争论先由余英时发其端,参考余英时(1991),及后由刘述先加以回应,参考刘述先(1995)。

类道德原则有些距离,不过,它还是具备了西方道德理论中道德原则所包含的两大要素:普遍性与无私性。当然,儒家伦理学说算不算一种道德理论,则须作深入的讨论。①

由于"仁"没有包含特殊的具体内容,所以可以适用于任何时代与地域,这便是其普遍性。值得注意的是,"仁"所具备的普遍性不仅不会在应用时令人忽略实际境况的特殊性,反而正因为意识到每一处境的独特性,从而照顾到这些独特性。与他人相感通,就是设身处地体察他人的愿望与感受;视人如己,就是将他人与自己平等对待,不加偏袒。因此"仁"成就了儒家伦理的无私与利他的性格。

仁是儒家伦理的核心观念,它既是对道德判断者的要求,也就是预设了对判断者能力的肯定。儒家认为每人都具有能将"仁"发用出来的仁心,不单本性具有,并且每人都可自我主宰,让它发用出来,此点的肯定,建立了儒家伦理之为自律道德的根据。

(2)儒家伦理的第二个层面,包含了儒家所肯定的各种德行,如仁、义、礼、智、忠、恕、孝、悌、敬、慈、恭、宽、信、敏、惠等。它们都具有两重意义,一是作为自我修养之目标,另一则是作为维系人间秩序的规范。就前者言,它们皆以仁心为本,故可视为仁在不同境况或关系中的体现,亦即个人在与人相接或处理日常事务中无偏私及视人如己的自我要求。既是对自我的要求,故不是外在的强制。就后者言,这些德性是客观化的道德规范,展示出各种身份、地位、关系中的人的应然行为与态度。在儒家看来,这两种意义必须结合,亦即必须以仁为基础,该等德行方才有道德价值。

(3)儒家伦理的第三个层面内的规范,为帝制所认可,并借着政治

---

① 可参看劳登对于道德理论之特性的分析,见 Louden(1992)第五章。

力量来推行。历代统治者在众多儒家伦理规范中，选出能巩固其统治的成分，加以制度化。其中一部分是能使社会结构稳定的价值，如忠、孝、节、义等，另一部分被帝皇扭曲成有利于其专制政权的，如三纲五常等。由于后者脱离了仁的基础，故纵使以儒家之名行之，也是违反了以孔孟为代表的儒家精神，因而可说是反儒家的。于是，我们可以见到，虽然儒家有使道行于天下的抱负，但正如八百多年前朱熹所慨叹的："千五百年之间……尧舜三王周公孔子所传之道，未尝一日得行于天地之间也。"①此亦是金耀基将"儒教之国"与"国家儒学体制"分辨开来的理由了。②

　　(4) 儒家伦理作为人类行为的指导原则，应能体现于人伦日用中，《中庸》谓："道也者，不可须臾离也，可离非道也。"又谓："君子之道费而隐。夫妇之愚，可以与知焉，及其至也，虽圣人亦有所不知焉；夫妇之不肖，可以能行焉，及其至也，虽圣人亦有所不能焉。"有道德修养的君子，一举手一投足，莫不从容中道。儒家的道德理想，正是将道实现于日常生活的仪节习俗中。

　　虽然儒家承认由于道之费而隐，故"百姓日用而不知"之情况是有可能出现的，但这并非儒家人文化的理想；因为作为主体价值哲学，必定强调人的主体性及自觉性，这样，它所重视的不独是客观的行为表现上是否符合道德，而是要行为者在对于道德价值的自觉及认取的基础上，实现道德价值。

　　在儒家伦理的第一个层面内，仁是终极的道德原则，这原则预设了人与他人感通及视人如己的可能性，也就是说，人之具有仁心是儒家伦理的超越根据。由此可见，认同儒家伦理，必须对仁心之超越性与普遍

---

① 转引自金耀基(1992)，p.113。
② 同上，pp.112-113。

性予以肯定。道德主体性既立,则可开展儒家的主体伦理学,然而,在有关后现代伦理的讨论中,是否有普遍的人性,是一个核心问题,如鲍曼(Zygmunt Bauman,1925—2017)有关后现代伦理的学说[1],当然在哲学上此前亦有相关的讨论。当代儒家必须对应这个问题,提出现代人可以理解及接受的证立。

除了证立道德主体性外,对于现代伦理学者所推崇的个体性,亦应赋予一个合适的地位。在此基础上,我们可以对道德价值之外的其他多元价值作出肯定,这本是儒家化育万物的理想所包含的。

儒家伦理在第二个层面内须处理的课题甚多,其中一些是关乎理论的,另一些是涉及道德践履的。在理论问题方面,有些学者认为儒家伦理属于角色伦理,因道德规范都建立在人与人之间的特殊关系上,如父慈子孝、兄友弟恭等,因而没有普遍性。[2] 在此不再重复,我将论点总结如下:

(1)儒家伦理并不是由角色或关系决定道德,而是由道德心决定在特定境况中的具体道德要求。孟子的诘问正好表达此义:"且谓长者义乎? 长之者义乎?"(《孟子·告子上》)

(2)因应不同角度而遵守不同规范,并不意味规范无普遍性,普遍性并非与特定性相排斥。有关普遍性的讨论,可参考《普遍道德戒律与德育——对一个后现代观点的批评》(见本书第四章第二节)。

在有关践履的问题方面,有论者提出:既然这个层面的德行具某程度上的特定内容,故这些德行或规范是否应随时代而转变? 对于这个问题,可作出以下回应:假使我们并非将儒家肯定的各种德行视为

---

① 见 Bauman(1993)。
② 我曾在另一篇论文中作出深入的讨论,见《儒家伦理现代化之路向》,黄慧英(1995)。

"仁"的一种逻辑演绎,而只是仁在不同境况中的具体落实,亦即通过感通,体察对方的期待、愿望、需要等,而后订出的无私制约,那么既然人的期待、愿望、需要等,会随时代、生活形态、考虑问题的向度及深度而转变,这些制约亦不会一成不变,没有得到仁心所认同的规范,只是徒具形式的规条。孔子时代,已对僵化了的周礼提出有力的反对,这正因为他充分意识到,这些规条已从"仁"的客观化,变成只有外在强制力量,却无仁作为内容及动力的空壳。因此在这层面内的重要课题,就是检视各种德行,重新赋予合乎当代人需要的具体内容。

依上所论,既然儒家伦理的终极道德是仁,而其他德行只当在合乎仁时,才取得道德规范的地位,那么,假若有人作出"儒家伦理压逼人性"或"儒家伦理导致中国落后"等论断,则他必须清楚表明,所谓"儒家伦理",是否得到仁心的赞许,亦即是否为仁心所作出的自我道德修养的要求,若否,则该等伦理规范,并不真正为儒家所认同,亦即不可归类为"儒家伦理",可见,"仁"在此义下乃作为一鉴别准则。

另一方面,在近年有关东亚经济发展与儒家伦理的关系的讨论里,出现了一种"儒家伦理有助于东亚的经济发展"的论说,我们在审查此说法之前,同样必须辨识所谓儒家伦理的内涵,那是指"勤""俭"等德行,还是指"扬名声、父母"的训示。有些学者已指出,若将后者看成儒家伦理中的成就动机,毋宁将之看作家族伦理来得确切。[①] 这里触发一个值得深入探讨的问题,那就是在仁心所认取的各种德目中,可否及如何分辨出哪些属于儒家伦理的重要规范,哪些只有边缘意义? 看来这区分不能单靠"仁"来进行,而须结合儒家哲学中的形上学说(如"天之大德曰生""天人合德")、人伦观念(如孝的意义、爱有差等说等)、教

---

① 见陈其南(1989)。

育理念(如有教无类),以至政治主张(如天下乃由天命人与"民为邦本"等),才能作出合理的分判。否则,若将规范从这些哲学观念中抽离出来,便罔视了儒家伦理之特性。

在第三层面的道德规范,主要是与政治结合一起的。虽然将政治视为伦理范畴的延伸备受批评,但若说政治与伦理互不相涉,则断不能成立。政府之职责在于管理众人事务,对于社会风气以及大众道德意义之培育,政府是责无旁贷的。当然政府不应以某一套特定的道德信念,利用政治权力或权威强令人民接受,否则便流为政教合一。因此,一方面我们固然要反对那些助长不合理统治的伦理规范;另一方面,道德之价值并非依赖于其在效果上有利于开明政治的推行——道德自有其内在价值,虽然它可实现于政治上——所以政府应鼓吹什么道德意识,并不应以政治目的来衡量及选取的,道德反而可判别政治目的是否合理。无论如何,这些都是第三层面的工作。

如上节所言,虽然儒家伦理可借礼仪习俗来实践,但中国人的礼仪习俗,并不一定源自儒家,更不必符合儒家的伦理精神。由于礼仪习俗的形成是半自觉的[①],它们受地理环境、古老神话传说、民间信仰、生产方式、生活形态等影响甚大,所以不能根据这层面内的表现去评论儒家伦理。正如在其他层面内的情况一样,我们须以儒家伦理中的核心观念(仁),去鉴别各种礼仪习俗。

二、儒家伦理各层面之实践

在第一层面,使仁心得以充其极的发用,是主要的实践目标。至于

---

① 劳思光(1987),p.718。

达成此目标的功夫,孔子言"克己"、言"推"、言"修",孟子言"思"、言
"养"、言"求放心"等,都试图以不同的方式来阐明,儒家的修养功夫重
内在的自觉,宋明儒者对此更详加发挥。用现代人的观念来说,若要达
到与他人感通无碍,视人如己的无私境地,便须培养出将个人的观点及
利益考虑暂且搁下的能力,以及设身处地了解他人的道德想象力,当然
最根本的就是对他人的关爱之情。对于客观世界的认识及理解,以仁
来作出正确的道德判断时亦相当重要,其中有知识上的要求,还有对于
历史、现实、个人心理及行为表现的理解,此则与个人识见、阅历、价值
取向等关联着。因此,开阔视野、对新事物持开放态度、对不同见解采
取包容精神,都有助于儒家道德理想的实现。

另一方面,让人醒觉自己为道德主体,可使人从宗教戒律、祖宗训
令、政治权威等解放出来;同时,在此意义下,清楚自己的道德责任,对
于道德人格的完成,有着重大的意义。

在第二层面内,当我们借着仁检定出合理的儒家伦理规范或道德
规则后,通过自我制约,遵守这些规范,从而在日常生活中达到自我修
养的目标,这就是"克己复礼"的意义。唯在遵守规则之同时,必须理解
规则背后的精神,并自觉地认同该精神,才不会流于形式化。

在第三个层面,由于儒家伦理依凭制度来推行,故具有相当程度的
强制力量,因此为免对一般人造成压逼,执政者必须额外谨慎。压逼感
通常源自对规范的道理及精神的不理解或不认同,故若要将压逼感及
由之而来的反抗情绪减至最低,便应借教育、对话、咨询来加强与人民
的沟通,并随时因应他们的理解及接受程度调整对他们的要求,尤其要
尽量避免以高压严苛的方式来使他们不越轨。孔子曾提醒我们:"道之
以政,齐之以刑,民免而无耻。"(《论语·为政》)除此以外,他"先富后
教"的政治智慧不纯是迁就现实,而是在尊重现实的基础上迈向儒家理

想。由此看来,利用政治力量以有效地实践儒家伦理而又不产生负面作用,首要条件是开明及开放的政府,以及对于少数意见的容纳机制。

政府或制度也许有助于儒家伦理的推行,然而对于作为生命哲学的儒家学说,其最为彻底的实践应呈现于大众的生活中,也就是说,一个儒者必定将他对生命以及人间价值的信念贯彻于行为中。而有关个人的生活与行为,却不该也不能为某些人或制度所控制。因此,在第四个层面的工作,简单地说,就是不要积极地作出干预。尽量维护自由与互相尊重的环境,让各种个人的取向有机会实现,就是最大的任务。这样,便为个体性能得到充分发挥提供了社会文化上的条件。

参考书目

劳思光(1987),《中国文化要义》,香港:中国人文研究学会。

劳思光(1992),《中国文化路向问题的新检讨》,台北:东大图书公司。

刘述先(1989),《大陆与海外:传统的反省与转化》,台北:允晨文化实业股份有限公司。

刘述先(1995),《对于当代新儒家的超越内省》,发表于钱宾四先生百龄纪念学术研讨会。

林安梧(1993),《"以理杀人"与道德教化》,《鹅湖学志》,第十期,台北:东方人文学术研究基金会。

余英时(1991),《钱穆与新儒家》,《犹记风吹水上鳞》,台北:三民书局。

金耀基(1992),《中国社会与文化》,香港:牛津大学出版社。

陈其南(1989),《东亚社会的家庭意理与企业经济伦理》,《当代》,第三十四期。

黄慧英(1995),《道德之关怀》,台北:东大图书公司。

Louden, R. B. (1992), Morality and Moral Theory, Oxford: Oxford University Press.

Bauman, Z. (1993), Postmodern Ethics, Oxford: Blackwell.

牟宗三先生关于道德践履之议论

　　儒学是生命的学问，它不单是阐释人性、颁布道德戒律的义理系统，它更能发挥启迪人心、开扩人之无限可能性、提升人的精神境界的作用，人之无上尊严因而得以挺立。由此看来，儒学的宗旨不是指向描述世界，而是以凭借人的改造，建立和谐合理的人间秩序为依归。最重要的是，儒者深信，依靠人的自觉努力，便可达致这理想，基此，有关努力的方向、方法、必须克服之困难等等的论说，占据儒学的核心部分，构成丰富的实践学说。牟宗三先生对中国哲学的贡献，正如很多学者都同意的，乃在于对中国哲学内部系统——尤其是儒家——的鉴别与衡定，以至对中西哲学的融通。然而，在这些工作以外，牟先生关于道德践履之议论，一方面，固然在学理上彰著儒家各系统的特色，另一方面，更透露出牟先生个人对道德践履之体悟，及其所认取之路数，这都是研究牟先生学问所不容轻忽的。虽然牟先生没有关于道德践履的专门论著，但在梳理宋明理学各系统时，对于相关的课题，往往反复论辩，本节试图从这些论辩中综合整理出一个完整的面貌。

一、逆觉体证

儒家肯定人异于禽兽,且能借着一己之努力,臻圣人之境,然此全凭各人心中的一点灵明。这亦即孔子所言之"仁",孟子所言之"善性""本心""良知良能"。它既是道德可能之根据,亦是"为何道德"之解答所在。因此在自我修养、扩充善端之前,必须先认识"仁体"。宋儒程明道明白点出"学者先须识仁",胡五峰亦特别强调察识的重要,提出"欲为仁,必先识仁之体"。此处所言之"识"并非"知识"或"认识"之识,也不是追求对于客观世界的认知,而是对内心一点灵明的觉醒,故是一种内省。另一方面,"先识仁之体"的"先",也不是时间上的先后次序,而是义理上的先后。牟先生评论朱子无法契会五峰之学时说:殊不知在五峰"先务知识"不是广泛的知识,乃专指"先识仁之体"而言,即专指经由逆觉以默识体证本心性体而言。此是自觉地作道德实践之本质的关键,何得不先?[1] 从不自觉到自觉,从陷溺到警醒,从蔽塞到清明,从顺着感官欲望的牵引,到自我主宰,便是"逆觉"。就本心仁体说,察是先识仁之体,是察识此本心,是逆觉此仁体,察识同于逆觉;养亦是存养此本心仁体,是则察养唯施于本心仁体也。[2] 只有少数达致圣人境界的人,才能顺性之自然,而做到"从心所欲不逾矩",这是"尧舜性之";一般人则唯有从生命中发见本心,并体证而肯认之,此即"汤武反之"之意,"反"就是"逆"之为"逆"的意思。"逆"者反也,复也。不溺于流,不顺利欲扰攘而滚下去即为"逆"。[3] 牟先生明白指出此乃道德践履上最切要

---

[1] 《心体与性体》第二册,p.477。

[2] 同上,p.444。

[3] 同上。

而中肯的功夫,亦是最本质的关键。良心发见之端虽有种种不同,然从其溺而警觉之,则一也,此即"逆觉"之功夫。言"逆觉"之根据即孟子所谓"汤武反之也"之"反"字。……人若非"尧舜性之",皆无不是逆而觉之。……"尧舜性之"是超自觉,称体而行,自然如此,此《中庸》所谓"自诚明谓之性"也。"汤武反之"是自觉,是《中庸》所谓"自明诚谓之教"也,亦是《中庸》所谓"诚之者人之道也"之"诚之"之功夫。性反对言,反明是"逆觉"。孟子言"反身而诚,乐莫大焉",此亦是逆觉。孟子又言:"舜在深山之中,与木石居,与鹿豕游,其所以异于深山之野人者几希?及其闻一善言,见一善行,若决江河,沛然莫之能御。"此是典型逆觉之例。从不自觉到自觉也。大舜在深山之中虽说不上是陷溺,然亦是不觉之溺。及其一旦警觉,则一觉全觉,沛然莫之能御。胡五峰就良心萌蘖而指点之,显以孟子为据,又明是言逆觉。此是道德践履上复其本心之最切要而中肯之功夫,亦是最本质之关键。[1] 逆觉是逆觉本心仁体,然就其体证功夫进路之不同,分为两种形态,其一是从现实生活中,在流转之情与变动之气中,就良心萌蘖之际,当下体证使此萌蘖可能生出之仁之体,牟先生称此为"内在的体证"。"内在的体证"者,言即就现实生活中良心发见处直下体证而肯认之以为体之谓也。[2] 胡五峰言:"情一流则难遏,气一动则难平。流而后遏,动而后平,是以难也。察而养之于未流,则不至于用遏矣。察而养之于未动,则不至于用平矣。"[3]牟先生在对此所作的按语中指出,这里的察养就是察识涵养,而所察识者就是本心仁体,故察识等同于以上所言之逆觉。察识不是单察识未流之情自身,却是越过形而下的现象层,以及至形而上的道德本体,故他

---

① 《心体与性体》第二册,p.476。
② 同上。
③ 《宋元学案·五峰学案·胡子知言》,p.1369。

称此为一种"异质"的跳跃。无论如何，这种察识是就情气之动而体证察识本心仁体，因而属于内在的体证。察养于未流未动，则称体而定，不悔吝于事后也。"体"即本心仁体之体。察即察识，养即涵养或存养。胡五峰此处言察养虽就情与气说，然察识涵养之所施，实积极地亦在本心仁体也，不徒在形而下的无色之情与气也。察养于情之未流，气之未动，实异质地越至本心仁体而察养之也。……是则察养唯施于本心仁体也。不是单察养那未流之情、未动之气之自身。功夫施于体，而收其果实于情流之中节，气动之不悖，是即为察而养之于未流未动矣。若不以体为标准，单察养情与气之自身，难有果实也。纵使有相当之果实，亦非必是儒者言道德践履上之存养之果实也。是故此处虽就情与气说察养，然其隐而未发者之本旨实在积极地涉指本心仁体而说之也。[1] 另一种体证牟先生名之为"超越的体证"，超越者即隔绝现实生活，在静中闭关去体证本心，如李延平静坐以观喜怒哀乐未发前之大本气象，乃属此类。

内在的体证即指在日常生活中积极体察仁心，一方面此固含"人皆有之"的信念，另一方面亦蕴含良心乃无处不在，只俟机而发，故胡五峰谓："齐王见牛而不忍杀，此良心之苗裔因利欲之间而见者也。……此心在人其发见之端不同，要在识之而已。"[2]此为孔孟所宗，亦是后世儒者的共识，牟先生本人亦深信不疑。仁者其本心常精诚恻怛，存而不放，故能随事而充之也。不仁者则放其良心，故溺于流而常为不仁之事也。然虽至恶至忍者，其良心亦非无萌蘖之生。故凡放其良心者，若能于其溺于流中，就其萌蘖之生当下指点之，令其警觉，或自警觉，觉而渐存渐养，以至充大，则涓滴之水可以成江河，此所谓"以

① 《心体与性体》第二册，p.444。
② 《宋元学案·五峰学案·胡子知言》，p.1369。

放心求心"也。① 以放心求心,不是拿已放失之心去求心,而是"就心以求心"。牟先生在讨论王(阳明)学时,对此作出很精到的说明。逆觉之觉,亦不是把良知明觉摆在那里,而用另一个外来的无根的觉去觉它。这逆觉之觉只是那良知明觉随时呈露时之震动,通过此震动而反照其自己。故此逆觉之觉就是那良知明觉之自照。自己觉其自己,其根据即此良知明觉之自身。说时有能所,实处只是通过其自己之震动而自认其自己,故最后能所消融而为一,只是其自己之真切地贞定与朗现(不滑过去)。② 牟先生更郑重声称,儒者所肯认之本心,并不是一抽象的概念,也不是康德式的假设,而是一呈现,因此人人皆可有觌体之体证。当本心呈现时,虽然只是"发用之一端",然均可就此"一端"而见本源全体,盖觌体之体证即包含在茫茫利欲心中发见并肯认超乎习心的仁心本体。人皆有此本心,然不警觉而体证之,在茫茫习心本能之机栝中滚,此心虽自有,亦只是隐而不显耳。而其人即总在不觉中,不复知有其本心,亦不知其本心之何所是,不能有觌体之肯认与体证。……胡五峰言逆觉体证是就良心"发见之端"而当下体证良心之本体,即本心之自体。人虽在利欲之中,习气本能之中,其良心亦未尝不随时表露,因而其表露之端亦不一,故随时可当下警觉而体证之,故云:"要在识之而已。"此示吾人之肯认一道德的本心并不是凭空的肯定,吾人之体证亦不是茫茫无端之体证。本心是具体的真实,并不是抽象的一般的概念,是一呈现,并不是一假设,故而虽在利欲之中,亦未尝不随时表露。关键只在觉与不觉耳。吾人就其表露之端警觉而体证之,是肯认此本心之实际的亦是主观的根据,同时亦是自觉地作道德实践之本质

① 《心体与性体》第二册,p.475。
② 《从陆象山到刘蕺山》,p.231。

的关键（就道德本性辩论，必肯认一本心始有真正道德行为之可言，此是肯认此本心之理论的亦是客观的根据）。表露之端，虽只是一端，然由之而体证者却是本心之自体、全体。① 发见仁心，复操存之，至充其极，则仁不可胜用，义不可胜用。能尽心者便能知性，性即人可能道德的客观根据，亦即知善知恶，好善恶恶的形而上本体，此是肯定"心性为一""心形着性"的义理系统，虽为胡五峰所发扬，却早蕴于孔孟之学也。

二、诚意化念

前文已详论，逆觉体证乃体察内在于每人心中的仁体，由于仁是"我固有之""非外铄于我也"，所以只需反求诸己，求其放失之良心，去除自欺与物欲之障蔽，即能达致"斯仁至矣"之境，此亦孟子"反身而诚，乐莫大焉"之意。然而，纵使我们体察到超越层的心性，但如何使其发挥作用于经验层，则必须有道德实践上之实功，王阳明提出诚意致知，致知就是致良知，即"不让其为私欲所间隔而把它推致扩充到事事物物上"②，重要的是，儒者不单肯认良知为知善知恶的本体，还相信它是一种不容已的力量，可以克服私欲及其他感性条件的障碍。若问：即使已通过逆觉体证而肯认之矣，然而私欲气质以及种种主观感性条件仍阻隔之，而它亦仍不能顺适调畅地贯通下来，则又如何？曰：此亦无绕出去的巧妙办法。此中本质的关键仍在良知本身之力量。良知明觉若真通过逆觉体证而被肯认，则它本身就是私欲气质等之大克星，其本身就有一种不容已地要涌现出来的力量。此即阳明所以言知行合一之

---

① 《从陆象山到刘蕺山》，pp.479－480。
② 同上，p.232。

故,亦即孟子所言之良知良能也。① 至于诚意,"诚者使其不实而有自欺者纯归于实而无一毫自欺者之谓"②,只要意归于实而无自欺,便不会受感性层的支配及影响,而无时不由本心自作主宰。至明刘蕺山则提出诚意慎独之学,将王阳明经验层的"意"理解为超越的本体,且是至善之所止处,故其诚意之功亦具不同之意义,牟先生谓之"归显于密"。"诚意"者即如格致所知之"意本之物"之为"心之所存""渊然有定向",而如之也,而还之也,即如其实而实之也,即恢复意体之实而呈现之也,故动词之"诚"字亦可转为形容词而名此意体曰"诚体",即真实无妄之体,因而得曰:"意根最微,诚体本天"也。如此界定之"诚意"并非就"心之所发"之意念之有善有恶加诚之之功而使之为纯善,如阳明之所说。……如此界定之"诚意",诚之之功首先在格致,此则从"知"说;其次在"慎独",此则从"行"说。只有戒慎恐惧于独居闲居之时,而无一毫之自欺,此诚体始真能时时呈现。因此,此诚体亦曰"独体",即独时不自欺不瞒昧所呈现之真实无妄之体也。此种功夫当然极其凝敛,极其宁静。故姚希孟称其有"一种退藏微密之妙,从深根宁极中证入"。吾谓之为"归显于密"并不误也。③ 刘蕺山既将意与念分开,则诚意之功首先在于逆觉体证,继之以慎独功夫,使良心能时时呈现(此处牟先生虽然分辨诚意与慎独为二,然实则二而一也。详见下文)。刘蕺山提出慎独,正要补只识得本体而不用功夫之弊,刘蕺山认为,功夫愈精密,则本体愈昭著。陶先生曰:"学者须识认本体,识得本体,则功夫在其中,若不识本体,说甚功夫?"

先生曰:"不识本体,果如何下功夫,但既识本体,即须认定本体用

---

① 《从陆象山到刘蕺山》,p.230。
② 同上,p.466。
③ 同上,pp.478-479。

功夫,功夫愈精密,则本体愈昭荧。今谓既识后,一无事事,可以纵横自如,六通无碍,必至猖狂纵恣,流为无忌惮之归而后已。"①

君子仰观于天,而得先天之易焉。维天之命,于穆不已。盖曰天之所以为天也。是故君子戒慎乎其所不睹,恐惧乎其所不闻;此慎独之说也。至哉独乎,隐乎微,穆穆乎不已者乎。盖曰心之所以为心也,则心一天也。独体不息之中,而一元常运,喜怒哀乐,四气周流,存此之谓中,发此之谓和。② 而所谓慎独之功夫,乃在"耳目不交处""不睹不闻处""一念未起之中",戒慎恐惧、如临深渊、如履薄冰、无有自欺,遂而体证冲漠无朕之性体,亦即独体。君子求道于所性之中,直从耳目不交处,时致吾戒慎恐惧之功,而自此以往,有不待言者矣。其指此道而言道所不睹不闻处,正独知之地也。戒慎恐惧四字,下得十分郑重,而实未尝妄参意见于其间。独体惺惺本无须臾之间,吾亦与之为无间而已。唯其本是惺惺也,故一念未起之中,耳目有所不及加,而天下之可睹可闻者即于此而在,冲漠无朕之中万象森然已备也。故曰:"莫见莫显"。君子怎能不戒慎恐惧,兢兢慎之?

慎独而见独之妙焉。"喜怒哀乐之未发谓之中",此独体也,亦隐且微矣。及夫发皆中节,而中就是和,所谓"莫见乎隐,莫显乎微"也。未发而常发,此独之所以妙也。③ 体证性体,并存养之以保其不失,皆是慎独的功效,俱在念虑未起处所用之功。

对刘蕺山而言,意属于超越层,念属于经验层,既是经验层,则有私欲之杂、气质之蔽,须以超越之意以化解之,故有"化念归心""化念归思"之说。刘蕺山认为,由于"念不可屏",因此只需以"心"与"思"贯彻

---

① 《刘子全书》卷十三,《会录》,p.788。
② 《刘子全书》卷二,《读易图说》,p.216。
③ 《刘子全书》卷八,《中庸首章说》。

于念起之处,使其儆惕而不至流于过或不善。如此看来,功夫不是随念之生灭而作出省察,而是在善不善之"几"中,以向所存养之心省察动念,存养便能见几("君子见几而作,所谓善必先知之也"①),省察便能知所止,愈能见几便愈能知所止,可见存养与省察,实二而一之功夫,亦由此可见"即本体即功夫"之义。

三、变化气质

圣人存养本体,动念俱在良知朗照当中,故喜怒哀乐皆发而中节。众人则在气禀中,不能不受属于气的情、才、欲、术、忧、怨所影响,故发而未必中节。但一如胡五峰所言,"人以情为累也,圣人不去情。人以才为害也,圣人不病才。人以欲为不善也,圣人不绝欲。人以术为伤德也,圣人不弃术。人以忧为作达也,圣人不忘忧。人以怨为非宏也,圣人不释怨"②。情、才、欲等本身并非不善,只当溺于某种情、才,方会表现出邪恶。牟先生曾记对胡五峰此文所作之按语中即显示此义。情、才、欲、术、忧、怨等等皆可有好坏两义,只在溺与不溺耳。本心屹立,则皆可称体而发,转化而为好的意义。"圣人发而中节",则皆善也。"众人不中节",则皆恶也。此亦"同体而异用,同行而异情"之义也。中节者即天理,不中节者即人欲。天理者为是,为正,为善。人欲者为非,为邪。是非、正邪、善恶乃情、才、欲、术、忧、怨等之表现而为事相上的事。③ 牟先生接着指出,虽然气禀在事相的表现上可表现为是非正邪,未表现出来的气禀自身却是无相,然此无相不同于性体之无相。性体

---

① 《刘子全书》卷十二,《学言下》,p.702。
② 《宋元学案·五峰学案·胡子知言》,p.1374。
③ 《心体与性体》第二册,p.471。

无相是至善义，非中性无记义，因此值得叹美。但"人生气禀，理有善恶"。气禀自身本有种种颜色，如清浊、厚薄、刚柔、缓急之类是。是以气禀自身不能说无相。纵抽象地言之气禀自身尚不是事，如对其具体表现之事相言，气禀自身之颜色尚未表现出来，因此亦是隐而不发，自此而言，似亦可说无相。但纵使可说无相，亦非至善义，此却是中性无记义。而何况其发出来有具体之相之差异，亦正因其气禀之根有差异也。故气禀之根之无相实只是潜伏的无相。非真本质上无相也，尤非性体至善之无相也。从气禀处说如此，从属于气之情、才、欲、术、忧、怨等说亦是如此。情、才等根于气禀。表现出来是具体的情、具体的才、具体的欲等，因而有具体的表现相可说。但若抽象地言之之情、才、欲等之自身，似亦无相可说，即好坏皆不显。但纵使无相，亦非至善之无相，此只可说是中性无记之无相。故纵使气禀之自身以及属于气者之自身有时亦可说无相，然亦俱非性体至善之无相，此不可不知也。① 牟先生承五峰之意，申论陷溺方是恶之根源，故不主张废情、才、欲等，先生更进而提出，必须恰当地发挥此等气禀，妥善利用某些气禀，使其显露人生之优美，对于过偏或生滞碍之气质，则转化之，使生命得到畅通，儒者道德实践的目标中，即包含丰富多彩之生命的开展，故不能与倡绝情禁欲者相提并论。称体而发者，则一切表现皆顺其本心性体之是非好恶之用而合乎天理，因此而为是、为正、为善。否则溺于流而为人欲，则为非、为邪、为恶。情、才、欲、术、忧、怨等之表现亦然。称体而发者，则为情之正，才之正等。溺于流者，则为恶情、僻才、私欲、诡术、戚戚之忧、怨诽之乱，一切皆不正。然而圣人在原则上并不废情、才、欲等。唯有肯认情、才、欲等等而转化畅通之，则生命始茂。生命茂，则性体当

---

① 《心体与性体》第二册，pp.471 - 472。

矣。此亦犹变化气质可，而废气质则不可也。圣人"开物成务"，承体起用，岂是无情、无才、无欲、无术、无忧、无怨而可能者乎？唯"发而中节"，不谬于是非好恶之正而已。此亦见胡子之开朗，纯然儒者之立场……①牟先生在疏解刘蕺山之《改过说》及《证学杂解》时，对此有更详尽之发挥。其实气质之偏本身无所谓过恶。个体存在自有各种不同的气质。偏者只是"各种不同"之谓，多姿多彩之谓，特殊各别之谓，亦犹如说才性。其本身无所谓过恶也。顺其特殊各别之偏，通过感性之影响，使心体不能清明作主，以致行为乖妄，心术不正，始成为过恶。是则过恶是吾人之行为离其真体之天而不真依顺于真体之理者，是感性、气质、真体三者相交会所成之虚幻物。是则感性、动物性其本身亦无所谓过恶。依"生之谓性"之原则说气性之性是无善无不善（中性说），或有善有不善，或可善可不善，或直说是恶，此是善恶应用于气性或才性一论题上说。气性才性本身亦无所谓过恶。说其或好或坏者亦是就其是否能体现真体之天而言；即使能体现，亦有难不难之异，易不易之别。能体现真体之天，则无过恶，因此说其为善。否则说其为不善或恶。能之中有难易，难者说其较不好，易者说其较好。不能之中亦有程度之别。不能之甚者为更不好，不能之不太甚者其不好较差。而无论如何，其本身好坏（善恶）之好与真体之善不同，坏（恶）亦与过恶不同。是故真体呈现，过恶须化除，而动物性、气性、才性、气质则只能说变化或转化而不能说化除。② 刘蕺山除了言"治念归思"之外，在道德实践中，更叫人警觉随时随地显现之过恶，此本是儒家"观过知仁"的义理传统，但由于刘蕺山"体会甚深"，故"言之最切"③，他从众多不同过恶中分辨出

---

① 《心体与性体》第二册，pp.472 - 473。
② 《从陆象山到刘蕺山》，pp.536 - 537。
③ 同上，p.520。

"微过""隐过""显过""大过""丛过",其中以"微过"最可畏,因生于未起念之前,人若一陷妄中,伪乃随生,必须以诚化之。警觉诸过,便须赖迁善改过之心,而改过之根据,亦唯有复本体之真。刘蕺山更谓,时时知过,则时时改过;当念过,便从当念改;当身过,便从当身改;当境过,当境改;随事过,随事改;"凡此皆却妄还真之路,而功夫吃紧总在微处得力云"①。

　　牟先生于此处亦有同样深切之体会。此中言微过之妄最为深透,盖与独体并行,"独而离其天者"即"妄"。"妄无面目,只是一点浮气所中""直是无病痛可指""原从无过中看出过来者",故曰微过。盖即"同体无明"也。诚与妄对,一真便是诚体,一虚欠便是妄根浮气。其旨深矣。诚体深至何处,妄浮随之;诚体达至无限,妄浮随之;诚体是终极的,妄浮随之为终极。此其所以为"同体无明"也。② 牟先生并明确指出:"罪过、过恶,是道德意识中的观念。道德意识愈强,罪恶观念愈深而切,而且亦只有在道德意识中始能真切地化除罪恶。儒圣立教自道德意识入。"③因此认为儒家偏于乐观,对人生负面感受不深,实是一大误解也。真有道德意识而作道德实践者,若非徒为世俗之好人,或徒为具道德之文貌而无道德之精神者,则必正反两面皆深入,正面必透悟至心体与性体,反面必透悟至知险与知阻。其多言正面者重在立体立本,而险阻则在实践中随时遭遇之,即随时本正面以化除之,此并非可争辩之问题,故无暇多言也。……若无真正之道德意识,虽多渲染之,有何益哉? 故吾人若不言负面则已,若欲言之,则必套于道德意识中始能彻

①《刘子全书・人谱续篇・改过说一》,p.184。
②《从陆象山到刘蕺山》,p.532。
③ 同上,p.537。

底而穷源,清楚明确而真切,而且真能实践地化除之。① 牟先生所强调的是,谈论罪过,不应光作现象学的描述,亦不应抽象地为了理论的目的而作出概念上的解释,谈论若要透彻而深入,必须立根于道德意识,基于道德意识,便会力求理解罪恶,从而化除之。再益之以道德实践,便能就化除罪恶所应用之功,有真切的体会。此即不离生命而谈罪恶。"儒学是生命的学问",是"成德之教",是"实践之学"等,或可通过其罪恶论来领略。

四、随波逐浪

儒者本着道德意识,要人体证本心,诚意慎独,观过化念,去除气质之偏,不溺于情、才、欲,俱是毕生毕世之事,不得有一毫之松懈。然随事过、随事改,立真心而改过,则本性一露全露,存养与省察意识便添一分,如此持续不间断,则全部生命皆是良知流行。这是"观乎圣人则见天地"。阳明言"致"字,直接地是"向前推致"的意思,等于孟子所谓"扩充"。"致良知"是把良知之天理或良知所觉之是非善恶不让它为私欲所间隔而充分地把它呈现出来以使之见于行事,即成道德行为。直接的意思是如此,再进而不间断地如此,在此机缘上是如此,在彼机缘上亦如此,随事所觉皆如此,今日如此,明日亦如此,时时皆如此,这便是孟子所谓"扩而充之",或"达之天下"。能如此扩而充之,则吾之全部生命便全体皆是良知天理之流行,此即罗近溪所谓"抬头举目,浑全只是知体著见,启口容声,纤悉尽是知体发挥"(《盱坛直诠》卷下),亦孟子所谓"睟然见于面,盎于背,施于四体,不言而喻"也(《孟子·尽心篇》)。

① 《从陆象山到刘蕺山》,pp.538-539。

到此，便是把良知"复得完完全全，无少亏欠"，故"致"字亦含有"复"字义。但"复"必须在"致"中复。复是复其本有，有后返的意思，但后返之复必须在向前推致中见，是积极地动态地复，不只是消极地静态地复。①《中庸》谓："道也者，不可须臾离也，可离非道也。"道德上的"善"亦不能离开日用伦常而见，道德践履的重要一环，就是须在日常生活中彰著此道德之善。胡五峰言："道充乎身，塞乎天地，而拘于墟者不见其大；存乎饮食男女之事，而溺于流者不见其精。"②此显现"即事明道"的立场，据牟先生的疏解，此乃人本人道的立场，而不是宇宙论的立场。案此《知言》开首一段，说得很好，是经过消化后称实如理而说出者，并无任何歧出，而唯是直下就事以明道，道即在眼前也。所谓"事"者是以己身为本所涉及之日常生活乃至日常生活所涉及之一切有关之事也。所谓"道"者即道德律令、道德法则、道德性的实理天理之道，而经由道德实践以著之者也。道德实践是就己身之事而为。己身之事，是自然而实然者，是无色者；就之而为道德实践，则当然之理（道）越乎其上而是非善恶著焉。当然之理导约、成全而贞定之，而亦即于其所导约、成全而贞定之之事处而著明焉。此直下是人本人文之道，是道德实践所要彰著之道。故此"即事以明道"不是离开此人本人文之立场，道德实践之中心，而单从宇宙论上静观或平铺地空言或泛言"即用显体""即器明道"也。③ 因人有私见私意私欲，故易"拘于墟"或"溺于流"，须解其固蔽，拔其陷溺，使道得以彰明，此即"人能宏道"之义。"拘于墟"，则私见私意固之也。"溺于流"，则私欲恶情陷之也。此皆未能开其心、清其体，以真作道德实践者。解其固蔽，拔其陷溺，则道固"充乎身，塞乎天

---

① 《从陆象山到刘蕺山》，p.229。
② 《宋元学案·五峰学案·胡子知言》，p.1367。
③ 《心体与性体》，第二册，p.435。

地",而无所不在者,是则"即事明道"亦无有穷极也。儒者凡自宇宙论言及性命天道处,实无不隐或显以人文人本为立场,以道德实践为中心,未有离此而空言者,"人本"不是以现实之人为本,乃以现实之人事为道德实践之起点与落点,而实本则在道。道德性的道固不离乎就人事而为道德的实践而表现,亦不离乎此而别有所在,而亦无所不在,故"充乎身,塞乎天地",而一以道德实践彰著之也。此即儒者之"道德的理想主义"……①当然道亦能宏人,若能扩充良知,使天理充分呈现于事事物物中,乃至人的躯体中,便使道得以"睟然见于面,盎于背,施于四体"。

虽然说天理流行,体现于挑水砍柴中,但不是挑水砍柴本身就是道,否则便流于"情识而肆",所以在随波逐浪,随处体证良知的同时,必须有真功夫以慎独之学去证悟客观与超越的性体,因此随波逐浪不是寡头的,而必须连着"截断众流"与"涵盖乾坤"一起。道德流行于形形色色,眼前就是,自然有一种洒脱,因此,道体流行遂与轻松的乐趣打并在一起,成了一点虽平常而实极高的境界。当然圣人都有这种境界,亦实能达致此境。……这种境界可以说是儒家内圣之学中所共同承认的,亦是应有的一种义理,亦可以说是儒释道所共同的,禅家尤喜欢这样表示。……此义,以往凡言此境界者大都能知之,故现在人若见了这种境界的描画,绝不可以西方的自然主义、快乐主义来联想,因为这虽然说平常、自然、洒脱、乐,却不是感性的,而是超越与内在之打成一片的。至道不离"鸟啼花落,山峙川流,饥食渴饮,夏葛冬裘",然而并不是说穿衣吃饭之生理的感受就是道。此绝不可误解。然而吾前说既是共同的境界,又须看个人的造诣,这便不是关键所在,多说亦无意思。因

---

① 《心体与性体》,第二册,pp. 435-436。

此,历来言学重点都不在此义上多加宣扬。因此,若专以此为宗旨(此既是一共同境界,实不可作宗旨),成了此派的特殊风格,人家便说这只是玩弄光景。……然既是一光景,而此光景又黏附着良知说,则就良知教说,良知本身亦最足以使吾人对此良知本身起一种光景。良知自须在日用间流行,但若无真切功夫以支持之,则此流行只是一种光景,此是光景之广义;而若不能使良知真实地具体地流行于日用之间,而只悬空地去描画它如何如何,则良知本身亦成了光景,此是光景之狭义。我们既须拆穿那流行的光景(即空描画流行),亦须拆穿良知本身的光景(空描画良知本身)。这里便有真实功夫可言。[1] 于此,牟先生敏锐地见到,境界不是学问的关键,更不应凭空渲染虚构,而必须植根于个人实践的造诣,没有相应的造诣,则难于真切了解,无真切的了解而一味谈论,便是玩弄语言,至在生活上陷于此等虚浮空荡的"境界"中,则更是玩弄光景,故多谈境界,非徒于道德实践无益,更趋于漫荡而无所归。要堵住此流弊,则须下笃行功夫。但人亦有感性之杂。所谓"即于人伦日用,随机流行,而一现全现",其一现全现者岂真是良知之天理乎? 得无情识之杂乎? 混情识为良知而不自觉者多矣。此即所谓"猖狂者参之以情识,而一是皆良"也。此流弊大体见之于泰州学派。至于专讲那圆而神以为本体,而不知切于人伦日用,通过笃行,以成己成物,则乃所谓"超洁者荡之以玄虚,而夷良于贼"也。此流弊大抵是顺王龙溪而来。然流弊自是流弊,教法自是教法。言本心即理,言良知,这只是如象山所谓先辨端绪得失。并非一言本心即理,一言良知,便保你能"沛然莫之能御"也。故进一步须言"致良知",而象山亦言"迁善改过,切己自反",须时时有赖于"博学、审问、谨思、明辨、笃行"也。若真能依四句教

---

[1]《从陆象山到刘蕺山》,pp.286 – 288。

从事"致良知"之笃行功夫,则亦可无此流弊。①此外,刘蕺山从心体言慎独,并上承胡五峰,发挥"以心著性"之学路,亦可对治上述流弊。是则心与性之关系乃一形著之关系,亦是一自觉与超自觉之关系。自形著关系言,则性体之具体而真实的内容与意义尽在心体中见,心体即足以彰著之。若非然者,则性体即只有客观而形式的意义,其具体而真实的意义不可见。是以在形著关系中,性体要逐步主观化,内在化。然在自觉与超自觉之关系中,则心体之主观活动亦步步要融摄于超越之性体中,而得其客观之贞定——通过其形著作用而性体内在化主观化即心体之超越化与客观化,即因此而得其客观之贞定,既可堵住其"情识而肆",亦可堵住其"虚玄而荡"。②

五、结论

牟先生盛赞刘蕺山有甚强之道德意识,且"于微过体会甚深,言之最切","足见蕺山慎独功夫之深也",并谓"儒家内圣之学成德之教之道德意识至此而完成焉"。③虽然如此,由于刘蕺山分开意与念,且将格致所对之物限于天下、国家、身、心、意、知,一方面,如牟先生所洞察的,"只要意根诚体一诚,则心自正,身自修,家自齐,国自治,而天下自平,此则一往为分析的,此则太紧"④,另一方面,刘蕺山言治念还心,但天地万物不能在感性层中,有所安顿,已治之念不能开出人文世界,牟先生批评此系统为"太狭"。

---

① 《从陆象山到刘蕺山》,p.452。
② 同上,pp.453-454。
③ 同上,p.520。
④ 同上,p.485。

于刘蕺山之学路,牟先生综论为太紧与太狭,亦太清苦,可以显教如致良知教以转活之。如若顺刘蕺山《人谱》作实践,觉得太紧、太清苦,则可参详致良知以稍活之,又可参详象山之明本心以更活之。反之,如若觉得象山之明本心太疏阔,无下手处,则可参之以致良知。如若觉得致良知仍稍疏,则再详之以《人谱》。①

意根诚体与良知这两者对于感性层之念即为综合的;而吾人亦总有感性层之念这一事实,此必须有以转化之。在感性层之念上带进正不正之"行为物";在"行为物"中带进天地万物之"存在物"。对此存在物,既须认知地知之,又须存有论地成之;前者吸摄朱子之"道问学",后者仍归直贯系统之创生,如前王学章之所说。如此,门庭始广大。若如刘蕺山诚意慎独之太紧与太狭,则念无交待,而天地万物亦进不来,心谱即不全。然而性宗中确有天地万物也。两者必须相应,然后方能言形著关系,而总归心性是一也。② 接着,牟先生再就践履之造诣境界,将刘蕺山之学与其他道德实践风格作一对比。现在再就其践履造诣境界略说几句。在此方面,其斋庄端肃,凝敛宁静之风格大类朱子。但不同于朱子者,朱子是外延型的,而蕺山是内容型的。朱子之底子是即物穷理,心静理明;刘蕺山之底子是诚意慎独,"从深根宁极中证入"。黄梨洲说他"从严毅清苦之中发为光风霁月",其严毅清苦类朱子,而底子不同也。刘汋亦说其父"盛年用功过于严毅,平居斋庄端肃,见之者不寒而栗。及晚年造履益醇,涵养益粹,又如坐春风中,不觉浃于肌肤之深也"。凡此皆类朱子,而底子不同。姚希孟说其"退藏微密之妙,从深根宁极中证入,非吾辈可望其项背"。此则说得最为恰当。此即其归显于密,所以为内容型者也。正因为归显于密,故显得太紧。"从严毅清

---

① 《从陆象山到刘蕺山》,p.540。
② 同上,p.486。

苦之中发为光风霁月"，正显紧相也。此虽可以堵绝情识而肆，虚玄而
荡，然而亦太清苦矣，未至化境。若再能以显教化脱之，则当大成。王
学门下，如泰州学派所重视者，正向往此化境。汝以归显于密救其弊，
彼亦可以显教救汝之紧。此中辗转对治，正显功夫之无穷无尽，任一路
皆是圣路，亦皆可有偏。未至圣人，皆不免有偏。然而刘蕺山亦不可
及。其《人谱》所述功夫历程，如一曰微过，独知主之；二曰隐过，七情主
之；三曰显过，九容主之；四曰大过，五伦主之；五曰丛过，百行主之，此
功夫历程可谓深远矣。无人敢说能作至何境，此所以成圣之不易也。
在佛家，断无明成佛亦同样不易。[①] 以上可看作牟先生对不同之道德
实践形态的臧否，先生并不以任一实践形态为唯一殊胜者，每一形态都
有所见，亦有所偏，故可调和互补，此可见先生胸怀之广大，以及其实践
上体会之真切，尤其"未至圣人，皆不免有偏"一语，悉见其悲悯之情；
"功夫无穷无尽"之概叹，不单是对己的鞭策儆醒，更是对世间向往成圣
者的同情；"成圣成佛乃当下顿时可至"，则显露先生对儒家人文精神的
淋漓尽致的认同。

参考书目

牟宗三(1968)，《心体与性体》，台北：正中书局。
牟宗三(1979)，《从陆象山到刘蕺山》，台北：学生书局。
黄宗羲(1986)，《宋元学案》第二册，香港：中华书局。
刘宗周，《刘子全书》，清道光甲申刻本，台北：华文书局。
东方朔(1997)，《刘蕺山哲学研究》，上海：上海人民出版社。

[①] 《从陆象山到刘蕺山》，pp.486－487。

道德创造之意义
——牟宗三先生对儒学的阐释

在西方主流伦理学中,对于实际事件的道德判断都是基于道德原则而作出的,因此在作出道德判断之先,已须认取或建立某一(或某些)道德原则;如此看来,作出道德判断似乎就是一种道德原则的应用,谈不上"创造"。然而,在儒家的系统内,"道德之创造"这观念,正是一个凸显儒家性格的核心观念,牟宗三先生用此观念来剖析先秦儒家以至宋明儒,可说是确切而精辟的诠释。

一、道德创造之含义

"创造"乃不必依成规成矩、礼俗习惯、祖先训令、政治权威的实践,道德之创造就是自我制定好坏、善恶、应该与否的准则。孔子对于"麻冕""拜上""拜下"的判断(《论语·子罕》),正可显示他的道德判断不是基于往古流传的礼法,也不是根据大众的意向。孟子对道德的创造性有更自觉的讨论,他清楚表明道德的行为是"由仁义行,非行仁义也"(《孟子·离娄下》)。"由仁义行"就是由仁义之心发动,以至践行,"行仁义"则是遵行仁义的德行或规范。当然,制定仁义以之作为德行,莫不是根自仁义之心,而由仁义行亦不必与仁义的德行决裂,这里只是指出行为是否合乎道德不是以是否符合既定的规范为依归,而是取决于是否由仁心所发。假若遇上特殊的情况,现成的规矩便不一定适用,那么须由仁义之心对当下的事件作出判断,结果可能违背道德规范,但在该处境,如此作才是道德的。孟子会举出两个历史事例说明此点,其一是"舜不告而娶",其二是"嫂溺,援之以手"(《孟子·离娄下》)。在后一事例中,虽然当时的规范是"男女授受不亲",但若见危不救,则非道德所容,孟子甚而斥之"豺狼也",可见由仁义之心可判决什么时候应守礼,什么时候该舍弃。

牟先生在批评叶适不了解"义理当然的理想根源"时指出,礼仪度数与自律自觉的道德承当无干,亦无助于克己慎独的道德追求。而曾子所传承之道是自克己慎独、相应道德之本性直接承当此依自律而行,所见之"义理当然之理想根源"之道,道之根本义之道,自真实生命处说之道,此正是承孔子之仁教而来者,不是寡头的客观关系社会业务中之实然平铺之规制之道也。孔子教颜渊非礼勿视听言动之"克己复礼为仁"岂是只教他"治仪,因仪以知事"耶?岂是只教他"常行于度数折旋之中"而已耶?若如此,则习仪生不更为一贯乎?而孔子亦不必不轻许人以仁矣。孟子曰:"行之而不著焉,习矣而不察焉,终身由之而不知其道者,众也。"(《孟子·尽心篇》)此正是叶水心之类也。而孔子之由克己复礼指点仁,曾子之克己慎独忠恕以践仁,正是"行之而著,习矣而察",以开辟生命、价值之源,以求知夫义理当然之道者也。夫如此而后可以损益礼仪,调整体仪,并随时创造礼仪也。不是僵滞于"度数折旋"之中而为永不开眼之不相离也。①决定当下应该遵守还是逾越规范,

① 牟宗三:《心体与性体》,第一册,pp.275 - 276。

就在发挥道德的创造能力；对处境作出具体的道德指引，由于不是预设必须遵循某项道德原则（或规范），所以并非仅仅是一种"应用"，而是创造。凭着道德的创造，亦可解决道德冲突的问题。

道德创造的另一种含义，乃创生义。创生就是从无到有、从不存在到存在的历程。儒家认为"仁"具此创生性。仁一旦发用，便能与他人感通，于是本不在我之关怀范围内的"他人"，遂在我的意义世界中出现；他人的痛苦与哀伤对我而言本无关痛痒，因为他是他、我是我，此刻即与我痛痒相关，他的痛苦变成我的切肤之痛。如此，我们所关怀的，不再止于我们自身的利益与幸福，同时还延伸至他人的幸福。这个借着由自我延伸至他人而开辟出来的意义世界，就是一个道德的世界，此乃道德创造的另一重含义。此义宋明儒特别彰明，尤其明道借着"麻木不仁"这说法，指出麻木就是意识不到人与己相关，对他人的苦难视若无睹。医书言手足痿痹为不仁，此言最善名状。"仁者"以天地万物为一体，莫非己也。认得为己，何所不至？若不有诸己，自与己不相关。如手足不仁，气已不贯，皆不属己。故博施济众，乃圣人之功用。仁至难言，故曰："己欲立而立人，己欲达而达人。能近取譬，可谓仁之方也已。"欲令如是观仁，可以体仁之体。① 仁心发用，与人感通，便会感到他人与我相关，于是，对他人的苦痛产生不安、不忍的恻隐之感。孔子在宰予问三年之丧时，便以"能安与否"指点出问题的关键。牟先生喜以"感通无隔，觉润无方"阐明仁的实义。由不安、不忍、愤悱、不容已说，是感通之无隔，是觉润之无方。虽亲亲、仁民、爱物，差等不容泯灭，然其为不安、不忍，则一也。不安、不忍、愤悱、不容已，即直接包含健行不息，纯亦不已。故吾常说仁有二特性：一曰觉，二曰健。健为觉所

① 《二程全书·遗书第二上》，转引自牟宗三：《心体与性体》，第二册，p.225。

含，此是精神生命的，不是物理生命的。觉即就感通觉润而说。此觉是由不安、不忍、悱恻之感来说，是生命之洋溢，是温暖之贯注，如时雨之润，故曰"觉润"。"觉"润至何处，即使何处有生意，能生长，是由吾之觉之"润之"而诱发其生机也。故觉润即起创生。故吾亦说仁以感通为性，以润物为用。横说是觉润，竖说是创生。①

孔子由许多方面指点"仁"字，即所以开启人之真实生命也。对宰予则由"不安"指点。亲丧，食夫稻，衣夫锦，于汝安乎？宰予说"安"，即宰予之不仁，其生命已无悱恻之感，已为其关于短丧之特定理由所牵引而陷于僵滞胶固之中，亦即麻木不觉之中，而丧失其仁心，亦即丧失其柔嫩活泼、触之即动、动之即觉之本心。是以不安者即真实生命之跃动，所谓"活泼泼地"是也。此处正见"仁"。然则"安"者正是停滞下来，陷于痴呆之境而自固结也。此不是安于义理，是安于桎梏。不是"仁者安仁"之安，是功利者著于利之"著"。不是"钦思、文明、安安"之安，是堕性之安，习气固结之安。孔子指点仁正是要人挑破此堕性固结之安，而由不安以安于仁也。故重愤启、悱发。有愤、始启，有悱、始发。"不愤、不启，不悱、不发"。此虽是就教学言，启与发为他动词，然收回来作自动词看亦可。无论他动之启发，或是自动之启发，皆须有愤悱作根据。而愤悱即真生命之跃动。推之，一切德性之表现皆由愤悱而出也。愤悱即不安，即不忍。故后来孟子即以"不忍人之心"说仁，以"恻隐之心"说仁。此虽另撰新词，而意实相承也。孔子之学不厌，教不倦，亦不过是真实生命之愤悱之"不容已"。此亦即真实生命之"纯亦不已"也。② 以上是从"感通""觉润""不安"来阐释仁的道德创生性，我们亦可从道德心之发用，来理解"道德创造"。对于儒家来说，道德判断既是

---

① 牟宗三：《心体与性体》，第二册，p.223。
② 同上，pp.221 - 222。

一种创造(第一种含义),便不是对于现成的规范的认知,因而没有"无知"与"知而不行"的问题。所谓"我欲仁,斯仁至矣",只要去除一己的偏私,道德心便能够发用。只有创造,方能不受制于外在环境及条件;至于道德的发用,乃基于"不容已"而作出,故是无碍无隔的创造。

牟先生曾于多处提出"不容已"的观念,有曰"义理当然之不容已"①,有曰性体"不容已之创造"②、"性之自然而不容已"③,有曰"性分当然之不容已"④、"心之所不容已"⑤。所谓不容已,可借孟子所举之"见孺子将入于井"此一情境来理解。见孺子将入于井,皆有怵惕恻隐之心,非为内交于孺子之父母,非欲要誉于乡党朋友,亦非恶其声而然,此就是道德心之不容已,不在利害的计较下而发此心,也不基于任何特定的条件与目的,而只是道德心的本性然,这种内蕴道德发用力量的自律道德本性宜用"道德的创造性"去表明。

在西方伦理学上,道德的发用是关乎道德动机的问题。如何说明人必须讲求道德是任何伦理系统的问题,就算对一个自律道德系统来说,假使肯定人自订道德准则,但何以必须订出道德准则、何以必须以道德观点来考虑,是一个有待解决的问题。对于儒家来说,德之不容已表明德之为德,本身正包含此种道德之发用力量,当人意识(逆觉)到(此之为)德之时,同时便承认此德之规范力量;换一个说法,一旦觉识事之当然,便即时彰显出道德之制约的、提升的、改造的力量。明乎此,便能了解"知善知恶""好善恶恶""为善去恶"三而为一之意。

牟先生在解释明道《定性书》中有关"逆觉的体证"的观念时,以逆

① 牟宗三:《心体与性体》,第一册,p.274。
② 同上,p.495。
③ 同上,p.239。
④ 同上,p.505。
⑤ 同上,p.302。

觉的体证为修养功夫上的顿悟,在顿悟中体证道德本心的超越性,在纯粹的本心朗现下,显出行为之该行只是由于其当然,此即义心之不容已。在此意义下,人可说无可逃于天地之间。此即明道所谓"识仁"之"识"字,孟子所谓"求放心"之"求"字所含之意蕴也。当然逆觉体证并不就是朗现。逆觉,亦可以觉上去,亦可以落下来。但必须经过此体证。体证而欲得朗现大定,则必须顿悟。此处并无修之可言(修能使习心凝聚,不容易落下来。但本质地言之,由修到逆觉是异质的跳跃,是突变,由逆觉到顿悟朗现亦是异质的跳跃,是突变)。其实顿悟亦并无若何神秘可言,只是相应道德本性,直下使吾人纯道德的心体毫无隐曲杂染地(无条件地)全部朗现,以引生道德行为之"纯亦不已"耳,所谓"沛然莫之能御"也。"直下使"云云即顿悟也。普通所谓"该行则行",即顿行,此中并无任何回护、曲折与顾虑。一落回护、曲折与顾虑,便丧失其道德之纯。当然事实上在行动以前可有一考虑过程,但就这"该行则行"一纯然道德行为之实现言,本质上是顿的,此处并无渐磨渐修之可言。在该行则行中,吾即觉到此是义心之不容已,全体言之,此是本心之不容已,此觉亦是顿,此处亦并无渐之过程之可言。觉到如此即如此耳,并无所谓慢慢觉到,亦无所谓一步一步觉到。① 一觉到是本心之不容已,便毫无隐曲地让其不容已;② 本心之纯,是一纯全纯,并不是一点一点地让它纯;③ 本心只是一本心,并不是慢慢集成一个本心。合此三层而观之,便是顿悟之意。此便是"就本心性体之朗现以言大定"之积极的功夫。亦即直下觉到本心之不容已便即承之而行耳,此即为顿悟以成行。盖只是承体起用之道德之纯而已耳。① "承体起用之道德之纯"中所承之体,就是纯亦不已的道德本心,当此道德心全体朗

---

① 牟宗三:《心体与性体》,第二册,pp.239-240。

现,便发出无条件的道德律令,而这律令就其为纯粹的道德律令言,便是不容已的命令,这命令是沛然莫之能御的。故"德之不容已"已蕴于道德本心,以至道德之为道德之内,亦蕴于不忍、不安的恻之感内。不忍、不安固可说是仁心的发用,然而也正是即体即用的,因此,道德动机不应在道德判断或行为之外设想及寻求,而这种不容已的道德实践可视为道德创造的一个面向。

二、道德创造之作用

在道德创造中,人以其纯亦不已的道德本心,作出纯亦不已的无条件道德律令,为自己定出本分与责任。道德创造中一切道德行为皆是天之所命、性之所命,皆是必然的义务而责无旁贷者,吾必须承受而致至之,此即吾人之大分也。[①] 此意义的作用不难理解。另一方面,就道德的创生性来说,借着道德实践,在自我修养方面起革故生新的创造作用,这就是孟子的践形义。《大学》也有"富润屋,德润身"之语。君子所性,仁义礼智根于心。其生色也,然见于面,盎于背,施于四体,四体不言而喻(《孟子·尽心上》)。牟先生认为此乃真正的创造之意义。性体心体在个人的道德实践方面的起用,首先消极地便是消化生命中一切非理性的成分,不让感性的力量支配我们;其次便是积极地生色践形、晬面盎背,四肢百体全为性体所润,自然生命的光彩收敛而为圣贤的气象。[②]

性体心体不只是在实践的体证中呈现,亦不只是在此体证中而可被理解,而且其本身即在此体证的呈现与被理解中起作用,起革故生新

---

① 牟宗三:《心体与性体》,第一册,p.497。
② 同上,p.179。

的创造的作用,此即道德的性体心体之创造。依儒家,只有这道德的性体心体之创造才是真实而真正的创造之意义,亦代表着吾人真实而真正的创造的生命,所谓"于穆不已"者是。这是吾人理解"创造性原则"最重要的法眼,切不可忘记。这也是创造性原则之最基本、最原初而亦最恰当的意义,它既不是生机主义的生物学的生命之创造,亦不是宗教信仰上的上帝之创造,更不是文学家所歌颂的天才生命之创造。因为生物学的生命之创造,最实然的自然生命之本能,不真是能创造的;文学家所歌颂的天才生命是情感生命的光彩,其底子还是实然而自然的生命,这还是才性的,所以讲天才,亦讲江郎才尽,这都不是经过逆觉而翻上来的道德生命、真实而真正的精神生命之创造。就是宗教信仰所说上帝之创造,若真是落实了,还是这道德的性体心体之创造。① 道德的创造性作用于自我之上,便是对自我的改造,将人从气化的生命提升至理性的生命,从气之偏蔽解放出来,成就圣贤的道德人格。若道德实践地说,则是尽之于刚柔、清浊之中而不偏滞,以成道德之实事,即成道德之创造,道德行为之纯亦不已。② 我们亦可以说,性体本为个体所具,但受形躯之限、感性之杂,须以道德实践以复其真体,真体既复,便能发挥道德创造之润身践形之大用。此须有一自觉地作道德实践之劲力以复其真体,此即所谓"尽性"之功夫也。尽性者期于性体能使之充分实现或呈现之谓也。在尽性之功夫中,清通虚体之神与其所运之气之变化之客形以及其自身接于物时所呈现之客感遂能贯通而为一。清通虚体之神全澈于客感客形中而妙运之以成其为生生之变化,而生生之变化中之客感客形亦全融化于清通虚体之神中而得其条理与真实,

---

① 牟宗三:《心体与性体》,第一册,pp.178-179。
② 同上,p.497。

此即道德创造之润身践形也。① 除了润身践形外，道德创造可进一步作用于客观世界中以建立德业。再其次，更积极地便是圣神功化，仁不可胜用，义不可胜用，表现而为圣贤的德业。② 德业或可表现为"学不厌，教不倦"的形态，或可表现为"修己以安百姓"的事功。无论表现为何种形态，道德创造性具有一种特性，就是道德创造是无限无外的。

牟先生在解释"先天而天弗违，后天而奉天时"之时，以"理命"说明先天义，以"气命"说明"后天"义，并指出依理命言，道德我是无限的，道德创造亦是无外的。此先天后天两义，即孟子"尽心知性知天"，"存心养性事天"，"夭寿不贰、修身以俟，所以立命"之三义。依先天义，保持道德创造之无外；依后天义，保持宗教情操之敬畏。依先天义，保持道德我之无限性；依后天义，保持我之个体存在之有限性。③ 道德创造除了在自我提升方面起无限的作用之外，就其觉润的创生性来说，所起的作用亦是无限的。在上节引文中牟先生指出："'觉'润至何处，即使何处有生意，能生长，由是吾之觉之'润之'而诱发其生机也。故觉润即起创生。"就仁体之遍在遍润言，创生是无限的，由于其为无限，故充其极可与天地合德，与日月合明，这是道德创造的"繁与大用"。最后，则与天地合德，与日月合明，与四时合序，与鬼神合吉凶，性体遍润一切而不遗。性体心体在这样体证之呈现中的起用便是以前所谓"繁与大用"，用今语说，则是所谓"道德的性体心体之创造"④。

孟子由之以言性善，认为此一体之沛然即吾人之性体……复次，其浑沦整全之体之沛然固无法在原则上划定其界限者。如其有极限，则

① 牟宗三：《心体与性体》，第一册，p.445。
② 同上，p.179。
③ 同上，pp.527-528。
④ 同上，p.179。

其极限必是与天地合德，与日月合明，与四时合序，与鬼神合吉凶，而此正是无限。此即示仁之体物而不遗、仁体之遍在也。①

三、道德创造的根据

依牟先生之说，对于儒家来说道德创造的根据是人人本具的性体，此性体因以仁为其内容，故又曰仁体。儒者所说之"性"即能起道德创造之"性能"；如视为体，即一能起道德创造之"创造实体"（Creative reality）。②

是以性者，言道言虚之结穴，首先其义有二：一者性能义，二者性分义。性能者，言此性能起道德创造之大用也。性分者，言道德创造中每一道德行为皆是吾人性体中之本分也，责无旁贷而不容已之本务也，所谓必然的义务也，无条件地非如此不可也，此即吾人之大分。③

综此觉润与创生两义，仁固是"仁道"，亦是"仁心"。此仁心即吾人不安、不忍、愤悱、不容已之本心，触之即动、动之即觉、活泼泼地之本心，亦即吾人之真实生命。此仁心是遍润遍摄一切，而与物无对，且有绝对普遍性之本体，亦是道德创造之真几，故亦曰"仁体"。④ 就本心乃彰著性之所以为性者言，本心就是人之性。⑤ 所以亦可以说，本心是道德创造所以可能的先天根据。若是道德实践地说，知能即本心。心知之，即能之。"孩提之童无不知爱其亲，及其长也，无不知敬其兄。"知爱其亲即能爱其亲，知敬其兄即能敬其兄。知能俱从道德的本心说。此

---

① 牟宗三：《心体与性体》，第一册，pp.302 - 303。
② 同上，p.40。
③ 同上，p.492。
④ 牟宗三：《心体与性体》，第二册，p.224。
⑤ 牟宗三：《心体与性体》，第一册，p.40。

本心即吾人道德创造所以可能之先天根据(先天而固有之性能)。故心
体之知能即性体之知能。此即说心体性体先天地知爱知敬,知是知非,
知善知恶,知以为则,而亦先天地当然而不容已、定然而不可移之自然
地能表现、呈现出此知也。因此,遂有道德之创造,道德行为之"纯亦不
已"①。本节不宜对牟先生关于性体心体的观念详加阐述,兹列出性体
的五义与心体的五义,以便讨论。性之五义:

(1) 性体义:体万物而谓之性,性就是体。

(2) 性能义:性体能起宇宙之生化、道德之创造(即道德行为之纯
亦不已),故曰性能。性就是能。

(3) 性理义:性体自具普遍法则,性就是理。

(4) 性分义:普遍法则之所命所定皆是必然之本分。自宇宙论方
面言,凡性体之所生化,皆是天命之不容已。自道德创造言,凡道德行
为皆是吾人之本分,亦当然而不容已,必然而不可移。宇宙分内事即已
分内事。反之亦然。性所定之大分即曰性分。

(5) 性觉义:太虚寂感之神之虚明照鉴即心。依此而言性觉义。
性之全体就是灵知明觉。②

心之五义:

(1) 心体义:心体物而不遗,心就是体。

(2) 心能义:心以动用为性(动而无动之动),心之灵妙能起宇宙之
创造,或道德之创造,心就是能。

(3) 心理义:心之悦理义即起理义,即活动即存有,心就是理。此
是心之自律义。

(4) 心宰义:心之自律即主宰而贞定吾人之行为,凡道德行为皆是

① 牟宗三:《心体与性体》,第一册,p.507。
② 同上,p.563。

心律之所命，当然而不容已，必然而不可移，此即吾人之大分。此由心之主宰而成，非由外以限之也。依成语习惯，无心分之语，故不曰心分，而曰心宰。心宰即性分也。

（5）心存有义：心亦动亦有，即动即有。心即存有（实有），即存在之存在性，存在原则：使一道德行为存在者，就是使天地万物存在者。心即存有，心而性矣。①

四、宇宙论之道德创造

以上均是就人作为道德主体，皆具道德本心与本性，所可以实践的道德创造。但是，依牟先生的分析，儒家（尤其是宋明儒）共同认许：整个宇宙乃根据道德原则而存在，创造的实体是天（或曰道，或曰诚体）。故就统天地万物而为其体言，曰形而上的实体（道体 Metaphysical reality），此则是能起宇宙生化之"创造实体"②。此创造实体因以仁作为生化原则，故其创造是道德的创造，而宇宙的秩序即一道德秩序。天道只是一仁字，亦只是一诚字。是则天道之生化秩序（宇宙秩序），亦即一道德秩序也。③

盖儒者之言太虚神体，之言天道性命，目的乃在明：宇宙之生化即道德之创造。④

依儒家道德的形上学言之，宇宙生化的宇宙秩序，与道德创造的道德秩序，其内容的意义完全同一。⑤ 牟先生以宇宙秩序等同于道德秩

① 牟宗三：《心体与性体》，第一册，p.564。
② 同上，p.40。
③ 同上，p.302。
④ 同上，p.473。
⑤ 牟宗三：《心体与性体》，第二册，p.58。

序来作为理解宋明儒的道德形上学的核心观念,而所谓道德秩序与宇宙秩序的内容意义相同,是指二者具同一创生实体。此所谓"内容的意义"相同实则同一创生实体也。"天"是客观地、本体宇宙论地言之,心性则是主观地、道德实践地言之。[①] 依此言,道德创造(创生)之实体与天道生物之实体相同,就是心性即天;道德创造之原则与天之生化原则相同,即有共同的理,对于天道生物而言,那就是使存在者得以存在之理,那就是"仁""诚"。因此说,"天体物无不遗,犹仁体事无不在",牟先生解释,体之即生之、实现之,天乃以仁作为"使然者然"之理。"生"者妙运,妙应之义。以清通之神、无累之虚妙运乎气而使其生生不息,使其动静聚散不滞,此即生也。仁体之感润而万物生长不息,此即生也。《天道篇》第三云:"天道四时行、百物生、无非至教。圣人之动无非至德。夫何言哉? 天体物不遗,犹仁体事无不在也。礼仪三百,威仪三千,无一物而非仁也。昊天曰明,及尔出王(往),昊天曰旦,及尔游衍,无一物之不体也。"天之"体物不遗",仁之"体事无不在",岂只是静态地摆在那里以为其体而已耶? 礼仪三百,威仪三千,皆仁心生,皆仁体贯,如是始能说"无一物而非仁"。"昊天曰明",遍照一切,遍临一切,人而或出往,或游衍,亦皆在其照临之中,因而得以戒慎不堕,人道不废。"无一物之不体",实即无一物之不因之而生也。此《大雅·板》诗虽只言昊天鉴临在上,似无能生之意,然横渠引之而言"无一物之不体",实亦意许无一物之不生。生者实现义,"使然者然"义。故天道、仁体,乃至虚体、神体皆实现原理也,皆使存在者得以有存在之理也。生者引发义,滋生义。因天道之诚、仁体之润、虚体之清通、神体之妙应而滋生引发之也。天道、仁体、虚体、神体、岂不起作用耶? 是故体之即起

---

① 牟宗三:《心体与性体》,第一册,p.27。

之。① 静态说是天道作为万物的存在之理，动态地说是天道直贯于个体以为其性，此正是天生物之"生"的真实意义，从此亦更可说明心性与天为一之观念。第一节引述牟先生说："仁以感通为性，以润物为用。横说是觉润，竖说是创生。"所谓竖说是创生，从宇宙论方面来说，就是"天命之谓性"，使个体具备纯亦不已的道德本性，在人言纯亦不已，在天则言于穆不已，健行不息，然而二者乃一，人道即天道。言至此，仁心、仁体即与"维天之命于穆不已"天命流行之体合而为一。天命于穆不已是客观而超越地言之；仁心仁体则由当下不安、不忍、愤悱、不容已而启悟，是主观而内在地言之。主客观合一，是之谓"一本"。②

天之命于穆不已，以成天命之流行，天道之生化，人之"禀同于性"之命亦是不已地流行其命令，亦即性之命之不已，以成道德的创造，以成道德行为之无间，纯亦不已。③

存在就是道德创造上的应当存在。总起来说，是天地之化，落在个体上分别说，每一个体皆完具此理，即皆是一创造之中心，故皆函摄一切。是故具此创造真几之一理实即已具备彰显于事上之百理、众理，甚至万理，同时亦即具备（函摄）表现天理之每一事也。④

但在儒家，则必贯下来而说每一个体皆具此绝对的创造真几。此所以道体既超越而又内在之故，而其关键是在天道性命相贯，此为儒者所共许，无一能有例外。性体之义用大矣哉！⑤ 道体超越而内在，心性内在而超越，心性与天为一，此观念凸显儒家的道德形上学。牟先生认为，由此方可理解孔子践仁以知天，孟子"尽心知性知天"之义。能尽其

---

① 牟宗三：《心体与性体》，第一册，pp.460-461。
② 牟宗三：《心体与性体》，第二册，p.224。
③ 牟宗三：《心体与性体》，第一册，p.492。
④ 牟宗三：《心体与性体》，第二册，pp.58-59。
⑤ 同上，p.59。

心,则即可知性,是则心之内容的意义与性之内容的意义全同,甚至本心即性。盖性即吾人的"内在道德性"之性,亦即能起道德创造大用,能使道德行为纯亦不已之"性"也。由尽心(充分实现其本心)而知性,即知的这个"性"。同样,若知了性,则即可知"天",是则性之"内容的意义"亦必有其与天相同处,吾人始可即由知性而知天也。① 牟先生更进一步指出:……孔子践仁以知天,孟子尽心知性以知天,而由仁与性以通彻"于穆不已"之天命,是则天道天命与仁、性打成一片,贯通而为一,此则吾亦名曰天道性命相贯通,故道德主体顿时即须普而为绝对之大主,非只主宰吾人之生命,实亦主宰宇宙之生命,故必涵盖乾坤,妙万物而为言,遂亦必有对于天道天命之彻悟,此若以今语言之,即由道德的主体而透至其形而上的与宇宙论的意义。② 可见依牟先生,当"道德主体之挺立,德生动源之开发,德性人格之极致"(此为牟先生用语,出处同上)之时,便能主宰宇宙之生命,达《中庸》所谓"参天地,赞化育"之境。牟先生论断,此为儒家开朗无碍之道德智慧所凸显出的圆教之境。开朗无碍之道德智慧必透至此而始充其极,必充其极始能得圆满。圆满者圣人践仁知天圆教之境也。此圆教之境,《中庸》《易传》盛发之,北宋诸儒即契接此境而立言。故其彻悟天道天命而有形上学的意义与宇宙论的意义,是圆教义,非是空头的外在的形上学,亦非泛宇宙论中心也。道德主体既如此,则就德性动源之开发言,此道德主体作为绝对之大主者,即道德的创造(亦即真实创造)之真义。内圣之学,心性之学,唯是开辟此道德创造之真几以为吾人之大主,亦且为宇宙之大主。而理不空言,道不虚悬,必以德性人格以实之。德性人格者即体现此大主,体现此创造真几之谓也。体现之极致即为圣。圆教者亦相应圣人

---

① 牟宗三:《心体与性体》,第一册,p.27。
② 同上,p.322。

境界而言也。[①] 由此我们明白第三节列出性与心之五义中性能义与性分义、心能义与心存有义的宇宙论成分。

五、结论

本节是整理出牟先生在重建宋明儒学的哲学图景时,有关道德创造性的观点。本节一方面由于所根据的材料有限(主要是《心体与性体》),另一方面对宋明儒内部各系统之差异不能一一交代,只能作一综合的论述,仅期望在关于道德创造性的内容、先天根据,在道德哲学上的意义等方面,提供一个清晰的面貌,且借此展示儒家的宇宙论与道德哲学的关系,让学者作进一步的深入讨论。

参考书目

牟宗三(1968),《心体与性体》,台北:正中书局。

---

① 牟宗三:《心体与性体》,第一册,p.323。

陈白沙之功夫论

一、引言

陈白沙乃一代大儒,秉承濂溪主静,伊川主敬的传统,体认道体流行变化、人心顺应自然而与天地合一之妙,并从实际之修养体验中,悟出静坐乃功夫之入手处,以至终其一生,守此要领,虽冒逃禅之讥,然于儒佛之判,则洞然明澈。由于有深厚的实践功夫,使得他的儒学论说耳熟能详,却不流于陈腔滥调,亦不沦为空谈。本节旨在探究白沙有关功夫的体会及议论,然不免涉及其对于学、心、礼、诚等之理解。

由于陈白沙认为道之显晦在人的行为而不在言语,因此并没有系统的著述。其门人张诩(廷实)为他撰的行状说:"先生尝以道之显晦在人而不在言语也,遂绝意著述。故其诗曰:'他年傥遂投闲计,只对青山不著书'。又曰:'莫笑老慵无著述,真儒不是郑康成。'"①他的思想散见于其论、序、跋、书,以至诗、赋之中;其诗文汇成全集于他去世后五年已有刻本,之后明清两代迭有增削、补遗之重刻本,凡十有余种。本节

---

① 《白沙先生行状》,《陈献章集》,p.880。

资料主要根据四库全书《陈白沙集》九卷,此书由上海古籍出版社根据
《四库全书》文渊阁本汇编而成。辅以近人孙通海点校,由中华书局收
入"理学丛书"之《陈献章集》,中华书局本于1987年出版,该本以康熙
四十九年何九畴刻本为底本,再参考存世全集各本编成。再参考杨起
之《白沙陈子语录》,此语录原刻于万历年间,康熙年间有重刻本,道光
年间再重刊。

二、论学

孔子论学已有为己为人之学的区分,《大学》又有本末先后之论,并
言"知所先后,则近道矣"。荀子且特别强调学之重要。至朱子则以"道
问学"与"尊德性"并举。然"学做圣人"可说是儒学传统中一脉相承的
为学宗旨。白沙固然谨守为己之学的纲领:学之道,其要在于为己。
古之名世者,舍是无以成德。①

陈子曰:为学莫先于为己为人之辨。此是举足第一步。② 他认为
"成德"乃孔子教学要旨,其至则"与天地立心,与生民立命,与往圣继绝
学,与来世开太平"③,因此不应单以科第取仕为目的,白沙谓:"夫士何
学? 学以变化习气,求至乎圣人而后已也。"④他在《龙冈书院记》中亦
借张横渠语"必期至于圣人而后已"以抒己意。⑤ 在《道学传序》中,辨
明孔子自诩"好学"之"学"意,并非后世人所谓学,后世之学,仅指记诵
词章,此则流于玩物丧志,六经遂沦为糟粕。因此,假若"载籍多而攻不

---

① 《新迁电白县儒学记》,《陈白沙集》卷一,p.48。
② 《白沙陈子语录》卷一,p.17。
③ 《龙冈书院记》,《陈白沙集》卷一,p.41。
④ 《古蒙州学记》,《陈白沙集》卷一,p.32。
⑤ 《龙冈书院记》,《陈白沙集》卷一,p.41。

专,耳目乱而知不明",纵有所获亦仅限于闻见之知,所得也失之支离。故博识非必然有益于学。孔子曰:"十室之邑,必有忠信者如丘焉,不如丘之好学也。"夫子之学,非后世人所谓学,后之学者,记诵而已耳,词章而已耳。天之所以与我者,固茫(《陈献章集》作"懵")然莫知也。夫何故? 载籍多而功不专,耳目乱而知不明,宜君子之忧之也,……六经,夫子之书也;学者徒诵其言而忘味,六经一糟粕耳。……勿以闻见乱之,去耳目支离之用,全虚圆不测之神,一开卷尽得之矣。非得之书也,得自我者也。盖以我而观书,随处得益;以书博我,则释卷而茫然。[①] 引文"天之所以与我者固茫然莫知也"中的所谓"天之所以与我者",乃孟子所言之"大体",即"心之官",故为学的目的,对白沙而言,是对"心"的觉悟;在同篇中,白沙明白指出,学者读书须求诸吾心,如此所得者非得自书,实得自我矣。学者苟不但求之书而求诸吾心,察于动静有无之机,致养其在我者,而勿以闻见乱之……[②]于《书自题大塘书屋诗后》亦有相近的说法:首言大塘书屋乃中书蒋世钦所建,颔联言为学者求诸心,必得所谓虚明静一者为之主,徐取古人紧要文字读之,应能有所契合,不为影响依附,以陷于徇外自欺之弊,此心学法门也。颈联言大塘之景,以学之所得,《易》所谓复其见天地之心乎?[③] 由此可见,读书只是复其见天地之心的助缘而已。于其所作古诗中,亦有"千卷万卷书,全功归在我。吾心能自得,糟粕安用那!"[④]皆是发明此意。

学既旨在"求放心""复见天地之心",则学习的关键在于人的自觉,唯有学在自觉,才能引申"得自我者""致养其在我者",以至"吾心能自

---

① 《道学传序》,《陈白沙集》卷一,p.26。
② 同上。
③ 《书自题大塘书屋诗后》,《陈白沙集》卷四,pp.68 - 69。
④ 《藤蓑五首·其四》,《陈献章集》,p.728。

得""全功归在我"之论。学无难易，在人自觉耳。才觉退便是进也，才觉病便是药也。① 另有题为《示湛雨（即湛民泽，亦即湛若水）》之诗中有"有学无学，有觉无觉"句②，此诗乃白沙赠予其门人湛若水者，据湛若水《白沙子古诗教解》云："有学有觉二句，皆谓溺于记诵，滞于见闻者，虽有学如无学，虽有觉如无觉也。"③由是观之，白沙所言之学习过程，实是修养历程。君子之所以学者，独诗云乎哉？一语默，一起居，大则人伦，小则日用，知至至之，知终终之，此之谓知。④ 学本是圣人之学，即学做圣人。陈白沙四十岁游太学，祭酒邢让以"和杨龟山此日不再得韵"为试题，他借此诗议论学圣之事。义利分两途，析之极毫芒。圣学信匪难，要在用心臧。

善端日培养，庶免物欲戕。道德乃膏腴，文辞固秕糠。⑤ 圣人之学，既是德性之学，则首须严辨义利，继而培养善端，去除物欲，则圣途虽远，却殊不难行。其得意门人湛若水解此诗云："用心臧最是圣学要紧处，圣人千言万语，只要教人收拾此心。"⑥

圣学是要学做圣人，学做圣人自然对圣贤有希慕之心，以他们为楷模，因希慕而去学他们，可见此中的不容已。然白沙进一步指出，就算自古以来没有圣贤兴，想学做圣贤之心亦不会稍息；古圣先贤只是先觉者，我们既具觉悟之心，亦不必待圣人出然后才学做圣人，也非如此方可成圣成贤，故他谓"如此方是自得之学"，此中亦有另一层的不容已。人要学圣贤，毕竟要去学他。若道只是个希慕之心，却恐未易辏泊，卒

① 《与湛民泽》，《陈白沙集》卷三，p.25。
② 见《陈献章集》，p.278。
③ 《陈献章集》，p.703。
④ 《送罗养明还江右序》，《陈献章集》，p.25。
⑤ 《和杨龟山此日不再得韵》，《陈献章集》，p.279。
⑥ 《白沙子古诗教解》，见《陈献章集》附录，p.701。

至废弛。若道不希慕圣贤,我还肯如此学否? 思量到此,见得个不容已处。虽使古圣贤为之依归,我亦住不得,如此方是自得之学。① 又在与其门人林时矩的书简中言:人争一个觉,才觉便我大而物小,物尽而我无尽。② 或为君子或为禽兽,端在乎一个觉,觉便是自我作主,不为物欲所囿而与天地合一,此即"无尽"之意。故白沙谓:"无尽者微尘六合,瞬息千古,生不知爱,死不知恶。"同上。可见觉不单是为学之始点,更是圣凡之别,有尽无尽之枢纽。

三、心

何者为圣贤,何谓圣贤之学? 白沙于此甚为分明:圣学就是心学。有诗云:"往古来今几圣贤,都从心上契心传。"③又谓:"君子一心足以开万世,小人百惑足以丧邦家。何者,心存与不存也。"④据孟子以来的心学传统,存心者为君子,足以开万世,保四海,不能存心者,非人也,不足以事父母。陈子曰:"人具七尺之躯,除了此心此理,便无可贵,浑是一包脓血裹一大块骨头;饥能食,渴能饮,能着衣服,能行淫欲,贫贱而思富贵,富贵而贪权势,忿而争,忧而悲,穷则滥,乐则淫;凡百所为一,信气血老死而后已,则命之曰禽兽可也。"⑤

陈子谓:"切脉可以体仁。"仁,人心也。充是心也,足以保四海;不能充之,不足以保妻子。可不思乎?⑥ 君子存养本心,则万理完

---

① 《与贺克恭黄门・之三》,《陈献章集》,p.133。
② 《与时矩》(《陈献章集》作《与林时矩》),《陈白沙集》卷三,p.49。
③ 《次韵张廷实读伊洛渊源录》,《陈献章集》,p.645。
④ 《无后》,《陈白沙集》卷一,p.69。
⑤ 《白沙陈子语录》卷一,p.23。
⑥ 《古蒙州学记》,《陈白沙集》卷一,p.32。

具，无须于事事物物中穷究其理。君子一心，万理完具，事物虽多，莫非在我。① 仁心不单万理完具，且是生生之机，充其极则与天地万物为一体。默而观之，一生生之机，运之无穷，无我无人无古今，塞乎天地之间，夷狄禽兽草木昆虫一体，唯吾命之沛乎盛哉。② 与天地万物为一体，便是圣人与人相异之处。于《赠世卿》诗中有云：可以参两间，可以垂万世。圣人与人同，圣人与人异。③ 湛若水解此诗云："与人同，即明道所谓浑然与物同体也。……谓圣人之道，可以参天地垂万世者，以其与物同体，所以异于众人也。"④与物同体，在乎一心之仁，参天地垂万世，亦在乎仁心之存不存，故圣人与人相异处，在于一心，古圣先贤与人相同处，亦在此心。所谓"千圣相传只此心"也。⑤ 此与《偶得寄东所》一诗中"岂无见在心，何必拟诸古"句相发明；湛若水解此句云："见在心者，人之本心，古今圣愚所同有，而何必拟古圣人之心哉？"⑥

心既是生生之机，便不应滞在一处，须随物运转，随感随应。人与天地同体，四时以行，百物以生，若滞在一处，安能为造化之主耶？古之善学者常令此心在无物处，便运用得转耳。⑦

陈子与谢之吉曰："人心上容着一物不得，才著一物则有碍，且如功业要做，固是美事；若心心念念只在功业上，此心便不广大，便是有累之心。"⑧

① 《论前辈言铢视轩冕尘视金玉》，《陈白沙集》卷一，p.67。
② 《古蒙州学记》，《陈白沙集》卷一，p.32。
③ 《赠世卿》其五，《陈献章集》，p.759。
④ 《白沙子古诗教解》，见《陈献章集》附录，p.759。
⑤ 《偶得寄东所》其二，《白沙子古诗教解》，见《陈献章集》附录，p.779，注2。
⑥ 同上，p.449。
⑦ 《遗言湛民泽》，《陈白沙集》卷二，p.63。
⑧ 《白沙陈子语录》卷一，pp.22-23。

夫以无所著之心行于天下,亦焉往而不得哉?① 四时赖以行,百物赖以生者,乃天地之仁;生生之机,运转无穷之在人者,乃圣人之心,信天地之仁与圣人之仁原无二致,始可言参天地赞化育。

四、论诚

学者务须复其见天地之心,然心之内容为何? 白沙谓:诚也。心之所有者此诚……②"诚"是专一不贰,与伪相对;天地之大,万物之富,俱由诚所为,是以君子存其诚则可以开万世。继上引之句续有如下之论:而为天地者,此诚也。天地之大,此诚且可为,而君子存之,则何万世之不足开哉!③ 孟子曰:"至诚而不动者,未之有也。"(《孟子·离娄上》)又曰:"万物皆备于我矣,反身而诚,乐莫大焉。"此皆《中庸》所谓"诚者,物之终始,不诚无物"之意。不存乎诚,则天地虚幻而不真实。盖有此诚,斯有此物,则有此物,必有此诚。则诚在人,何所具于一心耳。④

此心存则一,一则诚,不存则惑,惑则伪,所以开万世丧邦家者,不在多,诚伪之间而足耳。夫天地之大,万物之富,何以为之也,一诚所为也。⑤ 因此,学者存心,其始在于立诚。君子之所以学者……一语默,一起居,大则人伦,小则日用……其始在于立诚,其功在于明善……此学之指南也。⑥ 白沙有诗云:高明之至,无物不覆。反求诸身,橛柄在手。⑦ 湛

---

① 《与林郡博》其三,《陈白沙集》卷三,p.21。
② 《无后》,《陈白沙集》卷一,p.69。
③ 同上。
④ 同上。
⑤ 同上。
⑥ 《送罗养明还江右序》,《陈献章集》,p.25。
⑦ 《示王昊》,《陈献章集》,p.704。

若水解为："高明，谓人心之本体，所谓极高明者也。欐柄，亦以比心之主宰处。言高明之体，覆物无外，然非他求也。其主宰在我，诚能反身求之，则可以极高明之量。心常惺惺，何所不照乎？"①然此诗亦可参照《中庸》之意而解之。《中庸》谓："高明，所以覆物也。"此乃就诚道而言。"至诚无息，不息则久，久则征，征则悠远，悠远则博厚，博厚则高明。"此是"诚之者"的人道。"天地之道，可一言而尽也，其为物不贰，则其生物不测。"天地之道须是诚道（为物不贰），才能生物不测。"高明配天"，人倘臻至诚，便能像天地一样覆物。故此前两句可说是赞天，亦可说是对至诚的仁者的赞颂。后两句明显是说反身而诚，即见万物俱备，而其欐柄唯在一己，盖诚伪悉在一念也。

五、修养功夫

（一）静坐：勿忘勿助

学者所学，求放心而已，求复其见天地之心而已；而心所具者，诚也。心存则一，一则诚；然如何入手，方能达致高明覆物，参天地赞化育之境？白沙从自己的切身体验，见得静坐是入手处。伊川先生每见人静坐，便叹其善学。……然在学者须自量度如何……仍多静②，"多"下增一"著"字，作"仍多著静"。方有入处。若平生忙者，此尤为对症药也。③

人心本来体面皆一般，只要养之以静，便自开大。④ 静坐功夫，非

---

① 《白沙子古诗教解》，见《陈献章集》附录，p.704。
② 《明儒学案》卷五《白沙学案上》，p.53。
③ 《与罗一峰》，《陈献章集》，p.157。
④ 《白沙陈子语录》卷一，p.23。

陈白沙所发明,早在庄子便有"坐忘"的说法,印度佛教传入,静坐更成为最流行的修心法门。单以宋儒来说,自濂溪开始,提出主静,后为程氏兄弟所继承("伊川先生每见人静坐,便叹其善学"),再传至李延平。因此,在宋儒中,已建立一主静的传统,白沙不过为之发扬而已。此一静字,自濂溪先生主静发源,后来程门诸公递相传授,至于豫章、延平二先生,尤专提此教人,学者亦以此得力。①

周子《太极图说》,圣人定之以中正仁义而主静。② 问者曰:圣可学欤?曰:可。孰为要?曰:一为要。一者,无欲也。《遗书》云:不专一,则不能直遂,不翕聚,则不能发散。见静坐而叹其善学。曰:性静者可以为学。二程之得于周子也。③ 世事诸多纷扰,物交物,心不免外驰,故静可助收摄外驰之心,使其归于专一,不为欲望牵引。故博识尤不如静坐。学劳扰则无由见道,故观书博识,不如静坐。④ 静坐不是呆坐一隅,无所事事,而是从静中"养出端倪"。为学须从静中坐养出个端倪来,方有商量处。⑤ 所谓养出端倪,即体认心体。陈白沙于自身的求学历程中,渐渐摸索出以简御繁、以博反约的修养功夫,就是静坐,并从静坐中体察心体呈露。于《复赵提学佥宪·之一》中,白沙详述其经历:

仆才不逮人,年二十七,始发愤从吴聘君学。其于古圣贤垂训之书,盖无所不讲,然未知入处。比归白沙,杜门不出,专求所以用力之方。既无师友指引,唯日靠书册寻之,忘寝忘食,如是者亦累年,而卒未得焉。所谓未得,谓吾此心与此理未有凑泊脗合处也。于是舍彼之繁,求吾之约,唯在静坐,久之,然后见吾此心之体,隐然呈露,常若有物。日用间

① 《白沙陈子语录》卷一,p.23。
② 《陈白沙集》脱"而"字,见《陈白沙集》卷四,p.61。
③ 《书莲塘书屋册后》,《陈献章集》,p.65。
④ 《与林友·之二》,《陈献章集》,p.269。
⑤ 《与贺克恭黄门·之二》,《陈白沙集》,卷二,p.15。

种种应酬，随吾所欲，如马之御衔勒也。体认物理，稽诸圣训，各有头绪来历，如水之有源委也。于是涣然自信曰："作圣之功，其在兹乎！"有学于仆者，辄教之静坐，盖以吾所经历粗有实效者告之，非务为高虚以误人也。① 隐然呈露的"吾心之体"，便是上节所言之"端倪"。

白沙另有诗述其静坐功夫：朽生何所营，东坐复西坐。搔首白发少，摊地青蓑破。千卷万卷书，全功归在我。吾心能自得，糟粕安用那！② 湛若水解此诗云："东坐西坐，以体认天理也。自言朽生何所营求哉？不过随处静坐而已。……以青蓑摊地而坐至于破，其久而且专如此。故又言书虽千万卷之多，不过欲以管摄发明此心，而收立大之全功也。孟子学问以求放心。程子圣贤，千言万语，只是欲人将已放之心反复入身来，亦此意也。"③ 以体认心体为鹄的，以静坐为法门，此便与坐忘有异。

另有一诗则云静坐之际，须以勿忘勿助长之心处之，方能见道。菊花正开时，严霜满中野。从来少人知，谁是陶潜者。碧玉岁将穷，端居酒堪把。南山对面时，不取亦不舍。④ 湛若水谓："端居，谓恭己，静坐也。……不取不舍，即勿忘勿助之意。必如是，则本体自然，而后南山可见也。南山对面喻见道，即颜子所谓'如有所立卓尔也'。……天下后世欲知先生之学者，当于不取不舍之间求之也。"⑤

陈子曰："治心之学不可把捉太紧，失了元初体段，愈寻道理不出；又不可太漫，漫则流于泛滥而无所归。"⑥此亦"勿忘勿助"之意。

① 《复赵提学金宪·之一》，《陈白沙集》卷二，pp.26-27。
② 《藤蓑·之四》，《陈献章集》，p.728。
③ 《白沙子古诗教解》，见《陈献章集》附录，p.728。
④ 《寒菊》，《陈献章集》，p.775。
⑤ 《白沙子古诗教解》，见《陈献章集》附录，pp.775-776。
⑥ 《白沙陈子语录》卷一，p.23。

在《藤蓑》一诗中侧面描述青蓑因长久静坐而破损，可证白沙修炼之勤，用功之专；白沙另于与其门人何子完的书简中，提及获赠之坐几，亦谓每天餐后，屡屡终日瞑目而坐。张秀才南都还，又承寄到坐几一事。老拙每日饱食后，辄瞑目坐竟日，甚稳便也。[1]

（二）察机：戒慎恐惧

白沙倡静坐，求达致虚明静一之境，终至发见本心；然本心之呈露，乃在一动一静之间。以学之所得，《易》所谓复其见天地之心乎？此理洞如，然非涵养至极，胸次澄彻，则必不能有见于一动一静之间。纵百揣度，只益口耳。所谓何思何虑，同归殊途，亦必不能深信而自得也。[2] 一动一静之间，盖即未发既发之际，或一念将起未起之间，凡以涵养为务者，皆须致察乎此。学者苟不但求之书而求诸吾心，察于动静有无之机，致养其在我者，而勿以闻见乱之，去耳目支离之用，全虚圆不测之神，一开卷尽得之矣。[3] 语录又云：陈子曰："善学者主于静以观动之所本，察于用以观体之所存；动静周流，体用一致，默而识之，而吾日用所出，固浩浩其无穷也。俛焉日以孳孳，无入而不自得，其进不可量也。"[4]"动之所本"是"寂然不动，感而遂通"的心体，"体之所存"则是生生不已的仁、专一不二之诚。

此动静有无之机，正是本心存亡之枢要，亦是功夫可着力之处，故须如履薄冰，临之以戒慎恐惧。是则君子之安于其所，岂直泰然而无所事哉！盖将兢兢业业，唯恐一息之或间，一念之或差，而不敢以自暇

---

[1]《与光禄何子完》，《陈献章集》，p.156。
[2]《书自题大塘书屋诗后》，《陈献章集》，p.69。
[3]《道学传序》，《陈白沙集》卷一，p.26。
[4]《白沙陈子语录》卷一，p.24。

矣。① 白沙认为,道本在至无状态,由至无而动,一动便已形著,便已落具体之事物中,即成"实"化;因此操存功夫须在未形之"虚"中用力,此即立本;本立则动静周流,体用一致。然在此虚静中,仍不得不戒慎恐惧。夫道至无而动,至近而神,故藏而后发,形而斯存。大抵由积累而至者,可以言传也,不由积累而至者,不可以言传也。知者能知至无于至近,则无动而非神。藏而后发,明其几矣。形而斯存,道在我矣。是故善求道者求之易,不善求道者求之难。义理之融液,未易言也;操存之洒落,未易言也。夫动,已形者也,形斯实矣。其未形者,虚而已。虚其本也,致虚之所以立本也。戒慎恐惧,所以闲之,而非以为害也,然而世之学者不得其说,而以用心失之者多矣。斯理也,宋儒言之备矣。② 道藏而后发,即明知几的重要;倘能存养本心于形著之前,则发而皆中节。"义理之融液处"以及"操存之洒落处"之为难言,或因其一面是"妙用无方""发用不穷"之本,另一面则是"未形未实"之虚;善求道者求之易,不善求道者求之难。白沙将上引文意会括成诗如下:古人弃糟粕,糟粕非真传。渺哉一勺水,积累成大川。亦有非积累,源泉自涓涓。至无有至动,至近至神焉。发用兹不穷,缄藏极渊泉。吾能握其机,何必窥陈编? 学患不用心,用心滋牵缠。本虚形乃实,立本贵自然。戒慎与恐惧,斯言未云偏。后儒不省事,差失毫厘间。寄语了心人,素琴本无弦。③ 湛若水解云:盖圣学(孙通海注:盖圣学,马本、王本作"然此学")以自然为本,本立则未发而虚,已发而即实,亦周子静无动有之意。又言戒谨恐惧,若求之太过,则失其自然之本体矣。……所谓至无者,即无极而太极之无。阴阳动静皆由此出,五行万物皆由此生,非

① 《安土敦乎仁》,《陈白沙集》卷一,pp.68 - 69。
② 《复张东白内翰》,《陈白沙集》卷二,p.13。
③ 《答张内翰廷祥书,括而成诗,呈胡希仁提学》,《陈献章集》,pp.279 - 280。

"至无有至动"乎？夫妇居室之间，无非鸢飞鱼跃，妙理活泼泼地，非"至近而至神"乎？放之弥六合，非"发用不穷"？卷之藏于密，非"缄藏渊泉"乎？喜怒哀乐未发为天下大本，则"本"非"虚"乎？发皆中节，乃为天下达道，非"形乃实"乎？朱子尝谓圣人之心，至虚至明，浑然之中，万理皆备，所谓虚也。而所谓一有感触则其应甚速，无所不通，皆本于此。故曰："致虚所以立本也。"先生之意，总见先静而后动，须以静为之主；由虚乃至实，须以虚为之本。若不先从静虚中加存养，更何有于省察？故戒慎恐惧，虽是存养，而以此为主，以此为本，非偏于存养也。《中庸》先戒惧而后慎独，先致中而后致和，朱子谓体立而后用有以行，周子谓不专一则不能直遂，不翕聚则不能发散，皆是此意。周子之论学圣也，曰："一为要。"一者，无欲也。无欲则静虚动直，其即先生主静致虚之学乎？① 于《复张东白内翰》中，白沙谓："夫学有由积累而至者，有不由积累而至者；有可以言传者，有不可以言传者。"②可由积累而至、可以言传之学，大抵如朱子《大学补传》"必使学者即凡天下之物，莫不因其已知之理而益穷之，以求乎其极。至于用力之久，而一旦豁然贯通焉，则众物之表里精粗无不到，而吾心之全体大用无不明矣"中所言穷究以至于极所得之理；又或他所言"涵养须用敬，处事须是集义"（《朱子语类》卷十二）中可集之义。对白沙而言，本心之体认断不能由积累而至，因为正如前面所言，复其见天地之心概与记诵词章无关；生化天地的心体，既不见于载籍，亦非见闻所及，故不可由积累而得。此心通塞往来之机，生生化化之妙，非见闻所及，将以待世卿深思而自得之。③ 所谓"自得之"，所谓"觉"，所谓"反身而诚"，皆指一种内省之观照，而"主静"

① 《白沙子古诗教解》，见《陈献章集》附录，pp.710-711。
② 《复张东白内翰》，《陈白沙集》卷二，p.13。
③ 《送来世卿还嘉鱼序》，《陈白沙集》卷一，p.20。

"致虚""立诚""戒慎恐惧",固然有助于本心之呈露,然心之存与复,乃一复全复,一露全露,而非愈积愈多,故"虚""静""诚"等修养境界可愈练愈有进益,然心体呈露则非积累而得。

六、礼

既明复见天地之心非由累积而至,则礼文亦只有辅助之功,若乎于成圣成贤,绝非关键之处。白沙于《复赵提学佥宪》中,明辨"礼文"与"统论之礼",前者不可不讲,然不是当务之急,后者乃本心之客观化,亦即"克己复礼"之"礼";一旦私欲去除,则当然而不容已之理便自然呈现,此理正是人人不可须臾离之礼也。执事谓:"浙人以胡先生不教人习四礼为疑。"仆因谓:"礼文虽不可不讲,然非所急。"正指四礼言耳,非统论理[按:"理"字应作"礼"。《陈献章集》、清乾隆三十六年碧玉楼刻本《白沙全集》卷三、《明儒学案》卷五《白沙学案上》(页五十)俱作"礼"也]。礼无所不统,有不可须臾离者,克己复礼是也。若横渠以礼教人,盖亦由是而推之,教事事入途辙去,使有所据守耳。若四礼则行之有时,故其说可讲而知之。学者进德修业,以造于圣人,紧要却不在此也。[①] 若本心不明,则纵事事守礼,亦只成乡愿而已。反之,本心复见,则万理完具,庶几无大过矣。

文为度数,若非由心中出,则只是"外事",初学者不宜舍本逐末。陈子曰:"且省外事,但明乎善,惟进诚心。"外事与诚心对言,正指文为度数。若以其至论之,文为度数,亦道之形见,非可少者。但求道者有先后缓急之序,故以且省为辞。省之言略也,谓姑略去之,不为害耳。

[①]《复赵提学佥宪·之一》,《陈白沙集》卷二,pp.26 - 27。

此盖为初学未知立心者言之，非初学不云且也。① 因有是心，斯有是礼；白沙尝著《仁术》，言圣人制礼，为保养仁心。仁心至巧，随机而发。齐王之不忍见牛之死，亦是心之发也。唯发自仁心，即契于礼，仁心之巧于此见焉。孟氏，学圣人也。齐王不忍见一牛之死，不有孟氏不知其巧也。盖齐王之心，即圣人之心，圣人知是心之不可害，故设礼以预养之，以为见其生遂见其死，闻其声而遂食其肉，则害是心莫甚焉，故远庖厨也。夫庖厨之礼至重，不可废；此心之仁至大，不可戕。君子因是心，制是礼，则二者两全矣，巧莫过焉。齐王之心一发契乎礼，齐王非熟乎礼也，心之巧同。② 是以圣人制礼，必顺乎人情，白沙谓："圣人未尝巧也，此心之仁自巧也。"故圣人之仁有权焉，使之远寓魑魅，则害去而恶亦不得施矣。夫人情之欲在于生，圣人即与之生；人情之恶在于死，圣人不与之死，恶众人所恶也。……圣人未尝巧也，此心之仁自巧也，而圣人用之。③ 白沙强调"圣人之仁，有权焉"，盖随时处宜，非有定体，唯求吾心之安而已。夫天下之理，至于中而止矣，中无定体，随时处宜，极吾心之安焉耳。④ 吾心之安，即天理之时中。横渠语云："无成心者，时中而已矣。"⑤圣贤处事无所偏任，唯亲义何如，随而应之，无往不中。⑥ 然此必须于涵养至极，本心洞澈，方能随感随应而合乎天理，否则只是为气所使矣。吾人学不到古人处，每有一事来，斟酌不安，便多差却。随其气质，刚者偏于刚，柔者偏于柔，每事要高人一着，做来毕竟

① 《复赵提学金宪·之一》，《陈白沙集》卷二，pp.26－27。
② 《仁术》，《陈献章集》，p.58。
③ 同上。
④ 《与朱都宪》，《陈白沙集》卷二，pp.5－6。
⑤ 《宋元学案》卷十七《横渠学案上》，p.703。
⑥ 《与罗一峰·之三》，《陈献章集》，p.157。

未是。盖缘不是义理发源来,只要高去,故差。①

七、以自然为宗

白沙倡静坐、养端倪、立诚、察机、戒慎恐惧,皆以复见天地之心为
鹄的,此心一存,便万理完具,随感随应。然作此种种功夫,均应不失自
然。譬如主静,若勉强而为,会适得其反。承喻求静之意,反复图之,未
见其可,若遂行之,祇益动耳,恶在其能静耶,必不得已。② 因此无论动
静语默,皆须率乎自然。出处语默,咸率乎自然,不受变于俗,斯
可矣。③

学者以自然为宗,不可不着意理会。④ 于前节所引《答张内翰廷祥
书,括而成诗,呈胡希仁提学》之诗中有如下数句:本虚形乃实,立本贵
自然。戒慎与恐惧,斯言未云偏。后儒不省事,差失毫厘间。寄语了心
人,素琴本无弦。⑤ 湛若水解曰:"盖圣学以自然为本,本立则未发而
虚,已发而即实,亦周子静无动有之意。又言戒谨恐惧,若求之太过,则
失其自然之本体矣。故又言学者之了心,当如素琴之无弦,而后可以入
道,即明道所谓圣人以情顺万物而无情之意。"⑥

可见以自然为宗,亦只是无过无不及,勿忘勿助的意思。亦可见尚
乎自然,并非即随意所之,而须先以立本为底子,识得仁体后,则以勿忘
勿助存之。子谓廷实曰:"学以自然为宗,以忘己为大,以无欲为至,即

① 《与罗一峰·之三》,《陈献章集》,pp.157-158。
② 《与张廷实主事·其六》,《陈白沙集》卷二,p.45。
③ 《与顺德英明府·其二》,《陈白沙集》卷三,p.13。
④ 《遗言湛民泽》,《陈白沙集》卷二,p.63。
⑤ 《答张内翰廷祥书,括而成诗,呈胡希仁提学》,《陈献章集》,pp.279-280。
⑥ 《白沙子古诗教解》,见《陈献章集》附录,p.710。

心观妙,以揆圣人之用。"①白沙将"自然"与"忘己""无欲"并举,故自然非"私意"之自然。

八、结论

《白沙陈子语录》中,载有白沙以田事为喻,论修养倘能循序渐进,努力不懈,必有所获。陈子曰:"……方苗之始植也,锄耰之,欲土之易;即吾心之放而收焉者也。苗之既植,其土未固,时而灌溉之,欲其生意之浃洽;即吾心之迷者复,日涵养乎义理之中以滋焉者也。及乎苗之向硕,穗即凝矣,益芟治其土使熟,而稂莠之枝蔓遂绝;又非吾心既复之后,戒慎恐惧之不忘,使非僻勿得以干焉者类耶? 自始至终,循其序而用吾力焉,无欲速之心,则末耡之回与吾方寸之回,其获岂直美稼哉?"②此节虽主涵养固有先后,然白沙深明个人可循不同之蹊径,殊途而实同归。……古人今人无不同也。……恶乎同乎? 同其心不同其迹可也,同其归不同其入可也。入者,门也;归者,其本也。周诚两程发,考亭先致知,先儒恒言也。三者之学,于圣人之道就为迹,孰知之无远迩软?③ 于《与林郡博》之书简中,白沙慨论古往今来,上下四方,充塞宇宙者非他,我之一心而已,故圣人千言万语,无非着人体认此心。终日乾乾,只是收拾此而已。此理干涉至大,无内外,无终始,无一息不运。会此则天地我立,万化我出,而宇宙在我矣。得此霸柄入手,更有何事? 古往今来,四方上下,都一齐穿纽,一齐收拾,随时随处,无不是这个充塞。色色信他本来,何用尔脚劳手攘? 舞雩三三两两,正在勿忘

---

① 《白沙陈子语录》卷一,p.4。
② 同上,p.24。
③ 《书莲塘书屋册后》,《陈献章集》,p.65。

勿助之间。曾点些儿活计,被孟子一口打并出来,便都是鸢飞鱼跃。若无孟子工夫,骤而语之,以曾点见趣,一似说梦。会得,虽尧舜事业,只如一点浮云过目,安事推乎?此理包罗上下,贯彻终始,滚作一片,都无分别,无尽藏故也。自兹已往,更有分殊处,合要理会,毫分缕析,义理尽无穷,功夫尽无穷。① 心同理同而迹可因人而异,唯"义理尽无穷,功夫尽无穷",此乃白沙对其门人林郡博之鞭策,后世有志于道者读之,尚敢有一息之怠欤!

参考书目

陈献章撰,湛若水校定(1991),《陈白沙集》,四库明人文集丛刊,上海:上海古籍出版社。

陈献章撰,孙通海点校(1987),《陈献章集》上、下,北京:中华书局。

杨起,《白沙陈子语录》,明万历丁酉年刻,清道光二十四年重刊。

黄宗羲原著,全祖望补修,陈金生、梁运华点校(1986),《宋元学案》,北京:中华书局。

黄宗羲(1974),《明儒学案》,台北:河图洛书出版社。

---

① 《与林郡博》其四,《陈献章集》,pp.2-7。

第四章

承体起用

儒家伦理学与德育的重点

一

在元伦理学(meta-ethics)所关心的课题当中,特别与道德心理学相关的,是道德判断与行为的关系,有关的讨论通常以如下的问题形式开展:"道德判断是否内在地具发动行为的力量?"换另一种形式来说,就是:动机要素是否"道德判断"这概念本身的组成要素? 对上述问题给予肯定答案的被称为内在论(internalism),而给予否定答案的被称为外在论(externalism)。这区分早在 20 世纪四五十年代由福克(W. D. Falk,1904—)与弗兰克纳(W. Frankena,1908—1994)提出①,当代伦理学者内格尔在他的《利他主义的可能性》(*The Possibility of Altruism*)一书中加以发挥,他将内在论定义为:一种"认为道德行为必需之动机乃由伦理原则与判断本身所提供"之观点,而外在论则认为需要一种外加的心理方面之规约力量来发动我们的意向。② 关于这

① 见 T. E. Wren 的论述,可参考 Caring about Morality: Philosophical Perspectives in Moral Psychology,p.15。
② Thomas Nagel, The Possibility of Altruism, p.7。

两种观点的区分,本来甚有助于我们对道德的特性、道德意志,以至理性与欲望、行为的理由与证立等方面的研究,甚而有益于道德心理学与德育理论的发展,然而,可惜的是,根据雷恩(Thomas E. Wren)在他那本题为《关切道德——道德心理学中之哲学观点》的说法,上述两观点的争论只局限于哲学界的小圈子中,在心理学关于道德的研究方面,竟无一明确提到此区分,但却在没有细察的情况下,沿用了其中一观点,而在两种观点中,外在论乃为多数道德心理学家所乐于采用。[①]

在笔者看来,外在论的困难固然在于道德判断之发动行为由于决定于外在力量,故而没有保证;然而,另一方面,内在论虽然将发动行为的力量置于道德判断本身,但却要面对"如何方能作出具规约性的道德判断"这问题。当代伦理学者黑尔借着分析道德语言的逻辑性质,建立了普遍指令论(Prescriptivism),指出所有道德判断都具指令性(prescriptivity)。所谓道德判断的指令性,就是说若一个人真诚地同意一道德判断,则当时机到来,便必须判断所指令的行为;此外,判断还须具备普遍化可能性(universalizability),才称得上一道德判断,而普遍的道德判断只有在将自己置身于他人境况,体会他人的意愿后方能作出。[②]黑尔的理论可算是给予内在论观点一后设伦理学的支持。然而,人们可以进一步询问,有什么理由使我们必须去作出普遍化具指令性的道德判断呢?也就是说,什么理由使我们必须采用一种道德观点(moral point of view)来指导行为呢?此乃关乎"为何要有道德"(Why Be Moral?)的问题,此问题若得不到解决,内在论始终会受到质疑。事

---

① 同 Wren 前引书,p.16。
② 关于 Hare 的普遍指令论,可参考 R.M. Hare, The Language of Morals 与 Moral Thinking: Its Levels, Method and Point。有关他学说的介绍及批评,可参考黄慧英(1988)。

实上,很多道德心理学者都没有严肃地处理此问题。

上面两个问题——① 什么是道德行为的发动力量? ② 为何道德?——所牵涉的两个概念,即"发动道德行为的力量"与"去以道德观点来指导行为的意向",雷恩以道德动力(moral motive)与道德动机(moral motivation)来区别,前者虽然较为道德心理学者所关心,但二者都可置于后设伦理学中解答。

儒家所关心者固然不在理论方面的建构,对于在实践上亦有重大意义的上述两问题,当然不会循道德语言的特性这个方向来探讨,但在其伦理学说中,亦提供了一种睿见,它不单为内在论建立了理论的基础,还解决了为何要有道德的问题。① 由于本节特重德育的路向,故将集中与道德心理学相关的课题来讨论。

二

儒家伦理学的核心,在于肯定人具备道德的能力,所谓道德的能力,包含知善知恶、为善去恶、好善恶恶等三方面的能力。首先,让我们剖视"知善知恶"的含义。"知善知恶"的"知",表面看来,相当于一般所说的"道德上的认知",而道德认知预设道德真理的存在,这些道德真理,乃揭示某类事物具备"好"或"善"等性质,它们独立于人们的判断而客观存在,但是,对于儒家来说,作出道德判断并不是对道德真理的认知,而是人们对事物所赋予的评价。对善恶之知,称得上是一种"道德的创造",称其为创造,就是判断者不依据传统、文化、环境、地方风俗、历史权威去界定善恶,而善恶的客观性,基于判断者是否能撤除单纯的

---

① 可参考黄慧英(1988)。

利害计较，以无私的立场作出。"道德真理可独立于判断者无私的判断而存在"这个理论，是一种"道德的实在论"(moral realism)[1]，我们无法在此详细阐述，不过，可以指出，假若道德的实在论不可接受的话，道德的认知主义(moral cognitivism)及描述主义(descriptivism)都会随之被否定。

　　儒家除了肯定人有知善知恶的道德创造力之外，还强调"为善去恶"的能力。所谓为善去恶，就是指自己所作之判断所指令的，对于我们，有一种不容已的推动力，要付诸行动。这种推动力本与撤除利害的计较而作出无私的道德判断的能力同一，只是强调在行动时能排除现实上的种种阻碍而实践出来的一面。可见，就道德判断内在地具有发动道德行为的力量而言，儒家可算是一种内在论；但道德之动力不在道德语言本身，元伦理学者，如黑尔将道德动力的问题借着道德语言的性质来解决，欲借以弥缝语言与行动之间的鸿沟，但却仍遗留了为何要使用该套道德语言的问题。儒家知善知恶的能力以及为善去恶的能力，其实均源自能与人相感通的能力之上。根据儒家思想，当我们与他人感通，便会体会到他人的欲望、痛苦、哀伤、绝望，这里所说的体会，不是知性的了解，一如对自然界事物的认识，而是在自己方面，感受到相同的痛苦、哀伤……我们既然不愿意这些痛苦发生在我们身上，并且正由于通过感通，我们对他人的痛苦也形成相同的痛苦，此即所谓感同身受，因此我们亦希望它不会发生在他人身上。同样，基于这种感通能力，我们要求促进的不独是个人的幸福，兼且是他人的幸福。这种对他人幸福的追求，就是一种根据非个人观点(impersonal standpoint)[2]而

---

[1] 不少伦理学者曾提出对此学说的批评，见前引书，第二章，"直觉主义"一节。

[2] 关于个人观点与非个人观点的区分及其对于道德的意义，可参考 Thomas Nagel, Equality and Partiality。

建立之善,由于其建基在一种视人如己的感通上,故我们欲望其实现就正如我们欲望自己的幸福一样,而此之谓好善恶恶。如此,感通之能力保证了善恶之客观性。从这里亦可窥见儒家对"为何道德"的解答,简言之,对于人类之感通能力的肯定,使人们醒觉其作为道德主体的可能性,感通能力的发用即时彰著"应该道德"的理由。

我们可以概括,知善知恶、为善去恶、好善恶恶等是一种能力的三面,同建基于与人相感通的可能之上;在儒家,与人感通就是"仁",故"仁"是道德的根源。

三

以上简略阐述了儒家对人之知善知恶、好善恶恶与为善去恶之能力的肯定及其对于作为内在论者之重要性,然而,在实践方面,儒家并不认为单单拥有这种能力便已具足,它承认道德能力需要发展与培育。这是由于儒家对于道德能力的肯定,只是指出人有道德的可能性,至于这种可能性之实现,则须赖后天的努力。

儒家发现,阻碍道德可能性实现的因素,并非来自外界的事物或环境,而是个体意志所造成。是故培养道德能力的功夫,集中于意志的纯化。所谓意志的纯化,即是从个人观点(personal standpoint)迈向非个人观点;人的意志在纯粹的状态中,即可充分意识到他人的存在,并且视人如己。换另一说法,在意志纯化的情况下,才可有真正的感通,才能发挥知善知恶、为善去恶的能力。

儒家既然将道德的发展理解为意志的纯化,那么,在儒家看来,道德教育应以启导感通之能力为着力点,用各种方法培养关心他人的习惯,引导其发挥道德的想象力,即将自己置于他人的境况,感受他人的意欲,最重要的,是将他人的意欲视为与自己的意欲具同样的地位。

瓦尔(J. W. Vare)在一篇题为《民主社会的道德教育:一个合一而折中的路径》(Moral Education in a Democratic Society: A Confluent, Eclectic Approach)的论文中强调感性目标(affective goals)与知性目标(cognitive goals)在道德教育上同样重要,它们均是使道德自主性(moral autonomy)得以发展所必须达成的。感性之目标包括对下列各倾向之培养:① 共感(empathy);② 开放与信任(openness and trust);③ 容忍或接受(tolerance or acceptance)。所谓共感,是指“愿意理解对道德两难事件的各种反应,体察并警觉跨文化与社会内部的差异,愿意想象自己处于他人位置”。“开放与信任”则包括“自由表达信念与意见,愿意参与小组及大组的讨论及活动,愿意与人维系非形式的人际关系,着重合作而非竞争”。在“容忍或接受”方面,包括“借着接受他人之意见来显明对他人之尊重,具备对人之正面关怀态度,将醒觉扩至全球性的事件,以及愿意了解”①。细察这些感性目标,我们会发觉,共感若局限于以上的内容,则仍然只属于知性的运作,在了解了别人的意见、信念,甚至感受后,并不意味着必定会以一非个人观点来判断,此点于“开放与信任”一项特别明显,就算着重合作,亦只显示有一高于个体目标的目标(如群体目标),但此较高目标之订定,实在容许仍以个人观点作出。只有“容忍与接受”中,具备对人之正面关怀态度方面,与感通较为相关,然而我们必须考察,“关怀别人”在什么意义下,可达到培养感通能力的目的。

“关怀他人”当然表示意识自己以外的他人之存在,并且对他人的幸福投以关注,但若这种倾向或态度单纯出于对人友爱之情,一个人依

① 见 J. W. Vare, "Moral Education in a Democratic Society: A Confluent, Eclectic Approach", pp.217–218。

据这种感情作出有关他人幸福的善恶判断,可能受到两方面的限制:
① 由于判断源自感情,而未经理性审查的感情很可能"过之"或"不
及",因此,关于善恶的判断亦可能有所偏差;② 无论对他人的感受或
意见体会得如何透彻,只要仍以个人观点来作判断,则作出之判断仍可
能与以非个人观点所作的有距离,因为"非个人观点"不单要求明白他
人感受,更须撤除一己之利害、偏好、成见,视人若己。可见从"关怀他
人""共感""同情心",甚至"爱心"出发,均不能保证产生大公无私的判
断;而儒家所言之感通则并非单纯是一种感情,而是意志的纯粹状态,
故能据此界定善恶。

上面虽然对共感与感通的特性作出了分判,但并不排除培养共感
或关怀他人的态度,乃有助于感通能力的落实与伸展。因为意识他人
之存在,及重视他人之幸福,毕竟是视人如己的起步,所以在道德教育
上,仍有其重要意义,只是我们必须警觉上述限制。

至此我们可以明白,务使感通能力得以实现所需之功夫,其实亦即
意志纯化的功夫,儒家在这方面有不少指引。例如,孟子作出大体小体
之辨,就是叫人觉察,人的自然欲望绝不可能作为善恶的指导原则,而
人只有在不受个人欲望与利益的牵制之下,方能进行反省从而作出大
公无私的判断。此外,对他人培养出关爱之情,对他人之苦难加以正
视,都是德育的重点,在实施上可以从亲近的人做起,再加以推扩,以至
于"亲亲而仁民,仁民而爱物"的境地。当然,值得强调的乃在于引发这
些情感之际,促使人们内省,从而省察本有的好善恶恶、知善知恶的能
力。这种对于道德能力的肯定,是一种理论工作,而必须在实践中进
行,一旦觉醒便是道德能力在日后得以发扬的关键,这就是为何儒家特
重"存养"之由了。

儒家既然不承认有独立于个人无私判断的道德真理的存在,所以

道德教育的内容，并非在于提供道德知识，也不以灌输道德规范为重点。如此，道德上的认知仅在将认知理解为对他人存在的觉识才有意义，对客观世界的认知，在道德实践上以至德育上，更只能处于辅助的地位。例如对于如何才是实行道德目的的有效途径，又或者现实上有多少选择让我们去拣取等，此外，有关心理学的知识，或者能够帮助我们去了解他人的感受，也许亦能使我们因应孩童心理的发展，而提供拓展想象力的各种方法。至此，我们可以看到，知识的增进在道德实践与道德教育方面所发挥的作用之限度。

这里也须留意的是，某些道德心理学的研究指出，孩童之道德能力有发展之阶梯，必须循序渐进，加以诱导，道德心理学家如皮亚杰（Jean Piaget，1896—1980）与科尔伯格（Lawrence Kohlberg，1927—1987）都有这样的见解。儒家对于此点，可以同意，但必不会接受，所谓发展阶梯，作为一项事实，具备规约力量，也就是说，不应以某一阶段的道德原则，作为前一阶段的指导原则，假若前者并不能得到无私之原则证立的话。发展的进程只可视为在培养道德能力的途径方面，提供一参考的图像，并不能作为道德上的指标。尤其是，就算对于一般人来说，道德发展的规律大抵适用，但亦有个别的人，在当头棒喝之下，生起顿悟。因此，儒家会认为，不论对哪一发展阶段的孩童，都应以大公无私的普遍道德原则来指引，只当在使他们解悟的方法上，就他们的能力有所鉴别而已。

四

基于上面所论，儒家认为道德原则乃由无私的仁心所创发，任何既定的道德规范，只处于第二序的地位。《孟子》中："由仁义行，非行仁义也。"(《孟子·离娄下》)便充分彰明此意,此外,孟子亦曾明言:"大人者,言不必信,行不必果,惟义所在。"(《孟子·离娄下》)(在此,"义"当然应理解为无私的道德原则而非一项德目),至于"嫂溺"以及"舜不告而娶"等都是他用以申明"道德规范并不具备绝对性"的事例。所以,对于儒家,道德规范只当得到道德心证立的情况下,具备一般的有效性,遇到特殊的处境,便需道德心针对该处境制定善恶。事实上,道德规范的价值及有效性,正由道德心所赋予。此义详细阐明如下,人以其感通能力,体察他人的意欲好恶,并希冀他人得到满足,于是选出能达致此目的的行为;推而广之,凭着感通能力,人亦可了解不同身份、关系、情境中的他人的意愿与期望,而找寻出一般能使他们得到满足的秩序。因此,假定人由于同属人类,而有大致的共同爱恶,则可以制定一般能够满足众人的行为模式及秩序,此便是道德规范,于是道德规范可理解为:"出于人与人之感通,觉察众人的共同爱恶,希冀各人都得到满足,而建立的人间秩序。"如此,遵守道德规范在一般情况下会使众人较能得到满足,这就是"守规则"的意义。

在上面有关道德规范的理解下,培养孩童遵从规范,在道德教育的工作中,也是需要的。遵行规范意味着对个人欲望扩张的限制(此所谓"克己复礼"),令他们意识到自己以外他人的存在,也令他们明白在身处的社会中他人的期待,此可视为自我制定道德判断的酝酿步骤。当然,道德教育并不止于训练社会的好公民,最终的目的仍是使道德能力得以充分发挥,故在要求孩童守规则的同时,必须依照其理解能力,酌情向他们揭示规则背后的精神价值,并引导他们对各种规范加以证立,使他们能在认同其价值的情况下遵守规则。

本节只是针对儒家伦理学的特性,而指陈道德教育的基本方向,至于具体而细致的内容与形式,例如,"怎样朝这个基本方向拟定教学设计"、"如何提高孩童的道德想象力",又或"哪些道德规范在现代社会中具有特别的意义",以至"如何叫孩童理解其背后之精神"等,均未克阐明,希望读者能举一反三,执简驭繁,再作深细的讨论。

参考书目

Hare R. M. (1952), The Language of Morals, Oxford: Clarendon Press.

Hare R. M. (1981), Moral Thinking: Its Levels, Method and Point, Oxford: Oxford University Press.

Thomas Nagel (1970), The Possibility of Altruism, Princeton, N. J.: Princeton University Press.

Thomas Nagel (1991), Equality and Partiality, Oxford: Oxford University Press.

J. W. Vare (1986), "Moral Education in a Democratic Society: Confluent, Eclectic Approach", (Ed.)G.L. Sapp, Handbook of Moral Development, Birmingham, Alabama: Religious Education Press.

T. E. Wren (1991), Caring about Morality: Philosophical Perspectives in Moral Psychology, Cambridge, Mass.: The MIT Press.

黄慧英(1988),《后设伦理学之基本问题》,台北:东大图书公司。

普遍道德戒律与德育

——对一个后现代观点的批评

一、道德戒律的一般性与普遍性

道德戒律,对于道德教育的推行,一直占着重要的地位。无论传授的方式与重点如何,例如不论是用灌输还是启导、批判的方法,甚至角色扮演、解难等,都期求最终对道德上的指导原则的认取。人们更认为这些指导原则必须是普遍的,至少适用于一般情况。另一方面,普遍的道德戒律在当代受到多方面的挑战。

(1)受到资讯发达、文化交流频繁、时代变迁等因素的影响,以往被视为理所当然的道德规范备受质疑,例如:"男(当)主外,女(当)主内""在家(当)从父,出嫁(当)从夫,老来(当)从子"等已经过时而需要彻底革新。然而,人们怀疑,是否有超越时空跨文化地域的道德规范?道德规范之过时及需革新这一事实是否意味着道德规范须因时因地而改变(因时制宜),故只能是相对的?

(2)道德是文化的产物,也是文化的重要构成部分,因此不能脱离文化条件及文化脉络而建构道德。

（3）由于个体日益受重视，普遍的道德原则被认为是对于个体的束缚及压制，故渐为人唾弃。在这些挑战下，有人认为道德戒律不应再追求普遍性，而可朝两方面发展，其一是对处境道德判断的强调，另一是建立不包含特定（specific）内容的道德规则。所谓处境道德判断，就是针对道德事件发生的特殊处境（particular situation）而作出的判断，如此，并不存在由于判断与实际境况间的距离而导致的"应用"问题。另一方面，有些人则认为一些道德规则不能应用于具体事件，是由于在规则中涉及特定的条件，那么，若将该等条件去除，代之以一般化的条件，则较能广泛应用。

处境伦理的问题，在于每一项据处境而产生的道德判断都是极端特殊的，我们不能将同一判断应用于另一处境，亦由于此处境道德判断皆不能推广成一般（general）的道德原则，以应用于相类的情况。本来无论道德事件多么特殊，我们亦可借着在对该事件的描述上冠以"像"字，而将针对该事件的判断普遍化，然而关键在于，处境伦理学者不认为现实上会发生与实际事件相类的事件，使得同一判断可用于其上。更根本的是在对于特殊事件作判断时，是否有一些原则，作为判断的根据或依循，假使有的话，那些原则是否必须是普遍的？

至于借着避免涉及特定的内容，来建立一般性的道德原则的方法，只是使原则的应用范围，不再局限于符合特定条件的情况。然而，无论原则有多一般，都可能出现一些特别（special）的情况，使得原则无法适用。事实上，一般性的程度并不反映普遍性，普遍的规则不是那些具备较大应用范围者，而是指绝无例外的规则，具有特定内容的规则亦可以是普遍的。认为愈一般便愈普遍的看法是一种误解，源自对一般——普遍与特定——特殊的混淆。譬如说，"不应在图书馆喧哗"较"不应喧哗"特定，而后者则较前者一般，但二者都同样可以是普遍的。故普遍与特殊矛盾,却与特定相容。黑尔指出凡是道德判断或原则都必须是普遍的,详见本节第四小节。

由于一般的原则并不必是普遍的,并且原则愈一般,愈难于照顾特定的情况,因而出现应用的问题,所以我们并不是要寻求适用于大多数种族、社会、时代的一般原则,却需普遍的原则,而无须理会它的特定性。

二、道德戒律的普遍性与道德相关性

我们要求道德原则、道德戒律或道德判断是普遍的,因为只有具备普遍性,才可保证其无偏私。在普遍的道德原则下所作的决定或褒贬必须施于相类情况,不能因人而异,这是对道德的基本要求。然而,经常引起争论的是,怎样才算是相类的情况。事件发生的地点不同,是否导致两事件相异,因而不能用同一的判断? 时间不同又如何? 人物、天气、时代、种族、性别、社会地位、财富、发型……哪些因素对当前的判断来说是相关的呢? 假若不确定道德的相关性(moral relevancy),道德的普遍性终究名存实亡。

个别具体道德判断并不容易凸显出道德的相关性,但在某程度上一般的道德戒律通常展现出相关性所在,事实上,道德原则本身就是以相关的特性为准则而建构的,换句话说,将什么因素视为道德上相关的判断正是道德原则的指向。被视为道德上相关的特性既是道德判断之准则,那么,道德判断是否无可避免地是相对的呢? 于是以时代之更迭为道德革新之理由者遂成为时代相对主义,以种族之差异为改易道德戒律之理由者则是种族相对主义,因应性别而订定不同的道德规范者为性别相对主义。

本节不拟对道德相对主义作深入评论①,只想探讨道德原则中相关性的确立是否必定排斥普遍性。若然如此,则既然道德相关性构成道德原则的内容,那么道德原则便不可能是普遍的。

三、从后现代观点对普遍性的质疑

除了上一小节对道德原则的普遍性的质疑之外,研究后现代的鲍曼指出,普遍的道德是"现代"伦理学者致力追求的;在鲍曼看来,"现代"思想家的其中一个主要特色,是企图解决那些永不可能解决的问题,道德的普遍性是其中之一。② 然而,从后现代的观点看来,现代伦理学者的工作是徒劳无功的,因为"普遍与'具客观基础'的伦理系统是实际上不可能的,甚至也许是自相矛盾的"③。除了实际上不可能之外,鲍曼认为,道德之普遍化,即使可能,也是不可欲的,他的理由是:普遍化的道德会抑制道德动力并且将道德活动导引至社会设计的目标,而这些目标可能包含不道德的目的。④

鲍曼反对普遍化道德之结论,一方面来自他对普遍性的理解,另一方面则来自他对道德的理念。让我们先看看他如何诠释普遍性。哲学家将普遍性界定成伦理指令的特色,这些指令强逼每个人,仅仅由于他是一个人,去承认它是正确的因而必须视之为有义务去接受的。⑤ 假若道德操守以具普遍形成的规则表达出来,那么:道德自我可能被我们消融——道德"我"仅作为伦理之"我们"的一种单称语态。在此伦理

---

① 参考黄慧英(1988),pp.27-34。
② 见 Bauman(1993),p.8。
③ 同上,p.10。
④ 同上,p.12。
⑤ 同上,p.8。

之"我们","我"可与"他/她"互相转换；以第一人称的方式陈示出来是道德的，以第二、第三人称的方式陈示出来同样道德。① 如此，只有符合此种非个人化（depersonalization）的规则才可以成为伦理规范。本来，非个人化未尝不是避免偏私的途径，当代伦理学者内格尔便认为，从非个人立场（impersonal point of view）作出的考虑是构成道德的一个重要考虑。② 非个人化的道德规范，就是不以个人特性作为道德上相关的因素。然而，在鲍曼看来，"非个人化"意味着将道德看成单纯是群体的道德，由权威的立法机构所颁布。鲍曼认为将原来对个人（特殊的"我"）作的道德指令转成群体（"我们"）的道德，乃预设群体中的每个"我"都是等同的，可以互相转换的，这样，实在漠视及牺牲了"我"所具有之多向度的特性。鲍曼宣称，发布道德命令的道德主体之成为道德主体，正由于他是不可取代的，并且他与他人之间的关系是不对称的。

　　"不可取代"为道德主体的特性与"不对称"为道德关系的特性，构成鲍曼对道德的核心观念，根据这两个观念，他反对普遍的道德戒律。作为一个道德主体不可取代的，基于主体为自己立法。道德责任是我本着德之不容已所加于自己的，没有现行的规则准则或规范要我接受责任。每个道德主体都是独特的。道德个体与该个体道德上所关注的对象不能以同一的尺度量度——对于这点的觉识正是那使道德个体之为道德之处。③ 因此，那我加于自己身上的责任并不必能加于他人身上。在道德关系中，所有可以设想的"责任"与"规则"只加于我、规限我，将我（并且仅仅将我）建构成"我"。当责任加于我身上，那是道德

---

① 见 Bauman（1993），p.47。
② 有关的讨论，可参考《无私与偏私的调和》，黄慧英（1995）。
③ Bauman（1993），p.51.

的。但当我企图转过来将之规限他人的一刻，它便失去其道德内容。[①] 因为道德责任是一种对自己的道德要求、一种道德承担，根本不应考虑他人的反应、他是否会回报，以及他是否值得我如此看待，更不应对他人作出同样的道德要求，所以在道德关系中，我与他人之间，并不存在一种可易转的关系。我为他人不论他人是否为我；可以这样说，他之是否为我是他的问题，他能否及如何"处理"此问题丝毫不会影响我之为他（只要我之为他人包括对他人自主性的尊重，而此尊重转过来包括我同意不会要挟他人使其为我，又或干预他人之自由）。无论"我为你"包含其他什么，它不包含要以"你为我"来偿还、映照或平衡这命令。我对他人之关系是不能易转的；倘若这刚好是一种相互的关系，则此种相互性在我之为他人的观点看来是一意外。同上。我与人之关系"并不依赖于他人之过去、现在、预期或企望的相互性"。[②] 道德之态度导致一种本质上不平等的关系，此种不平等的、与公平无关、不求相互对待、漠视相互性、与以收益或奖赏来抵偿不相关的——总括来说，此种"我对他人"关系之一贯的"不平衡"因而不能易转的特性，就是那使此相遇成为一道德事件的特性。[③] 上述可作为鲍曼对于道德关系中人我的不对称性的阐释。

　　既然人我之间的关系是不对称的，因此没有共同的准则让我与他人一同遵守。任何共同的准则——包括相互性原则、平等对待原则及交换原则——都会将我与他人的个体性消除。鲍曼宣称："并无普遍的准则。"[④]可以普遍化的不是道德责任，而是职责。这里鲍曼将通常被

---

① Bauman(1993)，p.50.
② 同上，p.48。
③ 同上，pp.48－49。
④ 同上，p.53。

视为同义且皆译作"责任"的两词 responsibility 与 duty 区分开,故特将前者译为责任而后者译为职责。只有规则可以是普遍的。一个人可以订出以普遍规则所确立的职责,但道德责任仅仅存在于对个体的责成以及由个体所承担。职责倾向于将人类看成相若;责任则将他们造就成个体。人之为人不能由公因子所掌握——它会在那儿沉灭与消失。因此,道德主体之道德,并不拥有规则所具备之特性。[1]

纵使我的责任可以表达为一项规则,那么……它将仅仅是一项单称的规则,一项为了所有我认识及关怀的人而只对我展示的规则,那是就算他人的耳朵仍然闭塞着而我已听见的规则。[2] 每个道德主体都是独特的,这独特的性质道德上是不相关的,没有规则可同时适用于我与他人,假使有的话,那只会牺牲了二者的独特性(个体性),结果使责任失去道德意义而沦为职责。正是此独特性(非"一般性")及此种我之责任的不可易转性,将我置于道德的关系。[3] 假若一项道德原则是普遍的,则它必包含相互的要求,举例说,假若将"他应该为他牺牲生命"普遍化,那么会导致"他应该为我牺牲生命"的道德要求,但既然鲍曼认为道德关系中人我是不能易转的,这要求也就不能成立。换句话说,普遍性包含相互性,对鲍曼来说,普遍化乃将应用于我的规则应用于任何其他人身上,而相互要求乃将应用于我的规则应用于道德关系中的对方身上,因此前者甚至制约那些未进入道德关系中的潜在的"对方"。随着对普遍性的否定,相互性也遭否定了。因此相互性是道德并不具有然而假若希冀它普遍化而应当具有的,一方的责任并非他方之权利,一方的职责也不能命令另一方有此职责,一种态度并不是等待它具有相

---

[1] Bauman(1993),p.54.

[2] 同上,p.52。

[3] 同上,p.51。

互性因而变成双方或多方关系后才成为道德的态度，也不是对于具备相互性的期待，无论如何含糊，使它成为道德的。刚好相反，当主体将是否给予他或她之回报、报偿或平等准则这问题安之若素，只要此种安之若素之心态仍然存在，使其成为一道德主体。[①] 鲍曼否定相互性之最重要的一项理由，是该性质会使道德变成他律，因为在相互性原则下我应否尽义务决定于对方是否亦有尽义务。那是我之合伙人的行动，而非我自己的，为我首先所监察与审视及评价。我之合伙人必须"值得"或"赢得"我去满足我之义务；至少他必须没有做出什么令他变得"不值得"的事情。"他没有做他的一份"是我没有尽义务而需要谅解的唯一论据。可以这样说，是我之合伙人的权力将我（蓄意地或误差地）"解放"出来，使我免受职责之约束。我之职责是他律的。[②]

四、普遍性的含义

原本作为道德原则或判断的基本条件的普遍性，是否由于上述的质疑，而必须扬弃或删除？在解答此问题之前，我们应当重新检视普遍性这一概念。

对道德的普遍性的要求，源自对道德的无偏私的期望，于是人们将之联系到"一视同仁"的观念，亦因此导致一错觉，以为在一视同仁下，必定会将各具独特性的事情齐一化、同一化，因而消灭了它们的独特性。事实上，普遍性的含义很简单，就是"对于相同的事件作相同的判断"，当代伦理学者黑尔对道德的普遍性作了深入的分析后，得出的结论就是："道德判断只是在一个意义之下可普遍化，这就是：它们涵衍

① Bauman(1993), p.56.
② 同上，p.59。

对于所有在普遍特性方面等同之事件的等同判断。"①且认为符合此条件的道德判断是大公无私的。② 在此意义下,若一人接受或同意一项判断,就算他从受惠者变成受害者,也必须接受原来的判断,因为道德判断并非从个人观点而是从非个人观点作出。然而,正如处境伦理学者声称的,现实上并无两个或两种情况是完全相同的,如此此种普遍性只是一种逻辑上的规定,现实上具备普遍性的判断只能应用于单一的事件。

不过,就算普遍性仅仅是一项逻辑的规定,在实际上亦具规范作用,使判断者不得偏私。原因是,纵使完全相同的事件不会在现实世界中出现,但在想象或假设的世界中是可以出现的。当我们作出或接受一项道德判断时,必须同时愿意将该判断应用于一假设处境中,这处境就是,其他情况不变,只有判断者与受判断影响的人(对方)的位置互换。如此,判断者虽然没有从受惠者真正变成受害者,但必须同意,假若他成了受害者,仍会接受该判断。当判断者经历了这种在设想的角色互换情况下而对自己诘问的过程,而仍旧接受原来的判断,那么他才将判断普遍化,也就是说,他将该判断视为普遍的。如此看来,道德判断之普遍性对我们行为的制约,不待现实上"像"某事件的出现而落实,而是当道德判断一旦形成,即具有延伸至想象世界中的普遍约束力。值得注意的是,所谓角色互换,并不止于与对方的社会地位的交换,更需设身处地站在对方的立场,具有对方的爱恶欲望、心理倾向、思维方式。在这样的互换角色后,再诘问自己,是否愿意接受原来的判断。

假若我们这样理解道德的普遍性,则如何订定道德的相关性的问

---

① Hare(1981), p.108.
② 同上,p.129。

题亦可迎刃而解。每个个体、每件事件所具有的特性，都可以依判断者的判断视为相关，本节曾指出"将什么因素视为道德上相关的判断正就是道德原则的指向"，既然去订定相关性就是去作出道德的判断，那么该判断要成为真正的道德判断便必须具备普遍性，而是否具备普遍性可借角色互换后的诘问去进行，如此，假若该判断是可普遍化的，则表示建议的相关性是可接受的。

道德的相关性的确定既然是一般的道德戒律或规则所无可避免的，那么，道德判断是否必定是相对的呢？对于这问题，我们可以这样答复：道德判断只要通过普遍化的测试，该判断便是在上述意义下普遍的，因此并不容许偏私，此足以筛去由偏私的理由而订定的那类相对主义的道德判断。另一方面，对于那些能够通过普遍化测试的道德判断，纵使根据其所显示的道德相关性而形成一般的道德戒律，但是由于"相对"于该相关性而建立的道德戒律已非为了偏私而制定的，因此此种道德的"相对"性仅作为建构一般道德戒律内容的必要组成部分，并没有违反道德的无偏私的要求。所以可以说，道德普遍性之维持同时可安立道德的相关性，道德的普遍性只会拒斥那些借着制定相关性而得逞的偏私。

澄清了道德之普遍性的含义后，我们可以再检视一般性与特定性的问题，一个道德判断可以是极端特定的，以至只可适用于当前的事件，但假若它能够通过普遍化的测试，则便成为普遍的道德判断，正由于不能用于别的事件，也无损其普遍性。但是，此类普遍的道德判断，正由于不能用于别的事件，在现实上不能发挥对同类事件的规范作用。虽然原则上我们可以就每一特定事件作出普遍的判断，然而对于维系合理的人际关系及建立有秩序的生活这些目标来说并非最有利。为了达致上述目标，一般的道德规则或戒律是需要的，关此，黑尔提出以下的理由：

（1）一般的规则是那些在一般的情况下，能通过普遍化测试的规则，因此，在一般情况下，一般人遵行它们，便是符合了无偏私的道德要求。果真如此，在特定情况遵守这些规则而不再进行测试，可免除由于仓促或资料不足所造成测试方面的困难。另一方面，可避免判断者在测试过程中为了偏私的理由而对结果作出自欺欺人的窜改。

（2）一般的规则由于适用于一般情况，对那些不习惯或欠缺足够能力去对特定事件作道德判断的人，可担当现成的指导原则的角色。

当然，愈一般的规则应用范围愈广，规则中包含愈多特定成分的，应用范围愈狭窄，前者在使用上较为方便无碍，后者则要视乎当前的事件是否符合特定的条件，才能适用，然而规则愈一般，愈使人容易忽视具体事件中的特定情况可能非常特殊，使得将之随便应用其上易造成错误。

五、对鲍曼的回应

鲍曼反对将道德普遍化，是由于他将普遍性理解为可以应用于任何人，以及任何处境之上的道德，而追求此种普遍之道德，于道德规则中便几乎不能包含特定的条件。然而，去除特定条件只是使规则一般化，我们知道，极一般的规则也可能遇上特殊的事件，使得它不再适用。假若无视特定事件的特殊性，而硬将规则应用其上，那便出现种种道德的逼害。如此看来，鲍曼反对将道德普遍化，其实是反对将道德一般化，他所理解之普遍性，相当于高度之一般性。

假若我们同意，我对道德普遍性的追求，是出于对道德无偏私的要求，那么便清楚，我们所追求的，并不是一般性，而是"对相同情况作相同判断"的态度。尤其假使相同情况是指所有特定条件都相同,那么道德判断完全可以是针对特定处境而作出,而无碍其普遍化。这个意义的普遍性(姑名之为严格意义的普遍性),鲍曼实在没有理由反对。

鲍曼强调道德主体的独特性,以及由此衍生的不可取代性,与此严格意义的普遍性,可并行不悖。既然普遍性与极端的特定性相容,故在道德关系中,可保留双方的独特性。只要在作道德判断时在角色互换的假设情况中,当具有对方的独特性时,仍会接受原来的道德判断,则该判断已然普遍化。也就是说,我作为不可取代的独特个体,对当前事件作出独特的判断,但无论此判断如何独特,如何只适用于我及当前之事件,我必须想象,当我变成他,那另一不可取代的独特个体时,是否也会接受判断,这才不会产生偏私。

道德的普遍化要求判断者设身处地站在他人立场去考虑,但并非要他完全认同他人的判断,而只是期望判断能以非个人立场作出;非个人立场不单是判断者的立场,也不单是他人的立场,因此是无所偏私的判断。如何在所有考虑过后作出判断,是伦理学的核心问题,无法在此全面讨论。[①] 目前所指出的,是使判断成为公正的必要条件及实践时的必要程序而已。如此,判断者所作的判断,并非依赖于他人的看法,更非决定于对方是否值得我对他尽责任,故普遍性的要求,并不会使道德沦为他律,反而是对自己的一种制约。"对他人负责"之责任感的根源其实是"对自己负责",他人乃作为道德关注之对象,所以责任是我根据自己的道德判断而加诸自己身上者,并非对他人的交代。这是鲍曼对责任的观点,而此观点与普遍性并不冲突。

鲍曼认为,道德既是一自我要求及承担,我对对方所负之责任乃由

---

① 可参考《无私与偏私的调和》,黄慧英(1995)。

我根据自己的道德原则而订定,对方对我之责任亦如是,那么,我之责任与对方之责任未必等同,这造成道德关系中的不对称性。鲍曼的这种看法,基本上为所有强调道德主体性及自律道德的学说所支持,道德的普遍性亦并非要求双方负相同的责任;但假若对方为自己所界定的责任能通过普遍化检验,又恰好与我的责任相同,在这种情况下,双方有相同的责任。举例来说,一位父亲作出应该对儿子尽教养责任之判断,则此判断之为一项道德判断,乃在父亲必须想象自己作为儿子时,亦接受此判断,而此并不蕴含要求儿子对父亲有教养之责任,可见责任之订定并不违背道德关系中之不对称性(作为儿子亦可作出有关对父亲的责任的判断,并将之普遍化)。值得注意的是,父亲的责任不仅仅来自儿子对他的要求。

我们一方面肯定道德关系中的不对称性,却又赞同道德的相互原则——道德是对双方的要求,这是否不一致? 其实,当我们说不应只要求一方恪守道德之时,并不是站在任一方的立场来说,而是根据一非个人立场指出道德的规范意义是对双方皆然的,并不意谓双方所尽之责任完全一样,更不是指我之道德责任建立在他人的表现上。我是否应该"由于他人之表现而无须负责"本身就是一道德判断,展示他人之某特定表现是否足以构成道德之相关性,而此判断亦须接受普遍化的测试。重要之点是,道德的相互原则是对普遍道德之要求的体现,其约束力从自己转到对方,可理解成从自己转到假设事件中身处对方的另一自己,同样,对方所作的道德判断亦应受类似的约束。

六、一般之道德规则与道德教育

在第四节中,我们阐明了一般之道德规则在建立社会规范上,以至在个人的道德发展上的重要性,我们现在亦明白,一般的道德戒律必须符合下列条件方为可取：① 它必须是普遍的；② 它必须适合一般的情况。前者可借着普遍化的测试来检定,后者则需对现实具有正确的理解,才能达致。当然,去审查一般之道德规则是否适用于一般情况之前,已预设了我们能够从"情况"(或事件)中勾画出其一般性的可能性,亦即否定了"两事件完全不同"的观点,虽然如此,却没有否定处境伦理学所认为的"没有两事件完全相同"的观点,只要事件有相同之点,并且二者相异之处不是道德上相关的,则我们可将判断应用于该两事件,而相同处便透示出"共通性",若然众事件都具备此共通性,则可视之为它们的一般的特性,而建立出一般的规则。

刚刚指出,我们可借着对于两事件的差异不足以构成道德上相关的肯定,来作为道德上判断可一般化的条件；然而该事件中道德相关性的确立,已假定了道德规则可一般化,因此这看来是窃题的。但是,我们可借对建议中的道德相关性(相异的地方是道德上相关的)进行普遍性的测试,便可确定该相关性是否成立,而无须先将其一般化,于是便没有窃题的困难。

也许问题的核心不是两事件在描述的特性方面是否有相同之处,或者其相异之点是否道德上相关。鲍曼强调道德主体是独特的,在他看来,寓于每个个体中的独特性似乎是道德上相关的。假使我们将鲍曼之意理解为：道德主体的道德决定本身造成道德上相关的独特性,那么,原则上便不能将一般的道德规则加于道德主体,所以也许对他来说,一般之道德规则的建立若非不可能,便是破坏了道德主体性。然而,若我们了解为了维持道德主体性而排斥一般的道德规则,并不在于后者对道德主体作出一般的描述如何不恰当,而是在于该规划并非由主体作出。果真如此,"责任"与"职责"之分别不是二者所指令的内容上的差异,而是"由我作出"与"加之于我"的分别,那么,遵守规则却避免失去主体的方法,就是在应用一般规则时将之特定化,并经由主体的道德判断所认取,此种做法可名之为将一般规则"主体化"。

虽然,"先认取后遵守"的做法可免除"丧失主体性"的诟病,却会受到另一方面的质疑:一般的戒律是否失去作用与意义。假若我们重新检视第四节中提及黑尔的观点,则或会同意,由于认取现成的戒律与创立判断之间,在所需的时间、训练及能力等方面,都有所差异,因此一般之戒律仍有重要的意义。既然一般之规则、戒律是在一般情况下能通过普遍化的测试,因此在描述的内容方面并无偏私,又既然道德主体性并非建立于规则的内容上,那么,所谓对规则的"认取",只是将"守规则"提升到对其道德意义的自觉,而无须作出"该如何作"的判断。除非我们对某项规则的普遍性或其对当前事件的适切性作出有根据的怀疑,否则对其内容也并非必须逐一审查。

讨论至此,我们大抵可确立遵守规则在日常生活中的地位;假使我们将关于此点的理解联系到道德教育上,那么对德育的本末、经权,便有着深重的启示。德育的终极目标,是培养个体发挥其道德主体性,使他基于德之不容已作出无私的道德判断,以不移不屈固守之,截断众流践履之,此为德育之经常及大本。然而,若道德可教,则只有由渐而顿,先令个体具有客观精神,意识自己只是众人中之一人,尊重他人的需要及意欲,愿意接受客观的制约,总言之,就是遵守规则,此为德育之初阶。令其守规则而不识其意义,乃德育之末中之末。遵守规则而揭示规则背后之精神或道德原则,可谓末中见本。再益之以将规则"主体化"、将规则变成"我"加于自己的指令,则道德主体性于焉浮现,若至一旦醒觉道德主体的创造能力,关于道德创造的观点,请参看《儒家伦理学与德育的重点》(见本书第四章第一节)。则庶几体悟道德的本原。

至于能否随波逐浪，随机妙用，大概非教育之能事，而有赖于一己的调养功夫了。

最后，回应本节第一小节所展示的，当代对普遍道德戒律所作的挑战，现今我们可以清楚：由于时代文化的变迁而使得不再合适的道德规范不是指普遍的规范，而是一般之规范，并正因其不再能通过普遍性的测试，而需要重新调整或革新；"道德是文化的产物"这看法亦只有在"以一般之道德规则来展现道德"的层面上成立，故道德与文化的互相渗透及由此而来的相对性，亦只对应于一般之道德规则而言。至于普遍的道德原则，或建基于人性（人这道德性），或建基于道德之本义，皆不因时空之迁移而变易。此点不及在本节探讨。当然，不论此种普遍原则之普遍性基础来自何处，它必须通过普遍性的测试。至于普遍的道德原则是否会压制个体的问题，若明白道德普遍性与主体性不单相容，甚至主体性体现于普遍化的过程中，加上对"道德主体性是个体性的重要构成"的理解，那么，答案也许不辨自明了。

参考书目

Bauman, Zygmunt (1993), Postmodern Ethics, Oxford: Blackwell.

Hare, R. M. (1981), Moral Thinking: Its Levels, Method and Point, Oxford: Oxford University Press.

Nagel, Thomas (1991), Equality and Partiality, Oxford: Oxford University Press.

黄慧英(1988)，《后设伦理学之基本问题》，台北：东大图书公司。

黄慧英(1995)，《道德之关怀》，台北：东大图书公司。

企业伦理的预设
——从亚里士多德进路到儒家伦理

一、前言

当我们谈论企业伦理,或者公司责任的时候,我们是否就是指一组组的行为守则或某些道德原则的"应用"? 这关乎"商业机构的道德与个人的道德是否有所不同"的问题,企业道德是否个人道德的延伸,因而就内容而言,只需将本来对应于个人的道德原则及规范,转移于商业机构上? 也许仅有的改动,就是从"他/她应"改成"它应"而已。可能有人认为,个人道德所涉及与关注的范畴,远超于企业道德,例如,前者在个人的欲望、感情,甚至人生意义等问题上,也会提出道德的观点(当然亦会有些道德学说不处理这等问题);后者主要就权利与利益的问题作出道德的判断。当然,除了这点以外,企业伦理与个人道德通常被认为不同的地方,就是像那些否定商业机构有道德责任的论者所指出的:就个人而言,有所谓良心、道德动机,但对于商业机构来说,这些主体方面的道德条件,都不能用得上,所以不能要求企业讲求道德。对这类无道德论的论证的其中一种反驳就是机构虽然没有良心,但机构中的人是有的。我们暂且不论这样的反驳是否成立，却可以看到将商业机构化约为个人的论证方式，削弱了企业伦理与个人道德间差异的可能性。另一方面，我们可以设想，上述的"化约"，未必是挽救企业伦理的唯一途径。尤其是面对群体与个人，或者群体与群体的关系时，关于个人道德的设准（如康德的设准），以至个人的道德规范，便难以直接移用于机构上，因此，我们需要建构一套适用于商业的道德，其预设可与个人道德之预设不同。本节试图从亚里士多德的进路，探索企业伦理特有的预设，并且检视在中国哲学中，儒家学说是否亦提供了适合建构企业伦理的基础。

二、企业伦理之亚里士多德进路

在西方的道德学说中，很多都视道德主体为孤立的个体，如康德伦理学、效益主义、权利论等，它们着重道德主体作为个体对他人，或对其他群体的责任，却忽视了他们作为社会的一分子所担负的责任；前一种对责任的觉识所倚仗的是人作为人的道德理性，由此所关涉的道德是"主体-他人"（或人-我）的道德，后一种对责任的觉识所根据的是对个体与社会、国家、时代的关系的理解，由此所关涉的道德是"个体-群体"的道德。虽然在"主体-他人"的道德中，主体亦可将自己置于社会、国家等脉络中，去制定出特定的道德责任，但对"个体-群体"的道德而言，具体的脉络已预先设置在其道德思考内。假若承认道德的上述两个面向，一般来说，在同一个道德体系之内，基于任一种道德所制定的责任，与基于另一种道德所制定的，不会有很大的冲突，彼此却有互补的作用。但对于组织如商业机构来说，以"个体-群体"这向度作为说明及证立道德责任，可以避免"主体-他人"的道德所具有的困难。

对比于个人,商业机构更适宜在"个体-群体"的基础上去建构道德。一方面固然由于上述蕴含于主体的道德预设如意志自由、视人为目的而非单纯是手段、人的基本权利等,不能原封不动地转到机构上(除非将机构化约为个人);另一方面,机构较诸个人,以社会实体(social entity)来理解,是更贴切而恰当的,亦更能揭示出其道德责任。在西方众多伦理学说中,亚里士多德的学说,较为接近"个体-群体"的道德思维,因而较适合于企业伦理的建构。当代伦理学者所罗门(Robert C. Solomon,1942—2007)在其专著《伦理与卓越》及两年后的论文《商业与人文学科:企业伦理之亚里士多德进路》中,虽然没有提出"个体-群体"的术语,却从上述的角度,论证亚里士多德伦理学对于企业伦理,不单是适切的,同时还较其他伦理学说更为优越。

亚里士多德进路的伦理观特别强调的是共同体(community)观念:每一个个体是由社会构成并处身于社会之内(socially constituted and socially situated)。个体是共同体的成员,而作为共同体的成员,自身的利益大部分等同于群体的利益。[①] 对于主体道德哲学来说,每一个道德主体都是无待的主体,他(她)处身于历史时空中,却前无古人,后无来者,只需向自己的道德良好负责;他作的道德判断是普遍的,虽指涉特定的时空,却不限于一时一地。关于道德的普遍性,历来误解为与"特定性"相排斥,有关的澄清,请参阅《普遍道德戒律与德育——对一个后现代观点的批评》(见本书第四章第二节)。道德主体基于道德良心所作的道德判断,固然具有普遍性及客观有效性,同时亦包含具体时空中道德相关的因素。将个体视为社会构成,则偏重于个体是历史文化的凝聚,每一个个体既享有历史的传承,另一方面他的关怀论域亦

① 参阅 Solomon(1992),p.56。

往往受时代的课题所引导；就前者来说，每一个体都对历史及其身处之社会有特殊责任，就后者来说，他拥有特定的时代关怀，同时亦有环境的局限。这种社会构成个体的观念，只要容纳自由意志的设定，并不会为主体道德哲学所排斥。

对于商业机构来说，它没有（像儒家所说的）生而有之的良知良能，也不像道德主体基于德之不容已而发用道德心，因此，它之必须讲求道德，更宜用"共同体"的观念来说明：雇员是公司这共同体的成员，公司则是社会这共同体的成员。所罗门指出："在企业伦理中，公司就是个人的共同体，但，当然公司本身是更大的共同体的一部分；各共同体虽然可能各各不同，但公司没有了它，便没有了认同，没有目标也不能销售产品。"①既同是共同体内的成员，便利益一致，另一方面，成员对于共同体，都有一定的责任。社会不单借着为公司的生产、雇佣、提供服务以及交易等缔造了合适的环境，从而使公司的运作成为可能，更有甚者，在一个共同体之内，有关利润、成功，以至各方面的合理性，才能有相近的理解。这些方面的理解，构成价值网络的基础，使得道德方面的讨论，以至伦理上的要求成为可能。

与共同体观念对立的是某种意义的个体主义，这种个体主义着眼于与群体割离的孤立之个体，以及这些个体本身的目标与利益。个体之外的是其他个体或群体，个体与个体为了实现自身的目标而遇上冲突时，便借着竞争，各显奇谋，务求击败对手。其中的信念是，必须战胜才能达到目标。社会只是一个供应战场的建构，战争是残酷的，不是你死，便是我亡。最重要的是，赚取利润就算不是唯一的，却仍是主要的目标。于是，个体的利益掩盖了他人的利益，甚至群体的利益。在这种

① Solomon(1994)，p.57.

个体主义之下,若要谈论道德,亦只有流于工具意义,证立"何为道德"的方式,亦只会是例如"道德会增进长远利益""道德会保障竞争的公平性"一类而已。

然而,正如所罗门及其他企业伦理学者论证的,有关所罗门的讨论①,其他企业伦理学者的相关论点,如德·乔治(Robert T. De George,1933—)指出:我们并不是活在一个"狗咬狗骨"的商业世界中②,将社会或商业世界描绘成战场或达尔文式弱肉强食之森林,是一极为不恰当的比喻。然而做生意不是一场"战役",就算当公司的生存受到威胁时,商业竞争也不应与战争的相互毁灭性混为一谈。③ 采用上述这些不恰当的比喻来形容商业,所构成的图像影响着人们对于商业活动的理解、期望及要求。我们怎样看待我们所做的,很大程度上影响我们怎样做,我会论证很多公司内部的明争暗斗以及公司竞争所造成的伤亡,可以归咎于我们加诸商业及自己的恶劣形象。"伦理"这词语多少有歧义地意指一组关于我们的行为之理论与反省,同时也意指一组对我们如此的行为之理论与反省。不用说,其中一种意思影响另一种意思:一方面我们的理论与反省试图针对真实的我们之实际意图与活动,另一方面我们的意图与活动本身却由下面的因素所形塑及指引。这些因素是:我们如何理解它们、我们如何理解我们所做的、我们如何理解我们应该做的,以及我们想怎样理解我们所做的。一个人如何理解商业——那是一种为求利润的残酷竞争,还是一种以共同体的繁荣为目标的互相合作的事业——一种形塑了他或她对于其同事或行

---

① 可参看 Solomon(1994),pp.60-65 及 Solomon(1992),第 2 章。
② 见 De George(1990),第 1 章。
③ Solomon(1992),p.27.

政人员、对手、消费者与包围他的共同体的行为及态度。^① 那么,我们应该如何理解商业活动? 同时,如何理解才更接近真相? 所罗门指出,竞争对资本主义社会是重要的,但若将竞争误解为一种不加约束的竞争,就是摧毁道德,并且误解了竞争的本性。^② 竞争之所以可能,全赖一个成员间互相合作及信任的共同体。一个特定的工业企业无论如何富竞争性,它总是建基于共同利益的基础及一致同意的行为规则之上,竞争并不发生在森林内,却发生在它既效力并且依赖的预设之社会中。商业生命并不像神话中的森林,基本上是富合作性的。只有在共同关怀的范围内,竞争才可能。^③ 商业世界不仅仅是竞争的,也不是势不两立的"狗咬狗骨"的蛮荒天地,正确地理解商业本性的关键,应从商业的目的入手。以为行动者是一个个孤立的个体的个体主义,着眼于每个个体各自的目标,而在商界中个体的目标,就只是赚取利润。所有竞争为的也是这个目标。但是利润本身并不应视为商业活动的短暂目的或长远目标,"利润是兴办商业及酬赏员工、行政人员与投资者的手段"^④。就算赚取利润是商业的目的之一,它也只可以借着供应优质产品及服务、提供职位,以及配合社会发展去达致。所罗门补充说,这样的看法并不否认所谓"投资者权利"与"公司的责任",但"这些权利与责任只有在一较大的社会脉络下,才能够被理解"。^⑤

总括来说,以商业活动者为孤立的个体的个体主义,忽略了一个事实,就是商业活动是一种社会实践,商业机构是社会建构,二者皆由于在共同的文化中有一套既定的程序与期望才成为可能。公司内有共同

---

① Solomon(1992),p.24.
② 同上,p.26。
③ 同上。
④ Solomon(1994),p.61.
⑤ 同上。

的文化,公司亦处身于一更大的共同文化之中。

亚里士多德进路虽然强调共同体的意义,并抨击孤立的个体主义,但并不表示忽视了个体的重要性及个体之责任。事实上,恰恰相反,只有在共同体的脉络下,个体性方才得到发展与界定,而我们关于个体的正直的最重要之含意,乃倚赖于共同体而非与之对立,正直乃在共同体中获得其意义及证明自己的机会。① 亚里士多德进路的另一个重点是"追求卓越"。"卓越"(excellence)表面看来是对品质方面的要求,但是在它包含"做得好"的意思中其实有两方面的含义,其中"好"字指市场价值,同时也指道德价值;因此,既要符合市场的要求,又要满足伦理上的期望,才能算"做得好"。对于前者来说,优秀品质或优良表现一般都会得以回报,而所回报的往往是"成功"。但这预设了一种特殊意义的"正义"——能者在位。然而,虽然卓越应得到适当的回报,却并不是为了回报而实践。鼓吹卓越不是鼓励盲目竞争,务求击败对方,凸现自己。卓越之首要意义是合作与竞争。它基本上表示对较大整体的贡献。② 重要的是,卓越不能脱离目的(telos)而论,所以企业上达致卓越的先在条件,是合乎道德地"做生意",其中的要素就是自重与正直。在这个观点下,道德不是获得卓越成就的掣肘,而是所有追求卓越的人士在丰富知识、机灵技巧、敏锐头脑、活跃的创造力、承担感、干劲等之外必须具备的成功因素。

共同体与目的论可说是构成亚里士多德伦理学的核心观念,除此之外,亚里士多德伦理学对具体处境也十分重视。在企业上,有关的具体处境就是个人在公司内的"地位"(position)或"成员身份"(membership)。一个人为哪家公司工作,在公司中担任什么职位,决

---

① Solomon(1992),p.103.
② 同上,p.159。

定了他/她的角色以及具体处境,而角色又界定了职责。为一所公司工
作就是接受一组特定的义务,在一般情况下对其雇主忠诚,认同某些大
部分已为该职业本身所界定的某些关于卓越与认真的标准。[①] 对"地
位"的重视可说与"共同体"观念密切相关,"共同体"观念为商业应该道
德提供了论证的基地,而"地位"却给予道德的内容一个立足点,二者皆
以道德须具脉络性为前提,因而亦都反对以抽象的道德理论或原则"应
用"于特定情境的做法。狭义的"职责"由工作性质及工作岗位所界定,
广义的职责则包含道德的内涵,但是,如果道德不是抽象的,那么就不
是在工作本身以外(尽忠职守)再负额外的道德责任,而是借着道德完
成职责去履行责任,如何才算是道德地完成职责,则有赖于对具体的工
作进行一种道德的反省,由此所界定的责任便是针对具体的脉络而
作出。

　　每一个个体都处身于共同体中,在共同体内的某处有其地位,由此
界定了他/她的职责与责任。虽然如此,个体通常同时拥有多重身份、
截然不同的地位,商业上的地位只是其中的一项。在亚里士多德的伦
理观下,所有的身份角色组成一个整全的个体,每项角色都互相关联,
而非彼此分割,因此这些角色可视为一个整全生命的不同的面。商业
活动是人生的活动之一,故企业伦理不应与其他道德割裂,这观点可称
为整全观(holism)。

　　当今日渐受瞩目的"受影响者"(stakeholder)观念,蕴含着这种"整
全观"。整全观(不是全体观)关心全体多于部分,强调大的图画,多于
对狭窄圈定的细部如利润进行分析。我们必须排拒所有那些关乎企业
与伦理之间、利润与为善之间、个人的与公司的价值和德性之间的虚假

---

① Solomon(1992), p.162.

之二分及对抗。① 在整全观下，个人的多方面角色组成一个整体，在商业机构内，不同地位的人也组成一个整体，甚至在商界，公司、消费者、政府及其他受影响者亦组成一个整体。整体中各个部分不是孤立的，也不是互相对抗的。因此，人我不是互相对抗的，个人与公司、劳工与管理层、商业与政府也不是。整全观本身不是另一种哲学，它只是强调，每当我们碰到对抗与关于竞争的概念时，我们便应扩阔目光，直至能见到整个脉络。对于企业与经济而言，这意指我们应把目光放在人性与社会的整体上，而非利润、成本与利益，以及供求定律之上。企业不是一孤立的事业……与此相反，亚里士多德对企业的进路无他，仅是对企业是一较大社会的整合部分之认识而已。② 亚里士多德的伦理观由于包含整全观，并且十分重视脉络性，因此，关于特定情况的道德判断，便不是将一般的抽象原则"应用"其上，而是借着感知（perception）而作出。好的道德判断必须考虑所涉及的人以及环境之特殊性，而只有优良教养下的人们，才能作出好的道德判断。以正义为例，在某些伦理学说看来，可借着一套牢固的层级性的机械程序而获得，亚里士多德伦理观却认为并非如此。重要的是，并没有解决大多数的关于正义的争论之（非人为拟造的）机械程序。在每一个事件中，必须要有一种平衡与衡量各个对立的关怀，并得出一"公正"结论之能力。然而什么是公正的并不是一项或多项原先规定的正义原则的结果……③ 最后，亚里士多德伦理观还十分重视高尚感（a sense of nobility）与荣誉感（a sense of honor），这二者都是出类拔萃的感觉，但并非要胜过他人，而是凌越自私与流俗，故是自重的一种表现。

---

① Solomon(1992)，p.180.
② 同上，p.185。
③ Solomon(1994)，p.58.

三、企业德性

道德,这里故意使用"道德"这宽泛的词语,乃为了借此传递一涵盖广泛之意义,包括道德修养、道德规范与道德实践。对个人所起的作用,一方面孕育人的道德情怀,使个人更敏感及关怀他人的感受与需要,同时提高道德的醒觉,使个人意识到自己的行为与他人密切相关,不能只顾个人目的;另一方面帮助人去克服实践道德的阻力,对原有的狭隘思维习惯,以及个人中心的倾向与行为加以改造。由此看来,个人道德较偏重于对个人道德意志的加强及道德能力的发挥,凡此种种,都预设了个人的超验(与超越)的实践理性。德性的培养是提升道德意志的途径之一,而道德判断仅是道德能力发用的其中一种表现而已。

对企业而言,看来不能用上述语言来谈论道德的作用,关于道德的讨论,亦不能单纯环绕道德意志与道德理性而作出,于是,一直以来,企业伦理主要通过政府与公司的政策来展现与落实。例如,有关污染的控制、广告的监管,在雇佣、升迁、解雇等事件上的适当程序,都以政策或法律的形式要求公司及有关人士尽社会的责任,然而,所罗门认为单有这种形态的伦理,是有很大的缺失的。多数企业伦理所欠缺的是对伦理中的个人向度之充足说明,这是一日常个人决策的向度。为此,我希望将企业伦理看成较为个人取向的伦理来维护,而非将之看成公共政策、抽象哲学之"应用"或者社会科学的副产品。但这样理解的企业伦理中的"个人",并不是"私人"或"主观"之意,却是社会与机构的自我觉醒,是将自己看成是商业世界中的密切相关(但非不可分离)的部分,对该世界中的德性与价值有着浓烈的关怀。这是企业伦理的亚里士多德进路。① 亚里士多德进路关注的是个体的品格，而不是非个人化的政策与抽象的原则与理论。良好的品格可说是企业伦理的先决条件，因为具有良好品格的个体，可以将自我推扩成社会的我，从而醒觉道德乃使商业成为可能的要素。至于良好的品格，可借着一系列的德性加以界定。因此，某些德性的培养，可协助造就良好的品格，如忠诚、荣誉感与耻感，三者合起来构成"正直"（integrity）的中心意义。所罗门对这些德性，作出了详细的解说，最后总结，由这些德性所构成的企业伦理，比一般谈论的企业伦理，是较个人的同时较社会的。基此，企业伦理的发展，实在有赖于公民德性（civil virtue）的开发，而非单靠学习抽象的理论可以达致。②

四、儒家所提供之预设

所罗门所阐述的亚里士多德进路，展示了一种在康德伦理学、效益主义、权利论等学说之外的可能性，它将道德建基于对个体（包括人在内）的某种理解——个体是群体中的非孤立的个体之上，这种理解不单使道德成为可能，同时也使商业活动成为可能，正由于此，道德对企业来说，不单是一种"应该"，甚至是一种"必须"。基于上述的理解所建构的道德，特别着重具体情境与判断的脉络性，因而避免了抽象原则的应用困难。企业伦理的亚里士多德进路，确立了商业机构作为道德践履者的特殊性及其在道德实践上的角色，就是说，这种进路并没有将商业机构化约成机构内的决策者或执行者，却依然可视之为道德主体且富有特定道德责任，但其道德责任却并非（单纯）来自道德主体的道德良

---

① Solomon（1992），p.111.
② Solomon（1994），p.72.

心,而是其为社会建构的理解。然而有趣的是,本来适用于道德主体的"德性"观念,却可用于机构之上,虽然用于机构之上时可将它转成"公司文化"来加以阐释。反而原来一般认为表现公司道德的特有形态——政策,却被视为忽略了实践道德的精神与动力而置于次要的地位。

所罗门所引介的亚里士多德进路,无疑是对企业伦理一个重要的启发,尤其是对于一个商业机构为何及对谁有道德责任的问题,提供了一种有力的证立方式。虽然我们不必完全接受他所提出的各项德性,但我们可以同意,德性的培育是实践企业伦理的其中一个途径,因而可以看作道德原则之外的重要补充。此外,亚里士多德的进路也让我们反省,中国的哲学思想,是否可能在同一个方向上,对企业伦理有所贡献。举例来说,晚近常听到的"儒家的管理哲学""儒家伦理的价值观与企业伦理"等的讨论,大多集中有关管理方针与策略等应用层面所起的指引作用,但对企业伦理是否有社会责任的问题上,是否亦可以"个体-群体"的向度,提供证立道德的基础? 以下试就此点作出简略的探讨。

儒家伦理是一种主体的道德哲学,因之特别强调个人的道德良心,作为道德所以可能的主体方面的根据,并且发展出丰富的有关内在修养的学问,使道德主体的能力得以充分发挥。可见"道德主体"是构成儒家道德哲学的核心观念。虽然如此,儒家的"主体"并不是孤立的个体,孔子曾说:"鸟兽不可与同群,吾非斯人之徒与而谁与?"(《论语·微子》)这清晰传递了浓厚的群体意识:人是群体的部分,更重要的,更是文化的承载者。所以,对社稷与文化,都有特殊的责任。

在儒家的道德修养中,重要的一项是推己及人,从修养自己出发,一层层推扩出去,及于家、国、天下。圣人的实践目标也是从修己做起,以至安人、安百姓。关于道德实践,儒家倡议"己所不欲,勿施于人"的絜矩之道,一方面基于认为人皆有四端,故人同此心,心同此理;另一方面亦承认人性相近,故可互相了解彼此的需要与欲望。后者不单来自先天的构造,同时也由于分享着共同的文化——礼乐就是共同文化的具体表现,且是文化得以维系及流传的要素,可见共同文化是使得道德成为可能的客观方面的预设。

个体既活在共同文化中,对文化当有一定的责任,孔子本人便锐意承担保存文化的使命:子畏于匡。曰:"文王既没,文不在兹乎? 天之将丧斯文也,后死者不得与于斯文也;天之未丧斯文也,匡人其如予如?"(《论语•子罕》)

"……天下有道,丘不与易也。"(《论语•微子》)

子路曰:"不仕无义,长幼之节,不可废也;君臣之义,如之何其废之? 欲洁其身而乱大伦。君子之仕也,行其义也。道之不行,已知之矣。"①为了文化的使命,孔子不选择做隐逸之士,自清于山林,相反地,却求善贾而沽。

儒家固然肯定个体对群体,甚至文化应有的责任,另一方面儒家亦强调个体与个体间不是互相对抗的,所以有"四海之内皆兄弟也"的观念,这使"立己立人""成己成物"这一道德要求成为可能。

对于"为何道德"的根本问题,儒家乃从对人的观念——视人为优胜于禽兽的道德主体——来建立人"应该道德"的理由②,同样地,对于个体在其中活动(包括商业活动)的人文世界之理解,亦影响着规范该等活动的道德之性质,甚至道德的可能性。根据儒家的观念,正常的社会必定不能是每人只求个人利益的社会。……上下交征利,而国危矣。

① Solomon(1994),p.72.
② 关此的详细论述,请参阅《儒家对于"为何道德"的证立》,黄慧英(1995)。

万乘之国,弑其君者,必先乘之家;千乘之国,弑其君者,必百乘之家。万取千焉,千取百焉,不为不多矣。苟为后义而先利,不夺不餍……(《孟子·梁惠王上》)只要不单纯以一己之私利的立场出发,去看待及理解世界,世界便是一个和谐欢乐的世界。孟子见梁惠王,王立于沼上,顾鸿雁麋鹿。曰:"贤者亦乐此?"孟子对曰:"贤者而后乐此,不贤者虽有此,不乐也。《诗》云:'经始灵台,经之营之,庶民攻之,不日成之。经始勿亟,庶民子来。王在灵囿,麀鹿濯濯,白鸟鹤鹤。王在灵沼,于牣鱼跃'。文王以民力为台为沼,而民欢乐之,谓其台曰灵台,谓其沼曰灵沼,乐其有麋鹿鱼鳖。古之人与民偕乐故能乐也。……"(《孟子·梁惠王上》)统治者不应为一己利益压逼人民,反之,无论好乐、好货、好色,都须与民同之,而只有与众同乐,才能享有真正的快乐。这点对于握有大权的统治者如此,对于一般的人亦如此。在商界中,若有人只顾个人利益,借垄断谋取大利,便被视之为卑贱的行径。"……古之为市也,以其所有易其所无者,有司者治之耳。有贱丈夫焉,必求龙断而登之,以左右望而罔市利。人皆以为贱,故从而征之。征商,自此贱大夫始矣。"(《孟子·公孙丑下》)由上段引文看来,儒家对于商业活动,理解为互利的合作性的活动。在如此理解下,衍生出各种道德要求、期望与责任。关于这些期望与责任,儒家当然自成一个体系,本节未能一一细述,然而上面的论述,大概对于儒家在企业伦理的基本预设的课题上,提供了一个可资深入讨论的场地。

参考书目

De George, Richard T. (1990), Business Ethics, 3rd ed., New York: Macmillan.

Solomon, Robert C. (1992), Ethics and Excellence: Cooperation and Integrity in Business, Oxford: Oxford University Press.

Solomon, Robert C. (1994). "Business and the Humanities: An Aristotelian Approach to Business Ethics", Donaldson, T. J. & Freeman R. E. (Eds.), Business as a Humanity, Oxford: Oxford University Press.

黄慧英(1995),《道德之关怀》,台北：东大图书公司。

致　谢

《伦理学理论之考察——对反理论者之回应》,载台湾"中央大学"文学院哲学研究所编:《"应用哲学与文化治疗"学术研讨会论文集》,中坜:台湾"中央大学",1997年,第135—152页。

《道德原则之建构与意义——以生命伦理之方法论为例》,载《中外医学哲学》,第3卷第4期,Lisse:Swets & Zwitlinger,第5—28页。

《儒家伦理与道德"理论"》,载李明辉主编:《儒家思想的现代诠释》(《当代儒学研究丛刊》之六),台北:"中央研究院"中国文哲所,1997年,第115—132页。

《儒家伦理与德性伦理》,英文版"Confucian Ethics and Virtue Ethics",载 The Journal of Chinese Philosophy,第28卷第3期,第285—300页。

《儒家德性中之人我关系》,载陶黎宝华、邱仁宗主编:《价值与社会》,第一集,北京:中国社会科学出版社,1997年,第14—32页。

《儒家对道德两难的根本立场》,英文版"Morel Dilemma:From the Confucian Perspective"于1999 the annual meeting of the Eastern Division of American Philosophical Association Meeting, U. S. A. 上

报告。

《再论儒家对道德冲突的消解之道——借〈公羊传〉中"权"的观念阐明》，于 2004 年"儒学、文化、宗教与比较哲学的探索"学术研讨会上报告。

《儒家形上学型态的再思——境界形上学？实有形上学？》，于 2004 年"'中大'当代儒者"会议上报告。

《孔孟学说之偏重——从"人禽之辨"出发》，载《新亚学术集刊》（刘述先等编：《天人之际与人禽之辨——比较与多元的观点》），第 17 期，2001 年 7 月，第 227—249 页。

《价值与欲望——孟子"大体"与"小体"的现代诠释》，载萧振邦主编：《儒学的现代反思》，台北：文津出版社，1997 年，第 103—119 页。

《理性的欲望——儒家关于内在转化的睿智在道德上的意义》，载江日新主编：《中西哲学的会面与对话》，台北：文津出版社，1994 年，第 153—157 页。（收入《道德之关怀》）

《儒家伦理各层面的实践》，载北京东方道德研究所编：《儒家伦理与公民道德》，北京：中华工商联合出版社，1996 年，第 201—211 页。

《牟宗三先生关于道德践履之议论》，于 1998 年第五届当代新儒家国际学术会议上报告。

《道德创造之意义——牟宗三先生对儒学的阐释》，载李明辉主编：《牟宗三先生与中国哲学之重建》，台北：文津出版社，第 143—159 页。

《陈白沙之功夫论》，载《鹅湖学志》，第 33 期，第 207—232 页。

《儒家伦理学与德育的重点》，载刘国强、李瑞全编：《道德与公民教育：东亚经验与前瞻》，香港：香港教育研究所，1996 年，第 157—164 页。（收入《道德之关怀》）

《普遍道德戒律与德育——对一个后现代观点的批评》，载《鹅湖学志》,第 18 期,第 167—186 页。

　　《企业伦理的预设——从亚里士多德进路到儒家伦理》,载萧振邦编:《企业的伦理与管理》,中坜:"中央大学",1999 年,第 1—15 页。

　　《道德理性与人文关怀——牟宗三先生论人文主义》,载《鹅湖学志》,第 30 期,第 67—97 页。

　　《哲学与文化发展——劳思光先生对文化路向的检讨》,载刘国英、张灿辉合编:《无涯理境——劳思光先生的学问与思想》,香港:香港中文大学出版社,2003 年。

　　《人在历史中的作用——劳思光先生关于历史的哲学省思》,载《劳思光思想与中国哲学世界化学术研讨会论文集》,台北:台湾文化事务主管部门,2002 年,第 157—167 页。

　　《"儒家文化圈"学习现象之反思》(与黄毅英合撰),载《课程论坛》,第 9 卷第 2 期,香港:香港大学课程学系,第 73—81 页。

　　《道德理性》(中译),载《鹅湖月刊》,第 24 卷第 1、2 期。

人名索引

名词索引

后　记

　　承蒙黄勇教授邀约,将拙著纳入《香江哲学丛书》出版,不胜感戴。本人于1972—1985年间,于香港中文大学修读哲学,先后取得学士、硕士、博士学位,随后在母校当兼任讲师达6年之久;自1991年加入香港岭南大学通识教育学部,2000年协助创立哲学系,2006年创办实践哲学文学硕士课程,至2020年退休,一直从事哲学教育。

　　生于斯,长于斯,学于斯,教于斯,大抵这些经历,正符合丛书的要求,故不揣谫陋,将已刊行的旧作及新近文稿重新编纂,希望对于两地的学术交流,能作出些微贡献。

　　本书各章曾刊载于《儒家伦理:体与用》(上海:上海三联书店,2005)、《从人道到天道:儒家伦理与当代新儒家》(台北:鹅湖出版社,2013)、《鹅湖学志》(第56、57期,2016)以及《儒学的当代发展与未来前瞻》(北京:人民出版社,2014)。